UTB 2832

**Eine Arbeitsgemeinschaft der Verlage**

Beltz Verlag Weinheim · Basel
Böhlau Verlag Köln · Weimar · Wien
Wilhelm Fink Verlag München
A. Francke Verlag Tübingen und Basel
Haupt Verlag Bern · Stuttgart · Wien
Lucius & Lucius Verlagsgesellschaft Stuttgart
Mohr Siebeck Tübingen
C. F. Müller Verlag Heidelberg
Ernst Reinhardt Verlag München und Basel
Ferdinand Schöningh Verlag Paderborn · München · Wien · Zürich
Eugen Ulmer Verlag Stuttgart
UVK Verlagsgesellschaft Konstanz
Vandenhoeck & Ruprecht Göttingen
vdf Hochschulverlag AG an der ETH Zürich
Verlag Barbara Budrich Opladen · Farmington Hills
Verlag Recht und Wirtschaft Frankfurt am Main
WUV   Facultas Wien

Helmut Küchenhoff
Thomas Knieper
Wolfgang Eichhorn
Harald Mathes
Kurt Watzka

# Statistik für Kommunikations- wissenschaftler

## 2., überarbeitete Auflage

UVK Verlagsgesellschaft mbH

Die erste Auflage erschien 1993 unter dem Titel „Statistik. Eine Einführung für Kommunikationsberufe" und wurde von Thomas Knieper herausgegeben.

Bibliografische Information der Deutschen Nationalbibliothek
Die Deutsche Nationalbibliothek verzeichnet diese Publikation in der Deutschen Nationalbibliografie; detaillierte bibliografische Daten sind im Internet über <http://dnb.d-nb.de> abrufbar.

ISBN 13: 978-3-8252-2832-3
ISBN 10: 3-8252-2832-0

© UVK Verlagsgesellschaft mbH, Konstanz 2006

Einbandgestaltung: Atelier Reichert, Stuttgart
Korrektorat: LMF Lektoratsbüro Maria Fuchs, Brühl
Druck: Ebner & Spiegel, Ulm

UVK Verlagsgesellschaft mbH
Schützenstr. 24 · 78462 Konstanz
Tel. 07531-9053-21 · Fax 07531-9053-98
www.uvk.de

# Inhalt

# Inhalt

# Vorwort

Statistik spielt für Journalist(inn)en und Kommunikationswissenschaftler(innen) eine in zweierlei Hinsicht wichtige Rolle.

Einerseits sind die Konfrontation mit Zahlen bei der Recherche sowie die Darstellung und Interpretation von Daten in der Berichterstattung der Medien allgegenwärtig. Viele Argumentationen werden mit Hilfe von Zahlen und statistischen Schlüssen geführt. Daher ist es wichtig, die Grundprinzipien statistischer Aussagen und Schlussweisen zu kennen, die eine Beurteilung daten- und zahlengestützter Argumente ermöglichen. Weiter eröffnet das Internet die Möglichkeit, auf viele Daten direkt zuzugreifen. Unter den Schlagwörtern „Precision Journalism" und „Computer Assisted Reporting" werden besonders in den USA Strategien für Journalisten im Umgang mit Informationen, die aus quantitativ erhobenen Daten gewonnen werden, diskutiert. Dazu sind Grundkenntnisse in Datenanalyse und Statistik hilfreich.

Andererseits bedient sich die Kommunikationswissenschaft (KW) in der Forschung statistischer Methoden. Beispiele hierfür sind etwa Befragungen zum Medienverhalten oder Inhaltsanalysen von Medienberichterstattungen, die auf Stichproben basieren.

Das vorliegende Buch ist als Begleittext für Grundvorlesungen im Fach Statistik geeignet. Es ist eine vollständig überarbeitete Auflage von „Statistik: Eine Einführung für Kommunikationsberufe" aus dem Jahre 1993. Es wurde um Beispiele aus der KW ergänzt. Freundlicherweise wurden uns für diese Auflage Daten aus der Journalistik und der KW zur Verfügung gestellt, die in der

Praxis des Statistischen Beratungslabors der Ludwig-Maximilians-Universität (LMU) ausführlich diskutiert wurden.

Zudem sind in das Buch Lehr-Erfahrungen eingegangen, die am Institut für KW und Medienforschung der LMU gesammelt wurden.

Das Buch wendet sich primär an Studierende der KW und Journalistik. Da die behandelten statistischen Methoden auch in anderen Fachgebieten zum Einsatz kommen, ist es auch für Studierende anderer Fachrichtungen als Einführungstext geeignet.

Zur Arbeit mit dem Buch werden ergänzende Materialien auf der Internetseite `www.stat.uni-muenchen.de/~stablab/KW-Buch.html` zur Verfügung gestellt.

Unser besonderer Dank gilt Cornelia Oberhauser für die zahlreichen inhaltlichen Anregungen und die technische Bearbeitung des Manuskripts. Für Korrekturlesen und Unterstützung danken wir Maria Fuchs, Denise Güthlin, Anne Kunz, Andrea Ossig, Dr. David Rummel, Fabian Scheipl, Stephanie Tullius, Dr. Klaus Küchenhoff und Andrea Mathes. Für die Bereitstellung ihrer Daten bedanken wir uns bei Christiane Reimann („Jugendstudie") und bei Kathrin Meyer („Zeitungsstudie"). Hilfreich waren weiter Hinweise und Anregungen von Hörern unserer Vorlesung „Statistik für Kommunikationswissenschaftler" an der LMU München.

Für Hinweise zum Inhalt dieses Buches sind wir unseren aufmerksamen Lesern dankbar.

München, im September 2006

Wolfgang Eichhorn
Thomas Knieper
Helmut Küchenhoff
Harald Mathes
Kurt Watzka

# 1 Einführung

## 1.1 Was ist Statistik?

Die Medien informieren uns regelmäßig über die neuesten Arbeitslosenzahlen, die Gesundheitsrisiken durch Rauchen, die Einschaltquoten von TV-Sendern (siehe Abb. 1.1), den letzten Stand in Sportwettbewerben und über vieles andere mehr. Umfrageergebnisse, Wahlprognosen, wirtschaftliche Entwicklungen werden in statistischen Schaubildern, so genannten Infografiken, visualisiert. Im Internet kann man die aktuelle Entwicklung der Börsenkurse zeitnah im Sekundentakt verfolgen und im Fernsehen werden nach einer Fußballübertragung die wichtigsten Aspekte des Spiels in „Statistiken" zusammengefasst.

Allen diesen Beispielen ist gemeinsam, dass es sich um die Darstellung bzw. Interpretation von Daten handelt. Aber kann man dabei bereits von Statistiken sprechen? Umgangssprachlich versteht man unter einer Statistik eine Präsentation von Daten in Form von Tabellen und/oder Schaubildern. Das Wort Statistik bezeichnet aber auch eine wissenschaftliche Disziplin, um die es in diesem Buch gehen soll. Eine erste Definition sieht wie folgt aus:

---

**Statistik**

Statistik als Wissenschaft bezeichnet eine Methodenlehre, die sich mit der Erhebung, der Darstellung, der Analyse und der Bewertung von Daten auseinandersetzt. Ein zentraler Aspekt ist dabei die Modellbildung mit zufälligen Komponenten.

---

| Die TV-Sieger vom Sonntag | | |
|---|---|---|
| GfK-Fernsehreichweiten | | |
| **Sendung** | **Reichweite** **(in Prozent)** | **Haushalte** **(absolut)** **in Mio.** |
| Tatort (**ARD**) | 27 % | 9,25 |
| Tagesschau (**ARD**) | 22 % | 7,52 |
| Formel 1, Malaysia, Rennen (**RTL**) | 17 % | 6,03 |
| Ein Chef zum Verlieben (**Pro7**) | 15 % | 5,06 |
| Wer entführt meine Frau? (**ZDF**) | 12 % | 4,29 |

**Abb. 1.1:** Ausgewählte GfK-Daten (Gesellschaft für Konsumforschung) der Fernsehreichweiten für den 19.03.2006 (vgl. Abendzeitung vom 21.03.2006, S. 19).

Durch die Verfügbarkeit von großen Datenmengen in allen Lebensbereichen und die zunehmenden Möglichkeiten moderner Informationstechnologien haben statistische Methoden erheblich an Bedeutung gewonnen. Außerdem wurde dadurch deren Entwicklung deutlich beschleunigt und inspiriert. Dies gilt einerseits für den Bereich der Kommunikation in Medien, PR, Werbung, Marketing sowie Markt- und Meinungsforschung. Daher sollen in diesem Buch die Grundlagen für einen sinnvollen Umgang mit Daten und deren Bewertung gelegt werden. Andererseits ist die Statistik für empirisch arbeitende Wissenschaften ein wichtiges Instrument zum Erkenntnisgewinn. Dies gilt nicht nur für Biologie, Medizin, Psychologie, Meteorologie oder Wirtschaftswissenschaften, sondern auch für die Sozialwissenschaften und dort auch für die Kommunikationswissenschaft. Das Buch behandelt daher statistische Grundkenntnisse und Methoden sowohl für die Kommunikationspraxis als auch für die Kommunikationswissenschaft. Da diese Methoden auch in den anderen Wissenschaften eingesetzt werden, ist das Buch ebenso als allgemeine Einführung in die Statistik geeignet.

### 1.1.1 Beispiele

Zunächst werden einige praktische Beispiele vorgestellt und diskutiert, auf die im späteren Verlauf des Buches zum Teil wieder zurückgegriffen wird.

**Beispiel 1.1: Medienstudie**

Das Zentrum für Umfragen, Methoden und Analysen (ZUMA) führt in regelmäßigen Abständen Befragungen der Bevölkerung in der Bundesrepublik Deutschland durch. Ein wichtiges Projekt ist die so genannte Allgemeine Bevölkerungsumfrage der Sozialwissenschaften (ALLBUS). In der Befragung im Jahr 2004 war ein Schwerpunkt der Erhebung die Mediennutzung und Freizeitgestaltung. Dabei wurden 2.946 Personen aus der Bevölkerung zufällig ausgewählt und ausführlich befragt. Beispiele für Fragen zur Mediennutzung sind die tägliche Fernsehdauer oder die Anzahl der Fernsehgeräte im Haushalt. Es stellen sich nun Fragen zur Aufbereitung, Darstellung und Zusammenfassung der erhobenen Daten. Außerdem ist zu prüfen, inwieweit sich die Ergebnisse der Befragung auf die Gesamtbevölkerung übertragen lassen.

**Beispiel 1.2: Zeitungsstudie**

Im Frühjahr 2003 wurde eine Erhebung bei deutschen Tageszeitungen zur crossmedialen Kooperation von Print- und Online-Redaktionen durchgeführt, siehe MEYER (2005). Dabei wurde ein Fragebogen zur Zusammenarbeit von Print- und Online-Redaktionen erstellt und an Chefredakteure und Online-Redaktionsleiter verschickt. Die Ergebnisse der Befragung sollen durch aussagekräftige Kennzahlen und Grafiken dargestellt werden.

**Beispiel 1.3: Jugendstudie**

Im Jahr 2000 wurde vom Institut für Jugendforschung der Roland Berger Unternehmensgruppe die so genannte Youth Browser-Studie durchgeführt. Hierbei wurden 1.200 Jugendliche im Alter zwischen 12 und 21 Jahren zu ihrem Medien- und Konsumverhalten ausführlich befragt. Ziel der Untersuchung war einerseits eine Bestandsaufnahme der Haltung der Jugendlichen zu verschiedenen Medienangeboten und andererseits die Einteilung von Jugendlichen nach bestimmten Mustern in ihrem Konsum- und Medienverhalten.

Wir werden diese Daten in den entsprechenden Kapiteln als Beispiele verwenden.

## 1.1.2 Die kritische Distanz gegenüber Zahlen und Statistiken

Die leider sehr verbreitete ablehnende Haltung gegenüber der Statistik wird in dem häufig zitierten Satz „Traue keiner Statistik, die du nicht selber gefälscht hast" treffend charakterisiert. Interessanterweise wird dieser Satz in Deutschland auch heute noch vielfach Winston Churchill zugeschrieben. Allerdings ist er im angelsächsischen Raum nicht bekannt, was daran liegt, dass der Satz von der deutschen Propaganda im Zweiten Weltkrieg erfunden und Churchill zugeschrieben wurde.

Eine deutlich positivere Haltung zur Statistik kommt im folgenden, von Elisabeth Noelle-Neumann stammenden Zitat zum Ausdruck: „Statistik ist für mich das Informationsmittel der Mündigen. Wer mit ihr umgehen kann, kann weniger leicht manipuliert werden." Es zeigt aber auch die Schwierigkeiten von statistischer Argumentation.

Datengestützte Argumente sind wie andere Argumente zu bewerten. Sie können gut oder schlecht, richtig oder falsch und relevant oder irrelevant sein. Bei jeder Begegnung mit Statistiken sollten daher kritische Fragen gestellt werden. Die Antworten auf diese Fragen sagen viel über die Qualität der Argumentation aus. Beispiele für mögliche Fragen sind:

- Welche Daten wurden erhoben?
- Was messen die Daten?
- Wie wurden die Daten erhoben?
- Wann wurden die Daten erhoben?
- Wo wurden die Daten erhoben?
- Warum wurden die Daten erhoben?
- Welche Schlüsse lassen die Daten zu?
- Welche Relevanz besitzen die Daten?
- Wie können die Daten kontrolliert werden?
- Wer vermittelt die Daten?
- Welches Interesse steht hinter der Datenveröffentlichung?
- Wie glaubwürdig ist die Datenquelle?
- Welche alternativen Datenquellen gibt es?

In diesem Buch werden diese Fragen ausführlich behandelt. Bevor die inhaltlichen Aspekte dargestellt werden, erfolgt jedoch zunächst ein kurzer geschichtlicher Überblick.

## 1.2 Geschichte der Statistik

### 1.2.1 Die amtliche Statistik

Bereits um 3000 v. Chr. führten die Ägypter erste Volkszählungen durch. Die so gewonnenen Daten dienten vermutlich zur besseren Organisation des Pyramidenbaus.

Aus der Zeit vor Christus sind noch weitere bevölkerungsstatistische Erhebungen bekannt:

- ca. 2300 v. Chr.: Volkszählung (Zensus) in China
- ca. 1375 v. Chr.: Die Zählung des Volkes Israel unter der Aufsicht von Moses und Aaron in der Wüste Sinai. Gezählt wurden

alle Personen, die einer Zählung für wert befunden wurden. Dies waren alle männlichen Personen im Alter von 20 Jahren und darüber (oder kurz: alle waffenfähigen Männer). Diese Zählung wird im vierten Buch Mose beschrieben: Für jeden der zwölf Stämme Israels war jeweils ein Zensusbeamter verantwortlich. Insgesamt wurden über 600.000 waffenfähige Männer gezählt.

- seit ca. 550 v. Chr.: Volkszählungen waren damals eine feste Einrichtung des römischen Reichs und wurden etwa alle sieben Jahre durchgeführt. Das Ziel der Volkszählungen war die Registrierung der Bevölkerung zur besseren Planung der Steuerfestlegung und -erhebung. Der bekannteste Zensus ist sicherlich die Volkszählung unter Kaiser Augustus. Diese Erhebung wird in der Weihnachtsgeschichte des Neuen Testaments von Lukas ausführlich beschrieben.

Solche meist zu steuerlichen oder militärischen Zwecken durchgeführten amtlichen Erhebungen (*amtliche Statistik*) stellen die älteste historisch belegte „Wurzel" der Statistik dar.

## 1.2.2 Universitätsstatistik

Statistik als *Wissenschaft* hat ihren Ursprung in der Staatskunde, heute Universitäts- oder Kathederstatistik genannt. Gegen Ende des 18. Jahrhunderts wuchs an den deutschen Universitäten, wesentlich geprägt durch den Göttinger Professor Gottfried ACHENWALL (1719–1772), ein Fach heran, das sich mit allerlei „Staatsmerkwürdigkeiten" beschäftigte, sprich all das sammelte und zusammenstellte, was ein Staat Bemerkenswertes hervorbrachte. Zu diesem Konglomerat der Staatsmerkwürdigkeiten gehörten Demographie, Geographie, Wirtschaft, Verwaltung und Verfassung. Das Wort *Statistik* leitet sich etymologisch aus dem lateinischen *statisticum* (= den Staat betreffend) ab.

## 1.2.3 Die politische Arithmetik

Im Vergleich zur Blütezeit der Universitätsstatistik wurde in England etwa ein Jahrhundert früher die Idee geboren, soziale Sachverhalte (Bevölkerungswachstum, Geburtenhäufigkeit, Todesfälle, Krankheiten etc.) anhand von Daten zu studieren. So untersuchte etwa der Tuchhändler John GRAUNT (1620–1674) nach dem Ausbruch der Pest in England anhand von Sterbetafeln den Anstieg der Todesfälle in London. Die Daten über die Geburten und Sterbefälle entnahm er den *bills of mortality*, Geburten- und Sterbelisten der Stadt London, die seit 1603 aus den wöchentlich erscheinenden Kirchenbüchern zusammengestellt wurden. Aus diesen Daten konnte er ablesen, dass die Anzahl der Knabengeburten die der Mädchen leicht überstieg. Ferner gewann er Aufschlüsse über die Mortalität und konnte so erste Schätzungen über die altersspezifischen Lebenserwartungen vornehmen. Damit war GRAUNT Begründer einer Bevölkerungsstatistik, die oft auch als *politische Arithmetik* bezeichnet wird. Der Begriff der politischen Arithmetik geht jedoch auf das von Sir William PETTY (1623–1687) 1676 geschriebene und 1690 posthum veröffentlichte Werk *Politische Arithmetik (Political Arithmetic)* zurück, in dem er mit wissenschaftlichen Methoden Konzepte für eine Verwaltungsreform in Irland vorstellt und begründet. In diesem Zusammenhang ist auch seine 1672 verfasste und 1691 postum veröffentlichte Schrift *Die politische Anatomie von Irland (The Political Anatomy of Ireland)* zu erwähnen.

Große Bedeutung hatte die politische Arithmetik vor allem für die Lebensversicherungen und die Schätzungen des Volkseinkommens. Mit Bevölkerungsentwicklungen und -prognosen beschäftigt sich heute die Ausrichtung der *Bevölkerungsstatistik*, auch *Demographie* genannt.

## 1.2.4 Weitere Entwicklungen

### Die Entwicklung der Inferenzstatistik durch die englische Schule

Sir Francis GALTON (1822–1911) entwickelte die Grundlagen der Regression unter dem Einfluss der Theorien von Charles DARWIN. Sein Schüler Karl PEARSON (1857–1936) entwickelte statistische Verfahren zur Analyse von Daten zur Evolutionstheorie. Die Basis der heutigen Schätz- und Test-Theorie wurde von R. A. FISHER (1890–1962) gelegt. Im Rahmen seiner Tätigkeit an der „Rothamsted Experimental Station" leistete er wichtige Beiträge zur Versuchsplanung und postulierte Grundkonzepte statistischer Inferenz, wie das so genannte Maximum-Likelihood-Prinzip.

### Neuere Entwicklungen

Im vergangenen Jahrhundert hat sich die Statistik bedeutend weiterentwickelt. Die Fortschritte orientierten sich häufig sehr stark an dem entsprechenden Anwendungsgebiet. So entwickelten sich die Biometrie (Medizin, Biologie), die Ökonometrie (Wirtschaftswissenschaften), die Psychometrie (Psychologie) und die statistische Qualitätskontrolle (Technik und Produktion) teilweise unabhängig voneinander zu eigenen Disziplinen und zu einer Brücke zwischen Statistik und den jeweiligen Anwendungsgebieten. Besonders wichtige Meilensteine waren die Entwicklung von Lebensdauermodellen (COX 1972), die verallgemeinerten linearen Modelle (McCULLAGH, NELDER 1983), die computerintensiven Modelle (EFRON 1979) und die Methoden zur bayesianischen Analyse von komplexen Modellen (TIERNEY 1994). Weitere wichtige Anstöße zur Entwicklung der Statistik kommen heute aus der Genforschung, in der spezielle Datenstrukturen die Entwicklung neuer Methoden notwendig machen.

# 1.3 Teildisziplinen der Statistik

Innerhalb der Statistik wird zwischen mehreren Teildisziplinen unterschieden. Die beiden klassischen Disziplinen sind die beschreibende und die schließende Statistik. Die *beschreibende Statistik* wird oft synonym als *deskriptive Statistik* und die *schließende Statistik* als *induktive Statistik* oder *Inferenzstatistik* bezeichnet. Die schließende Statistik arbeitet mit den Methoden der *Wahrscheinlichkeitstheorie* und liefert Verfahren, um von Stichproben auf die Grundgesamtheit und von Einzeldaten auf allgemeine Phänomene zu schließen. Zentrale Instrumente sind die Schätzung von Parametern und der Signifikanztest. Da die Übergänge von einer beschreibenden Analyse zu einer auf Modellen basierten Auswertung in der Praxis oft nicht klar zu ziehen sind, wird die *Explorative Datenanalyse* (kurz: EDA) als Teildisziplin zwischen deskriptiver und induktiver Statistik angesehen.

## 1.3.1 Die beschreibende (deskriptive) Statistik

Die beschreibende Statistik liefert Methoden, um Daten zu *ordnen*, sie in Form von *Tabellen* und *Schaubildern* übersichtlich darzustellen und deren charakteristische Eigenschaften durch *Kennwerte* (z.B. kleinster, größter oder häufigster Wert, Durchschnittswert etc.) zu beschreiben. Hierbei trifft sie nur Aussagen über die vorliegenden Daten und die durch diese Daten beschriebene Population. Populationen können hierbei bestimmte Personengruppen, Unternehmen, Gegenstände etc. sein.

---

**Beschreibende (deskriptive) Statistik**

Die deskriptive Statistik beschäftigt sich mit der Ordnung, Darstellung und Charakterisierung von Daten. Die Darstellung erfolgt durch Tabellen und Schaubilder, die Charakterisierung durch die Angabe relevanter Kennwerte. Alle Aussagen beziehen sich nur auf das vorliegende Datenmaterial.

---

## 1.3.2 Die schließende (induktive) Statistik

Häufig sollen Aussagen, die man aus einer empirischen Studie gewinnt, auf allgemeine Phänomene bzw. auf größere Populationen als die der untersuchten Einheiten übertragen werden.

**Beispiel 1.4: Befragung zu Studentenprotesten**
Nach den Protesten zur Einführung von Studiengebühren wurde von Studierenden eine telefonische Befragung der Münchner Bevölkerung durchgeführt. Dabei äußerten sich ca. 300 Personen. Von Interesse ist aus naheliegenden Gründen nicht die Meinung der 300 befragten Personen, sondern die der Bevölkerung von München. Die Frage, ob und in welcher Form aus den Angaben der befragten Personen Schlüsse auf die Meinung der gesamten Münchner Bevölkerung gezogen werden können, kann mit Methoden der induktiven Statistik beantwortet werden.

**Beispiel 1.5: Wirksamkeit von Werbung**
Um die Wirksamkeit von zwei Werbespots zu vergleichen, werden diese jeweils verschiedenen Personen gezeigt. Danach werden die Personen zu dem Produkt befragt. Die Zuordnung der Personen zu den Werbespots erfolgt zufällig. Aus diesem Experiment kann bei einer hinreichend großen Anzahl von befragten Personen auf die allgemeine Wirkung des Werbespots geschlossen werden.

---

### Schließende (induktive) Statistik

Die induktive Statistik zieht Rückschlüsse von Stichproben auf die Grundgesamtheit oder von Experimenten auf ein allgemeines Gesetz. Für ihre Anwendung benötigt sie Wahrscheinlichkeitsmodelle. Dazu sind häufig bestimmte Modellannahmen erforderlich.

---

Ein wesentliches Werkzeug der schließenden Statistik ist die Wahrscheinlichkeitstheorie, die wir in Kapitel 2 ausführlich behandeln.

### 1.3.3 Explorative Datenanalyse (EDA)

Häufig lässt sich zwischen induktiver und deskriptiver Statistik kein klarer Grenzstrich ziehen. Dies gilt insbesondere für die Analyse von Daten mit komplexer Struktur. Daher wird die so genannte explorative Datenanalyse als Variante aus deskriptiver und induktiver Statistik betrachtet. Der Begründer der EDA, John Wilder TUKEY, hat diese einmal mit einem Detektiv verglichen, der Indizien und Beweise sammelt und bisherige Annahmen und Erkenntnisse in Frage stellt, um einen Fall zu konstruieren, der später formell am Gerichtshof der statistischen Inferenz verhandelt und überprüft werden kann. Dieses detektivähnliche Recherchieren wurde zwar schon immer innerhalb der Statistik angewendet, es wurde jedoch vor TUKEY (1977) kaum thematisiert und systematisch diskutiert. Neben der Verwendung von statistischen Modellen beinhaltet die EDA auch viele Techniken zur Visualisierung.

---

**Explorative Datenanalyse**

Die EDA beschäftigt sich mit der Zusammenfassung und Darstellung von Daten. Ihre Ziele sind das Aufspüren, Erkennen und Aufzeigen der den Daten zugrunde liegenden Strukturen und Abweichungen hiervon. Sie arbeitet mit Visualisierung und komplexen statistischen Modellen.

---

### 1.3.4 Gliederung des Buches

Da die Wahrscheinlichkeitstheorie eine wichtige Grundlage der Statistik ist, wird diese als Erstes in Kapitel 2 behandelt. Wir diskutieren dabei auch einige Aspekte der Kommunikation von Wahrscheinlichkeiten. Die beiden folgenden Kapitel behandeln Methoden zur Datengewinnung. Ein zentraler Aspekt ist dabei im Bereich der Sozialwissenschaften die Strategie zur Auswahl der Untersuchungseinheiten, die zur Datengewinnung herangezogen werden. Daher werden mögliche Auswahlverfahren in Kapitel 3 behandelt. Ein im Grundsatz anderer Ansatz der empirischen Forschung ist das Experiment, dessen Logik und Design in Kapitel 4 skizziert wird. Nach der Entscheidung für ein bestimmtes Erhebungsdesign steht die Frage nach der Messung der für die jeweilige Fragestellung relevanten Aspekte. Daher werden statistische Fragen der Messung (z. B. das Skalenniveau und Erhebungsinstrumente wie der Fragebogen) in Kapitel 5 behandelt. Elementare deskriptive Statistik und eindimensionale Merkmale werden in Kapitel 6 numerisch und visuell eingeführt. Die Darstellung und Analyse von Zusammenhängen ist Thema von Kapitel 7. Wichtige Verfahren der schließenden Statistik folgen in Kapitel 8. Dabei werden Prinzipien der Schätzung von Parametern und einige wichtige elementare Testverfahren behandelt. Zum Abschluss erfolgt ein Ausblick auf weitere, komplexe Verfahren der statistischen Datenanalyse.

Die einzelnen Kapitel bauen zwar aufeinander auf, sind aber so konzipiert, dass sie meist auch für sich genommen durchgearbeitet werden können. Dies gilt für die Kapitel 3, 4, 5 und 6. Jedoch baut Kapitel 7 stark auf Kapitel 6 auf. Da nur Kapitel 8 (Induktive Statistik) wesentlich auf Kapitel 2 aufbaut, kann dies auch beim ersten Studium des Buches zunächst übersprungen werden.

# Literatur

### Verwendete Literatur

Cox, David R. (1972) Regression models and life tables. Journal of the Royal Statistical Society B 34, 187–220.

Efron, Bradley (1979) Bootstrap Methods: Another Look at the Jackknife. The Annals of Statistics, 7, 1–26.

McCullagh, Peter und John A. Nelder (1983) Generalized Linear Models. New York: Chapman & Hall.

MEYER, Kathrin (2005) Crossmediale Kooperation von Print- und Online-Redaktionen bei Tageszeitungen in Deutschland: Grundlagen, Bestandsaufnahme und Perspektiven. München: Utz.

TIERNEY, Luke (1994) Markov-Chains for Exploring Posterior Distributions. The Annals of Statistics, 22, 1701–1728.

TUKEY, John W. (1977) Exploratory Data Analysis. Reading: Addison-Wesley.

## Weitere Literatur

CAMPBELL, Stephen K. und Mark V. HALL (1999) Statistics You Can't Trust: A Friendly Guide to Clear Thinking about Statistics in Everyday Life. Colorado: Parker.

FAHRMEIR, Ludwig, Rita KÜNSTLER, Iris PIGEOT und Gerhard TUTZ (2004) Statistik: Der Weg zur Datenanalyse. Berlin, Heidelberg u. New York: Springer.

HOOKE, Robert (1983) How to Tell the Liars from the Statisticians. 1. New York u. Basel: Marcel Dekker.

HUFF, Darrell (1991) How to Lie with Statistics. London: Penguin.

KLAMMER, Bernd (2005) Empirische Sozialforschung: Eine Einführung für Kommunikationswissenschaftler und Journalisten. Konstanz: UVK.

KRÄMER, Walter (2001) Statistik verstehen. Eine Gebrauchsanleitung. München: Piper.

MOORE, David S. und George P. MCCABE (1998) Introduction to the Practice of Statistics. New York: W. H. Freeman and Co.

NOELLE-NEUMANN, Elisabeth und Thomas PETERSEN (2002) Alle, nicht jeder. Einführung in die Methoden der Demoskopie. 2. Aufl., Berlin: Springer.

# 2  Wahrscheinlichkeitstheorie

## 2.1  Der Wahrscheinlichkeitsbegriff

Im alltäglichen Sprachgebrauch finden sich zahlreiche Beispiele für die Verwendung des Begriffs *Wahrscheinlichkeit*.

- „Den Job bekomme ich mit einer Wahrscheinlichkeit von 95 %."
- „Die Regenwahrscheinlichkeit für morgen beträgt 33 %."
- „Die Chancen, dass ich die Klausur bestehe, stehen 90 : 10."
- „Das jährliche Risiko, durch einen Blitzschlag zu sterben, beträgt 1 : 10 Millionen. Es ist 6.500-mal wahrscheinlicher durch Rauchen zu Tode zu kommen als durch einen Blitzschlag."
- „Die Wahrscheinlichkeit, dass Sie innerhalb der nächsten zehn Jahre einen Herzinfarkt erleiden, beträgt 3 %."

Die obige Liste lässt sich beliebig fortsetzen. Allen oben wiedergegebenen Aussagen ist gemeinsam, dass bestimmten Objekten (Job bekommen, Regen, Klausur bestehen, Tod durch Blitzschlag, Herzinfarkt) Wahrscheinlichkeiten zugeordnet werden. Diese Objekte werden in der Statistik als *Ereignisse* bezeichnet. Bei solchen Ereignissen ist nicht sicher, ob sie eintreten oder nicht. Dennoch genügen sie gewissen Gesetzmäßigkeiten, die durch den Begriff der Wahrscheinlichkeit beschrieben werden sollen. Die Schwierigkeit im Umgang mit der korrekten Interpretation von Wahrscheinlichkeiten wird in folgender Glosse (Süddeutsche Zeitung vom 9.8.1995) treffend charakterisiert:

„Haßwort der Woche: Regenwahrscheinlichkeit
Herrgott, wir danken dir für Hoch Ernesto, knallige Sonne und

andauernde Trockenheit. Seit Tagen schon wagt kein Moderator mehr, das Wort in den Mund zu nehmen. Sobald aber das erste Wölkchen droht, werden sie uns wieder damit quälen: Regenwahrscheinlichkeit 33 Prozent werden sie raunen, und uns wird wieder das Müsli schimmlig werden über der Suche nach dem Sinn in diesem rätselhaften Orakel. Unter dem Rock ihres Komplizen Service ist die Regenwahrscheinlichkeit unlängst den Elektronenhirnen des Wetteramtes entflohen und macht sich seither in unseren Heimen breit. Regenwahrscheinlichkeit 33 Prozent – regnet es heute also acht Stunden lang? Oder aber in einem Drittel der Stadt, und wenn ja, in welchem? Unser Isarfest heute abend – laden wir einfach jeden Dritten wieder aus, hoffen, daß es denen zu Hause auf den Kopf regnet und wir trocken bleiben? Nein, flüstert der Statistiker in uns: Wenn du diesen Samstag dreimal hintereinander leben würdest, dann würdest du mit ziemlicher Sicherheit mindestens einmal naß werden. Service? Pseudomathematischer Mist! Die Regenwahrscheinlichkeit ist die Schwester des Zufalls und wenn trotz 100 Prozent die Sonne scheint, dann reden sie sich eh auf den Hongkonger Schmetterling und dessen Flügelschlag raus. Herrgott hilf, schenk uns einen heißen Herbst."

Die Schwierigkeit im Beispiel der Regenwahrscheinlichkeit liegt – neben der allgemeinen Problematik von Wettervorhersagen – in dem adäquaten Umgang mit der Unsicherheit. Es kann keine genaue Prognose gegeben werden, aber offensichtlich macht es einen Unterschied, ob die Regenwahrscheinlichkeit 95 % oder nur 33 % beträgt. Die adäquate Definition der Wahrscheinlichkeit hat Wissenschaftler lange intensiv beschäftigt und führt schnell zu sehr grundsätzlichen philosophischen Fragen, wie z. B. nach der Existenz von Zufall. Im Folgenden werden kurz einige wichtige Wahrscheinlichkeitsdefinitionen in ihrem historischen Zusammenhang vorgestellt.

## 2.1.1 Die Definition der Wahrscheinlichkeit nach Laplace

Der Franzose Marquis Pierre Simon DE LAPLACE (1749–1822) war Mathematiker und Astronom. Er beschäftigte sich intensiv mit wahrscheinlichkeitstheoretischen Betrachtungen. Seine Gedanken zu diesem Thema sind in den beiden Werken *Théorie analytique des probabilités* (1812) und *Essai philosophique sur les probabilités* (1814) festgehalten.

---

**Wahrscheinlichkeit nach LAPLACE**

LAPLACE definiert die Wahrscheinlichkeit eines Ereignisses als den Quotienten

$$\frac{\text{Zahl der günstigen Fälle}}{\text{Zahl aller (gleich) möglichen Fälle}} \tag{2.1}$$

---

Zur Erläuterung dieser Definition betrachten wir das klassische Beispiel des Würfelwurfs.

**Beispiel 2.1: Würfelwurf**

Wir berechnen die Wahrscheinlichkeit, eine gerade Zahl zu würfeln. Es gibt insgesamt 6 mögliche Fälle, nämlich die Augenzahlen „1", „2", „3", „4", „5" und „6", und 3 günstige Fälle, nämlich „2", „4" und „6". Die Wahrscheinlichkeit ist demnach $\frac{3}{6}$ für eine gerade Zahl. Entsprechend beträgt die Wahrscheinlichkeit für das Würfeln der Augenzahl „6" $\frac{1}{6}$.

Wir bezeichnen Wahrscheinlichkeiten mit $P$ (die Abkürzung des englischen Wortes *probability*) und schreiben:

$$P\left(\text{„Es wird eine „6" gewürfelt"}\right) = \frac{1}{6}$$

**Beispiel 2.2: Zufallsauswahl**

Ein Hörer eines Rundfunksenders wird zufällig ausgewählt und befragt. Unter der Annahme, dass alle Hörer die gleiche Chance haben, ausgewählt zu werden, lassen sich die folgenden Wahrscheinlichkeiten nach LAPLACE bestimmen:

$$P\left(\text{„Hörer A. Maier wird ausgewählt``}\right) = \frac{1}{\text{Anzahl aller Hörer}}$$

$$P\left(\text{„Eine Hörerin wird ausgewählt``}\right) = \frac{\text{Anzahl der Hörerinnen}}{\text{Anzahl aller Hörer}}$$

Diese klassische Wahrscheinlichkeitsdefinition ist in vielen Fällen einleuchtend. In den angegebenen Fällen ist die Anzahl der möglichen Fälle bekannt und wir haben keine weiteren Informationen, welcher Fall nun eintreten wird. Es gibt also keinen Grund, anzunehmen, dass z. B. beim Würfelwurf die „6" mit größerer Wahrscheinlichkeit auftritt als die „1".

Andererseits ist die Laplacesche Wahrscheinlichkeitsdefinition in vielen Fällen nicht anwendbar. In dem schon diskutierten Beispiel der Regenwahrscheinlichkeit könnte man die Möglichkeiten „Sonne", „Regen", „Bewölkt" und „Schnee" betrachten. Daraus aber die Regenwahrscheinlichkeit $\frac{1}{4}$ abzuleiten ist offensichtlich unsinnig. Auch im Fall eines Würfels, der so manipuliert wird, dass die Zahl „6" häufiger fällt als die anderen Zahlen, ist die Wahrscheinlichkeitsdefinition nach Laplace nicht anwendbar. Das Problem liegt in dem Begriff „gleichmöglich". Er bedeutet schon „gleichwahrscheinlich". Das heißt aber, dass LAPLACE in seiner Definition bereits den Begriff gebraucht, den er erst noch definieren will. Insofern ist seine Definition tautologisch und nicht als wissenschaftliche Grundlage des Wahrscheinlichkeitsbegriffs geeignet. Die Formel (2.1) spielt aber dennoch eine zentrale Rolle bei der konkreten Berechnung von Wahrscheinlichkeiten.

## 2.1.2 Frequentistische Wahrscheinlichkeitsdefinition

Auch der österreichische Mathematiker Richard VON MISES (1883–1953) beschäftigte sich mit dem Thema Wahrscheinlichkeit. Hervorzuheben ist sein noch heute aufgelegtes Buch *Wahrscheinlichkeit, Statistik und Wahrheit. Einführung in die neue Wahrscheinlichkeitslehre und ihre Anwendung* (1928).

Er definiert die Wahrscheinlichkeit als den Grenzwert (limes; abgekürzt lim) der relativen Häufigkeiten des Auftretens eines Ereignisses in einer unendlichen Versuchsreihe. Formal lässt sich dies wie folgt schreiben:

---

**Frequentistischer Wahrscheinlichkeitsbegriff**

Die Wahrscheinlichkeit eines Ereignisses ist die langfristige relative Häufigkeit seines Auftretens.

$$P(A) = \lim_{n \to \infty} \frac{n_A}{n} \qquad (2.2)$$

Dabei ist $n$ die Anzahl der Versuche und $n_A$ die Anzahl der Versuche, bei denen $A$ in einer Reihe von $n$ Versuchen eintritt.

---

**Beispiel 2.3: Würfelwurf**

Um die Wahrscheinlichkeit für das Ereignis „Es wird eine „6" geworfen" zu erhalten, muss man sehr oft würfeln. Falls die Gesamtzahl der Würfe mit $n$ und die Anzahl der Würfe mit Ausgang „6" mit $n_6$ bezeichnet wird, erhält man:

$$P\left(\text{„Es wird eine „6" geworfen"}\right) = \lim_{n \to \infty} \frac{n_6}{n}$$

Diese Definition beschreibt die Gesetzmäßigkeit eines zufälligen Ereignisses: Es lässt sich a priori nicht sagen, ob es eintritt oder nicht, aber bei wiederholtem Probieren ist eine Prognose über die Häufigkeit seines Auftretens möglich. Es wird hier nicht verlangt, dass die Wahrscheinlichkeit für alle Möglichkeiten gleich ist. Das oben erwähnte Problem des gefälschten Würfels ist hier ohne weiteres zu behandeln. Die Wahrscheinlichkeit für eine „6" ist dann die langfristige (das wird mit dem Grenzwert umschrieben) relative Häufigkeit des Auftretens der „6". Sie beträgt nur bei einem fairen Würfel $\frac{1}{6}$.

**Beispiel 2.4: Werfen einer Münze**
Um die Wahrscheinlichkeit von „KOPF" beim Münzwurf zu bestimmen, warf

- der Franzose BUFFON (1707–1788) eine Münze 4.040-mal und erhielt 2.048-mal „KOPF";
- der englische Statistiker Karl PEARSON (1857–1936) eine Münze 24.000-mal und erhielt 12.012-mal „KOPF".
- Mit Hilfe eines Computers kann das Werfen einer fairen Münze sehr schnell und häufig simuliert werden. In Abb. 2.1 ist das Ergebnis einer solchen Simulation zu sehen. Zu jeder Zahl $n$ ($x$-Achse) ist die relative Häufigkeit von „KOPF" $\frac{n_A}{n}$ ($y$-Achse) dargestellt. Man erkennt, dass sich die Werte bei $\frac{1}{2}$ stabilisieren.

Obwohl dieser Wahrscheinlichkeitsbegriff einleuchtend ist und heute in vielen Fällen verwendet wird, treten auch bei dieser Definition Probleme grundsätzlicher Art auf. Zum einen handelt es sich bei der angegebenen Formel nicht um einen Grenzwert im mathematischen Sinne. Genau genommen benötigt man bei der Grenzwertdefinition wieder den Begriff der Wahrscheinlichkeit. Ferner wird man bei der konkreten Bestimmung der Wahrscheinlichkeit $P(A)$ mit der Definition nach VON MISES immer dann Probleme bekommen, wenn die Versuchsreihe nicht genügend Daten liefern kann. Die Versuche können häufig, etwa aus ethischen oder praktischen Gründen, nicht beliebig oft wiederholt werden. Außerdem gibt es Ereignisse, die nicht wiederholbar sind, denen man aber in gewissen Fällen eine Wahrscheinlichkeit zuordnen will.

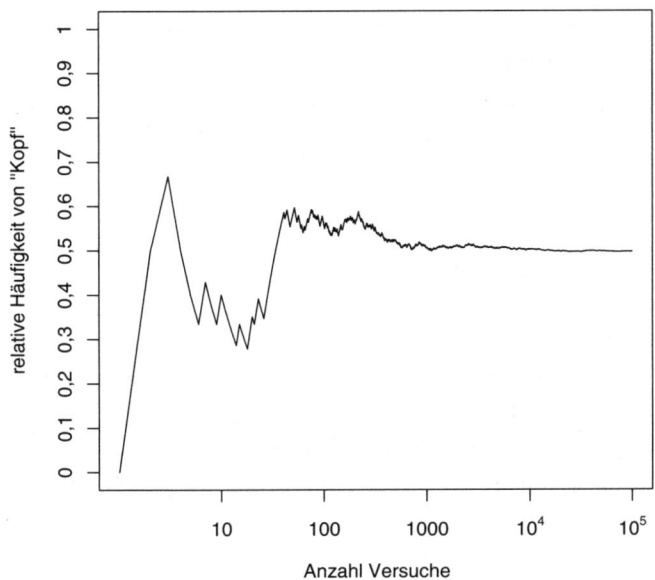

**Abb. 2.1:** Computersimulation: 100.000-maliges Werfen einer Münze

### 2.1.3 Subjektive Wahrscheinlichkeitsdefinition

Von einem subjektivistischen Wahrscheinlichkeitsbegriff sprechen wir, wenn die Wahrscheinlichkeit als eine Einschätzung des Betrachters und nicht als eine objektive Eigenschaft von Ereignissen betrachtet wird. Die Wahrscheinlichkeit eines Ereignisses ist *der Grad der Überzeugung*, mit der ein Beobachter an das Eintreten des Ereignisses glaubt. Die Quantifizierung erfolgt durch imaginäre Wetten:

---

**Subjektive Wahrscheinlichkeit**

Die Wahrscheinlichkeit eines Ereignisses A ist der Grad der Überzeugung, mit der ein Beobachter aufgrund eines bestimmten Informationsstandes an das Eintreten dieses Ereignisses glaubt. $P(A)$ ist der Wetteinsatz in Euro, den er höchstens einzugehen bereit ist, falls er beim Eintreten von $A$ genau 1 € gewinnt.

---

**Beispiel 2.5: Fußballwetten**

Der Markt für Sportwetten hat in den letzten Jahren einen starken Aufschwung erlebt. Hier hat der Kunde z. B. die Möglichkeit, auf Ereignisse, die Fußballspiele betreffen, zu wetten. Beim Endspiel Frankreich gegen Italien der Fußball-Weltmeisterschaft 2006 wurden von ODDSET folgende Wetten für das Ergebnis nach der regulären Spielzeit angeboten:

| | |
|---|---|
| Quote bei Gewinn Italien | 2.3 |
| Quote bei Gewinn Frankreich | 2.6 |
| Quote bei Unentschieden | 2.6 |

Die Quote besagt z. B., dass beim Eintreten des Ereignisses „Gewinn Italien" das $2,3$fache des Einsatzes ausgezahlt wird. Um also 1 € Gewinn zu erzielen, ist ein Einsatz von $\frac{1}{2.3} = 0,435$ € nötig. Wenn der Spieler also die Wahrscheinlichkeit für einen Gewinn Italiens für höher einschätzt als $0,435$, so wird er bereit sein, die Wette einzugehen. Für das Ereignis „Gewinn Frankreich" und „Unentschieden" beträgt die entsprechende Wahrscheinlichkeit jeweils $0,385$. Zu beachten ist, dass die Summe der drei Wahrscheinlichkeiten größer als 1 ist. Dies ist neben den Gebühren die Basis für die Gewinne der Wettanbieter.

Wäre die Summe der Wahrscheinlichkeiten kleiner als 1, so könnte man durch Setzen auf alle drei Ereignisse einen sicheren Gewinn erzielen. Bei Wahrscheinlichkeiten von $0,35$, $0,3$ und $0,3$ (dies entspricht den Quoten 2.86, 3.33 und 3.33) gewinnt man durch Einsetzen von 286 € auf das erste Ereignis und von jeweils 333 € auf das zweite und das dritte Ereignis mit Sicherheit 1.000 €. Auf so eine Wette würde sich kein Wettanbieter einlassen. Allerdings wurden durch Nutzung verschiedener internationaler Wettanbieter auf diese Art während der Fußball-Weltmeisterschaft sichere (legale) Gewinne erzielt.

Der Begriff der subjektiven Wahrscheinlichkeit ist besonders geeignet zur Beschreibung von einmaligen Vorgängen, wie z. B. politischen und wirtschaftlichen Entwicklungen der nächsten Jahre oder die Sicherheit eines bestimmten Atomkraftwerks. Damit hierbei nicht der Willkür Tür und Tor geöffnet sind, wird vom Beobachter die Berücksichtigung von bestimmten, nachvollziehbaren Regeln gefordert. Diese ermöglichen auch die statistische Analyse von Daten unter genauer Angabe von subjektiven Einschätzungen. Hierbei werden die subjektiven Wahrscheinlichkeiten durch die Daten modifiziert. Dies führt in vielen Fällen zu den gleichen numerischen Ergebnissen wie bei der Verwendung des frequentistischen Wahrscheinlichkeitsbegriffs. Die Verwendung von subjektiven Wahrscheinlichkeiten findet sich schon bei LAPLACE. Eine systematische Ausarbeitung des Begriffs wurde aber erst im letzten Jahrhundert von JEFFREYS (1998), LINDLEY (1965) und DE FINETTI (1974) erreicht.

### 2.1.4 Zur Kommunikation von Wahrscheinlichkeiten

Der Umgang mit Wahrscheinlichkeiten bzw. Risiken ist in der öffentlichen Diskussion häufig sehr kontrovers. In seinem Buch „Das Einmaleins der Skepsis" spricht Gerd GIGERENZER von dem weit verbreiteten Phänomen der „Zahlenblindheit" und weist nach, dass der Wahrscheinlichkeitsbegriff am ehesten über den frequentistischen Ansatz intuitiv fassbar ist. So kann z. B. die Aussage eines Arztes „Die Wahrscheinlichkeit dafür, dass Sie innerhalb der nächsten zehn Jahre einen Herzinfarkt erleiden, beträgt 3 %" durch die Aussage „Im Durchschnitt bekommen drei von 100 Personen Ihres Alters, Ihres Geschlechts sowie Ihrer Rauch- und Ernährungsgewohnheiten innerhalb der nächsten zehn Jahre einen Herzinfarkt" gut erklärt werden. Allerdings ist zu beachten, dass es sich hierbei um keine sichere Aussage über 100 Personen handelt. Es können auch eine oder fünf der 100 Personen erkranken, nur im Durchschnitt rechnet man mit drei Personen.

Beträgt die Regenwahrscheinlichkeit 30 %, so bedeutet dies in etwa: An Tagen mit ähnlicher Wetterkonstellation regnet es durchschnittlich an 30 von 100 Tagen. Die Quantifizierung der Unsicherheit durch mehrfache (eventuell imaginäre) Wiederholungen des Zufallsexperiments ist unserer Intuition offensichtlich leichter zugänglich als z. B. die subjektive Interpretation der Wahrscheinlichkeit. Außerdem ist auch das Rechnen mit Häufigkeiten in vielen Fällen leichter nachvollziehbar als das Rechnen mit Wahrscheinlichkeiten.

Relative Häufigkeiten sind keine Wahrscheinlichkeiten, aber je höher die Zahl der Experimente, desto stärker nähert sich der Anteil des Auftretens von A an die zugrunde liegende Wahrscheinlichkeit $P(A)$ an. Eine besondere Schwierigkeit von Wahrscheinlichkeitsaussagen zu Einzelereignissen ist, dass sie im Prinzip weder verifizierbar noch falsifizierbar sind. Die Aussage „Die Regenwahrscheinlichkeit für den morgigen Tag beträgt 30 %" ist durch die Wetterbeobachtung nicht zu widerlegen. Allerdings kann die tägliche Angabe einer Regenwahrscheinlichkeit bei einem längeren Beobachtungszeitraum sehr wohl empirisch widerlegt oder bestätigt werden.

Die Bewertung von sehr kleinen Wahrscheinlichkeiten ist besonders schwierig. Die wöchentliche Hoffnung von Lottospielern und die

Ängste vor sehr geringen Risiken sind Beispiele hierfür.

### Beispiel 2.6: Lotto

Die geringe Wahrscheinlichkeit für einen Lottogewinn („6 Richtige" - sie beträgt 0,000000072, also ca. 1 : 14.000.000) lässt sich durch eine Computersimulation illustrieren. Eine 1.040.000-malige Ziehung der Lottozahlen (das entspricht 20.000 Jahren wöchentliches Spielen) ergab folgende Bilanz:

|              |           |
|--------------|-----------|
| Drei Richtige | 18.468-mal |
| Vier Richtige | 969-mal |
| Fünf Richtige | 11-mal |

Sechs Richtige wurden kein einziges Mal erzielt. Das entsprechende Lotto-Programm kann über
www.stat.uni-muenchen.de/~helmut/KW-Buch.html
geladen werden.

Eine andere Möglichkeit, die geringe Wahrscheinlichkeit eines Lottogewinns zu veranschaulichen, besteht im Vergleich mit anderen Wahrscheinlichkeiten. Typischerweise werden Überlebenswahrscheinlichkeiten aus den Daten zu Todesfällen ermittelt. So ist es z. B. anhand von Sterbetafeln möglich, für eine Person eines bestimmten Alters die Wahrscheinlichkeit zu schätzen, innerhalb der nächsten Woche zu versterben. Diese ist deutlich höher als die eines Sechsers im Lotto. Überspitzt lässt sich dieser Sachverhalt also wie folgt ausdrücken: Die Wahrscheinlichkeit, den Tag der Lottoziehung nicht mehr zu erleben, ist für einen Lottospieler, der seinen Schein eine Woche vorher abgibt, höher als die Wahrscheinlichkeit, einen Hauptgewinn zu erzielen.

Risiken für die menschliche Gesundheit können auf sehr verschiedene Arten dargestellt werden. In Deutschland werden die Risiken für Nebenwirkungen von Medikamenten auf den Beipackzetteln nach der Konvention in der folgenden Tabelle beschrieben.

| Sehr seltene Nebenwirkungen | $P \leq 0{,}0001$ | Nebenwirkungen bei weniger als einer von 10.000 Personen |
|---|---|---|
| Seltene Nebenwirkungen | $0{,}0001 \leq P < 0{,}001$ | Nebenwirkungen bei einer bis zehn von 10.000 Personen |
| Gelegentliche Nebenwirkungen | $0{,}001 \leq P < 0{,}01$ | Nebenwirkungen bei $0{,}1\,\%$ bis $1\,\%$ der Personen |
| Häufige Nebenwirkungen | $0{,}01 \leq P < 0{,}1$ | Nebenwirkungen bei $1\,\%$ bis $10\,\%$ der Personen |
| Sehr häufige Nebenwirkungen | $P \geq 0{,}1$ | Nebenwirkungen bei mehr als $10\,\%$ der Personen |

Gesundheitliche Risiken durch bestimmte Verhaltensweisen oder Umwelteinflüsse werden im Wesentlichen auf drei verschiedene Arten beschrieben. Ziel ist es dabei, die Auswirkung jeweils eines *Risiko-Faktors* (z. B. Rauchen, fettreiche Ernährung oder Luftverschmutzung durch Feinstaub) auf das Auftreten einer Krankheit (z. B. Krebs, Herzinfarkt etc.) beschreiben.

---

### Risikodarstellung

- Absolutes Risiko:
  die vergleichende Angabe von Krankheitswahrscheinlichkeiten.
- Relatives Risiko:
  das Verhältnis der Krankheitswahrscheinlichkeiten mit und ohne den Risikofaktor
- Erwarteter Effekt:
  die erwartete Anzahl der durch den Risikofaktor zusätzlich betroffenen Personen

---

Alle drei Arten der Darstellung sind nützlich und beleuchten verschiedene Aspekte. Da die absoluten Risiken für die individuelle Verhaltensentscheidung die größte Relevanz haben, sollten diese viel häufiger in den Medien berichtet und diskutiert werden.

**Beispiel 2.7: Rauchen und Lungenkrebs**

Das Deutsche Krebsforschungszentrum Heidelberg macht für den Zusammenhang von Zigarettenrauchen und Lungenkrebs folgende Angaben: Etwa jeder zehnte Raucher erkrankt im Laufe seines Lebens an Lungenkrebs. Das Risiko ist um das ca. 20 bis 30fache höher als das Risiko eines Nichtrauchers. Daraus lassen sich die entsprechenden Maßzahlen berechnen.

- Absolutes Risiko:
  10 % bei Rauchern und ca. $0,5$ % bei Nichtrauchern
- Relatives Risiko:
  Faktor 20–30
- Anzahl betroffener Personen in Deutschland:
  Bis zu 30.000 Personen versterben in Deutschland jährlich aufgrund ihres Zigarettenkonsums zusätzlich an Lungenkrebs.

Dabei ist zu berücksichtigen, dass das Erkrankungsrisiko vom Umfang des Zigarettenkonsums und vom Einstiegsalter abhängt.

Die epidemiologischen Studien, mit deren Hilfe die entsprechenden Risiken geschätzt werden, liefern als Ergebnis das relative Risiko. Die absolute Anzahl der Erkrankten ist geeignet, um z. B. den Schaden durch Rauchen für die Gesellschaft als Ganzes zu verdeutlichen.

Weitere Angaben, wie z. B. dass $85 - 90$ % der Lungenkrebsfälle dem Rauchen zugeschrieben werden, können in der Öffentlichkeit zu Verwechslungen führen. Diese Zahl bedeutet *nicht*, dass 90 % der Raucher an Lungenkrebs erkranken.

**Beispiel 2.8: Niedrigstrahlung und perinatale Sterblichkeit**

In einer Studie zur möglichen Auswirkung der Strahlenbelastung durch den Reaktorunfall von Tchernobyl (siehe KÖRBLEIN und KÜCHENHOFF (1997)) wurde das Risiko für die perinatale Sterblichkeit (Totgeburten und in den ersten sieben Tagen nach der Geburt verstorbene Kinder) geschätzt. Dabei ergaben sich für die drei Risikomaße folgende Schätzwerte:

- Absolutes Risiko:
  $0, 80\,\%$ ohne Exposition versus $0, 836\,\%$ mit Exposition
- Relatives Risiko:
  Faktor 1,045 (Erhöhung um rund $5\,\%$)
- Anzahl betroffener Kinder in Deutschland:
  ca. 300 zusätzlich verstorbene Kinder

Betrachtet man die absoluten Risiken, so gibt es keinen Grund für Angst oder persönliche Konsequenzen. Das absolute Risiko hat sich durch den medizinischen Fortschritt im Laufe der Jahre in viel stärkerem Umfang geändert. Dagegen wird das Ergebnis der Studie durch die alleinige Angabe der Erhöhung des Risikos um $5\,\%$ oder die Anzahl der möglicherweise zusätzlich verstorbenen Kinder völlig anders – aber nicht inkorrekt – dargestellt.

## 2.2 Axiomatische Einführung

### 2.2.1 Grundlegende mengentheoretische Betrachtungen: Ergebnisraum, Ergebnis und Ereignis

Da alle oben genannten Definitionen der Wahrscheinlichkeit mit Schwierigkeiten verbunden sind, nähert man sich dem Begriff axiomatisch. Hierbei wird der Wahrscheinlichkeitsbegriff nicht mehr explizit definiert, sondern Regeln für seine zugrunde liegenden Eigenschaften und Beziehungen aufgestellt. Ein Regelwerk, das mit minimalen, aber erschöpfenden Regeln auskommt, nennt man *Axiomensystem*. Die einzelnen Regeln heißen dementsprechend *Axiome*. Ein Axiomensystem der Wahrscheinlichkeitsrechnung wurde 1933 von dem russischen Mathematiker Andrej Nikolajewitsch KOLMOGOROW (1903–1987) aufgestellt. Bevor wir uns diesen Axiomen im Einzelnen zuwenden, sind einige mengentheoretische Betrachtungen sinnvoll.

Bei der Wahrscheinlichkeitsrechnung ordnet man bestimmten *Ereignissen* Wahrscheinlichkeiten für ihr Eintreten zu. Grundlage der Wahrscheinlichkeitsrechnung ist der Begriff des *Zufallsexperiments*. Dieses liefert ein *Ergebnis*, das nicht im Voraus deterministisch bestimmbar ist.

Ein Zufallsexperiment besteht aus zwei Komponenten, nämlich der exakten Beschreibung der Versuchsanordnung und der Menge aller möglichen Ergebnisse. Die Menge aller möglichen Ergebnisse nennt man *Ergebnisraum*, *Stichprobenraum* oder *Ergebnismenge*. Dieser Ergebnisraum wird mit dem letzten Buchstaben des griechischen Alphabets $\Omega$ (gesprochen Omega) bezeichnet. Die Elemente von $\Omega$ werden mit $\omega_1, \omega_2$ usw. (gesprochen als: omega eins, omega zwei usw.) bezeichnet.

### Beispiel 2.9: Würfelexperiment
Hier ist das Experiment das einmalige Werfen eines bestimmten Würfels. Die möglichen Ergebnisse sind die Zahlen von 1 bis 6. Also ist

$$\Omega = \{\omega_1, \omega_2, \omega_3, \omega_4, \omega_5, \omega_6\} = \{1, 2, 3, 4, 5, 6\}.$$

### Beispiel 2.10: Befragung einer Person
Eine Person wird danach gefragt, ob sie einen bestimmten Rundfunksender kennt. Als mögliche Antworten sind „JA", „NEIN" und „KEINE ANGABE" denkbar. Also ist der Er-

gebnisraum hier

$$\Omega = \{\omega_1, \omega_2, \omega_3\} = \{\text{JA, NEIN, KEINE ANGABE}\}.$$

Geht man von diesem Ergebnisraum aus, sind allen Reaktionen des Befragten genau einer der drei vorgegebenen Möglichkeiten zuzuordnen. Lauten die Antworten „Hab ich schon mal gehört" oder „Über diesen Sender spreche ich nicht", so müssen diese einem der drei Elemente von $\Omega$ zugeordnet werden:

„Hab ich schon mal gehört"          →JA
„Über diesen Sender spreche ich nicht"→KEINE ANGABE

**Beispiel 2.11: Tägliche Hördauer**
Eine Person wird danach gefragt, wie lange sie im Durchschnitt täglich Radio hört. Messen wir die Zeit in Stunden, sind als Antworten alle (reellen) Zahlen, die zwischen 0 und 24 liegen, möglich. Beispielsweise sind „2 Stunden", „10 Stunden", „2,5 Stunden", „1,33 Stunden" mögliche Antworten. Hier gilt also $\Omega = \{\omega \mid 0 \leq \omega \leq 24\}$ Gelesen: Der Ergebnisraum besteht aus allen Werten $\omega$, die zwischen 0 und 24 Stunden liegen.

Bei den Beispielen 2.9 und 2.10 handelt es sich um *endliche Ergebnisräume*, während im Beispiel 2.11 der Ergebnisraum $\Omega$ ein Intervall auf der Zahlengeraden ist und unendlich viele Elemente enthält. Im Fall endlicher Mengen $\Omega$ spricht man von *diskreten*, im Fall von Bereichen auf der Zahlengeraden $\Omega$ von *stetigen Ergebnisräumen*.
Bei der Berechnung und der Diskussion von Wahrscheinlichkeiten genügt es nicht, die Wahrscheinlichkeiten der einzelnen Ergebnisse zu betrachten. Bei den Beispielen 2.11 bzw. 2.9 kann man sich auch dafür interessieren, ob die Hördauer größer als 2,5 Stunden ist oder ob bei dem Würfelwurf eine gerade Zahl auftritt. Als *Ereignisse* sollen daher Teilmengen des Ergebnisraums $\Omega$ bezeichnet werden. Man spricht vom Eintreten eines Ereignisses A genau dann, wenn

das Ergebnis $\omega$ des Zufallsexperiments ein Element der Menge A ist. Wir fassen die Begriffe zusammen:

---

**Ergebnisraum, Ergebnis, Ereignis**

Die möglichen Ausgänge eines Zufallsexperiments heißen *Ergebnisse*. Sie werden meist mit $\omega_1, \omega_2, \ldots$ bezeichnet.
Die Menge aller Ergebnisse heißt *Ergebnisraum* oder *Stichprobenraum*. Sie wird mit $\Omega$ bezeichnet.
Als *Ereignisse* sind Teilmengen des Ergebnisraums definiert. Sie werden in der Regel mit den Buchstaben $A, B, C, \ldots$ bezeichnet.

---

Die Definition von Ereignissen als Mengen liefert den mathematischen Rahmen für die Wahrscheinlichkeitstheorie. Dadurch ist es möglich, mit Ereignissen zu „rechnen". Es können auf sie die mengentheoretischen Operationen angewendet werden, die sich anschaulich interpretieren lassen. Es werden im Folgenden die wichtigsten Operationen und deren Interpretationen zusammengestellt.

---

| **Ereignisoperationen** | |
| --- | --- |
| $A \cap B$ | bezeichnet den *Durchschnitt* von $A$ und $B$, besteht aus allen Ergebnissen $\omega$, die sowohl zu $A$ als auch zu $B$ gehören, und entspricht dem Ereignis „*A und B*". |
| $A \cup B$ | bezeichnet die *Vereinigung* von $A$ und $B$, besteht aus allen Ergebnissen $\omega$, die entweder zu $A$ oder zu $B$ gehören, und entspricht dem Ereignis „*A oder B*". |
| $A^C$ | bedeutet das *Komplement* von $A$, besteht aus allen Ergebnissen $\omega$, die *nicht* zu $A$ gehören, und entspricht dem *Gegenereignis* von $A$: „*A* tritt *nicht* ein". |

**Beispiel 2.12: Würfelwurf**

Wir betrachten die Ereignisse

$A$: „Es wird eine gerade Zahl gewürfelt"

$B$: „Es wird eine Zahl größer als 3 gewürfelt"

$A^C$: „Es wird keine gerade Zahl gewürfelt"

$A \cap B$: „Die geworfene Zahl ist gerade und größer als 3"

$A \cup B$: „Die geworfene Zahl ist gerade oder größer als 3"

Wir schreiben die Ereignisse als Mengen:

$$\begin{aligned}
\Omega &= \{1, 2, 3, 4, 5, 6\} \\
A &= \{2, 4, 6\} \\
B &= \{4, 5, 6\} \\
A^C &= \{1, 3, 5\} \\
A \cap B &= \{4, 6\} \\
A \cup B &= \{2, 4, 5, 6\}
\end{aligned}$$

Für die Darstellung von Mengenoperationen sind *Venn-Diagramme* besonders gut geeignet. In Abb. 2.2 sind die Venn-Diagramme der wichtigsten Mengenoperationen angegeben.

**Beispiel 2.13: Tägliche Hördauer**

(siehe Bsp. 2.11) Hier betrachten wir folgende Ereignisse:

$A$: „Die Hördauer ist länger als 12 Stunden"

$B$: „Die Hördauer ist kürzer als 1 Stunde"

$A^C$: „Die Hördauer ist kürzer oder gleich 12 Stunden"

$A \cup B$: „Die Hördauer ist länger als 12 Stunden oder kürzer als 1 Stunde"

$A \cap B$: „Die Hördauer ist länger als 12 Stunden und kürzer als 1 Stunde"

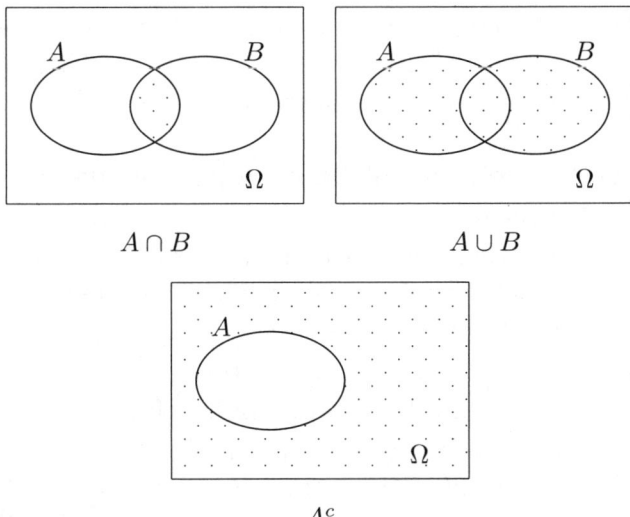

$A \cap B$    $A \cup B$

$A^c$

**Abb. 2.2:** Die Venn-Diagramme der wichtigsten Mengenoperationen

In Mengenschreibweise lassen sich die Ereignisse wie folgt darstellen:

$$
\begin{aligned}
\Omega &= \{\omega | 0 \le \omega \le 24\} \\
A &= \{\omega | \omega > 12\} \\
B &= \{\omega | \omega < 1\} \\
A^C &= \{\omega | \omega \le 12\} \\
A \cup B &= \{\omega | \omega > 12 \text{ oder } \omega < 1\} \\
A \cap B &= \emptyset = \{\}
\end{aligned}
$$

Die Menge $\Omega$ entspricht dem *sicheren Ereignis*. Im obigen Beispiel liegt die tägliche Hördauer sicher zwischen 0 und 24 Stunden, also tritt das Ereignis $\Omega$ immer ein. Das letzte Ereignis des Beispiels ist offensichtlich nicht möglich. Man spricht daher von dem *unmöglichen Ereignis*. Es beinhaltet keine Ergebnisse und wird als leere

Menge $\emptyset$ oder $\{\}$ dargestellt. Die beiden Ereignisse A und B aus dem Beispiel können nicht gleichzeitig auftreten. Man spricht in diesem Fall von *disjunkten Ereignissen*.

## 2.2.2 Die Axiome der Wahrscheinlichkeit nach Kolmogorow

Das Ziel von KOLMOGOROW war es, den Begriff der Wahrscheinlichkeit mit möglichst wenig Regeln zu charakterisieren. Insgesamt benötigte er drei Axiome.

---

### Axiome der Wahrscheinlichkeit

Gegeben sei ein Ergebnisraum $\Omega$ mit den Ereignissen $A, B, \ldots$
*Axiom der Positivität*: Jedem Ereignis A wird eine reelle Zahl zwischen 0 und 1 zugeordnet, die die Wahrscheinlichkeit von A heißt. Sie wird mit P(A) bezeichnet. Für P(A) gilt:

$$0 \leq P(A) \leq 1 \qquad (2.3)$$

*Axiom der Additivität*: Für disjunkte Ereignisse A und B, also wenn $A \cap B = \emptyset$, gilt

$$P(A \cup B) = P(A) + P(B) \qquad (2.4)$$

*Axiom der Normiertheit*: Die Wahrscheinlichkeit des sicheren Ereignisses beträgt 1. Kurz:

$$P(\Omega) = 1 \qquad (2.5)$$

---

Alle drei eingangs erwähnten Wahrscheinlichkeitsdefinitionen erfüllen diese Axiome. Deshalb sind die folgenden Berechnungen auch für alle drei Wahrscheinlichkeitsdefinitionen gültig.

**Beispiel 2.14: Würfelwurf**

Überprüfung der Axiome bei der Wahrscheinlichkeitsdefinition nach LAPLACE.

$$P(A) = \frac{\text{Zahl der günstigen Fälle}}{\text{Zahl aller möglichen Fälle}}$$

$P(A)$ liegt offensichtlich immer zwischen 0 und 1, da Zähler und Nenner des Bruchs stets positiv sind und die Zahl der günstigen Fälle stets kleiner oder gleich der Zahl aller Fälle ist.

Zum zweiten Axiom betrachten wir z. B. $A = \{2, 4\}, B = \{1\}$ mit $P(A) = \frac{2}{6}$ und $P(B) = \frac{1}{6}$. Es gilt $A \cup B = \emptyset$. Daher:

$$P(A \cup B) = P(\{1, 2, 4\}) = \frac{3}{6}$$

$$P(A) + P(B) = \frac{2}{6} + \frac{1}{6} = \frac{3}{6}$$

Das dritte Axiom ist ebenfalls erfüllt:

$$P(\Omega) = P(\{1, 2, 3, 4, 5, 6\}) = \frac{6}{6} = 1$$

Aus den Axiomen von KOLMOGOROW lassen sich zahlreiche Folgerungen ableiten, die für das Rechnen mit Wahrscheinlichkeiten von großer Bedeutung sind.

---

**Elementare Folgerungen aus den Axiomen**

Additionssatz der Wahrscheinlichkeitsrechnung:

$$P(A \cup B) = P(A) + P(B) - P(A \cap B) \qquad (2.6)$$

Übergang zum Gegenereignis:

$$P(A^C) = 1 - P(A) \qquad (2.7)$$

---

Diese beiden Folgerungen lassen sich aus den Axiomen leicht ableiten. Die erste Gleichung ermöglicht eine allgemeine Berechnung von verknüpften Ereignissen. Die letzte Gleichung ist nützlich, da die Wahrscheinlichkeit des Gegenereignisses häufig leichter zu berechnen ist als die Wahrscheinlichkeit für das eigentliche Ereignis.

**Beispiel 2.15: Werfen zweier Würfel**

Es werden ein roter und ein blauer Würfel geworfen. Die Wahrscheinlichkeiten folgender Ereignisse sollen berechnet werden:

S: „Die Augensumme ist 7"

T: „Es fällt mindestens eine 6"

U: „Es fällt keine 6"

V: „Es fällt mindestens eine 6 oder die Augensumme ist 6"

Der Ergebnisraum besteht hier aus allen geordneten Paaren der Zahlen 1 bis 6:

$$\Omega = \{(1;1), (1;2), (1;3), \ldots, (1;6), (2;1), \ldots, (6;6)\}$$

Die erste Zahl bezeichnet die Augenzahl des roten und die zweite die des blauen Würfels. Wir nehmen an, dass alle 36 Möglichkeiten gleich wahrscheinlich sind, also

$$P\{(1;1)\} = P\{(1;2)\} = \cdots = P\{(6;6)\} = p_0$$

Aus dem Axiom der Additivität (2.4) folgt:

$$P(\{(1;1)\} \cup \{(1;2)\} \cup \ldots \cup \{(6;6)\}) = 36 \cdot p_0 = P(\Omega)$$

Nach dem Axiom der Normiertheit (2.5) heißt das:

$$36 \cdot p_0 = P(\Omega) = 1 \Rightarrow p_0 = \frac{1}{36}$$

Zur Berechnung von S kann wieder das Axiom der Additivität verwendet werden:

$$P(S) = P\{(1;6), (2;5), (3;4), (4;3), (5;2), (6;1)\} =$$

$$P\{(1;6)\} + \cdots + P\{(6;1)\} = \frac{6}{36} = \frac{1}{6}$$

Die Wahrscheinlichkeiten der Ereignisse T, U und V können nach dem gleichen Prinzip berechnet werden. Mit Hilfe der Formeln (2.6) und (2.7) ist die Rechnung jedoch einfacher. Wir betrachten dazu die Ereignisse

A: „Der rote Würfel zeigt eine 6"

B: „Der blaue Würfel zeigt eine 6"

Es gilt dann (siehe Formal (2.6)):

$$T = A \cup B$$

$$P(T) = P(A) + P(B) - P(A \cap B) = \frac{1}{6} + \frac{1}{6} - \frac{1}{36} = \frac{11}{36}$$

Zur Berechnung von P(U) stellen wir fest, dass U das Gegenereignis von T ist:

$$U = T^C$$

und

$$P(U) = 1 - P(T) = \frac{25}{36}$$

V lässt sich aus T und dem Ereignis „Würfelsumme 6" zusammensetzen:

$$V = T \cup \{(1;5), (2;4), (3;3), (4;2), (5;1)\}$$

Da die beiden Ereignisse disjunkt sind, gilt:

$$P(V) = P(T) + P\{(1;5), (2;4), (3;3), (4;2), (5;1)\} = \frac{16}{36}$$

Bei der Berechnung wurden hier in erster Linie die Axiome und ihre Folgerungen benutzt. Es ist jedoch hier auch möglich, alle Wahrscheinlichkeiten nach der Formel von LAPLACE (2.1) zu berechnen.

## 2.3 Bedingte Wahrscheinlichkeit und Unabhängigkeit

Bei der Einführung von subjektiven Wahrscheinlichkeiten ist die Information, die dem Beobachter vorliegt, relevant. Entsprechend ist bei dem frequentistischen Wahrscheinlichkeitsbegriff von Bedeutung, welche Art von Ereignissen betrachtet wird und ob bestimmte Situationen ausgeschlossen werden können. Wir betrachten dazu ein hypothetisches Beispiel.

**Beispiel 2.16: Knie-Operation**
Bei einer bestimmten Art von Knie-Operation ist nicht bekannt, ob sie erfolgreich verläuft. In einem Krankenhaus wurden von 1.000 Patienten 500 erfolgreich operiert. Damit kann die Wahrscheinlichkeit für eine erfolgreiche Operation durch $P(E) = 0,5$ geschätzt werden. Nun gibt es bei der entsprechenden Verletzung schwere und leichte Fälle. Hierzu liegen folgende Zahlen vor:

|                 | Erfolge | Misserfolge | Gesamt |
| --------------- | ------- | ----------- | ------ |
| Leichte Fälle   | 90      | 10          | 100    |
| Schwere Fälle   | 410     | 490         | 900    |

Damit hängt die Wahrscheinlichkeit für eine erfolgreiche Operation vom Schweregrad der Verletzung ab. Die Wahrscheinlichkeit für eine erfolgreiche Operation liegt bei einem leichten Fall bei ca. 90 % und bei einem schweren Fall bei ca. 45,6 %.

Die Veränderung der Wahrscheinlichkeit im obigen Beispiel kommt durch die Änderung der Bezugspopulation bzw. der relevanten Ereignisse zustande. Man kann auch sagen, dass die Wahrscheinlichkeit durch eine Veränderung der Informationslage neu berechnet werden muss. Wir sprechen allgemein von bedingten Wahrscheinlichkeiten und formulieren dies durch $P(E|S) = 0,456$ (gesprochen: die (bedingte) Wahrscheinlichkeit von E gegeben S) und

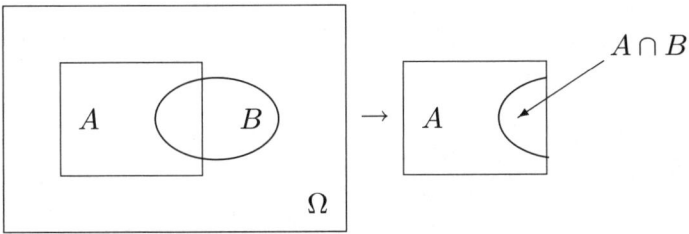

**Abb. 2.3:** Einschränkung des Ergebnisraums auf $A$ und die bedingte Wahrscheinlichkeit eines Ereignisses $B$ gegeben $A$

$P(E|L) = 0,9$. Dabei bezeichnet S das Ereignis „schwerer Fall" und L das Ereignis „leichter Fall".

Zum Begriff der *bedingten Wahrscheinlichkeit* kommt man also, indem der Ergebnisraum auf einen bestimmten Teil eingeschränkt wird. Man nimmt an, dass ein bestimmtes Ereignis bereits eingetreten ist, und betrachtet daraufhin die Wahrscheinlichkeit eines weiteren Ereignisses (siehe Abb. 2.3).

---

### Bedingte Wahrscheinlichkeit

Die bedingte Wahrscheinlichkeit eines Ereignisses B gegeben A ist durch die folgende Formel definiert:

$$P(B|A) = \frac{P(B \cap A)}{P(A)} \qquad (2.8)$$

---

Wir geben die (geschätzten) Wahrscheinlichkeiten für die Knie-Operation an:

$$P(S) \;=\; \frac{900}{1.000} = 0,9$$

$$P(L) \;=\; 0,1$$

$$P(S \cap E) \;=\; \frac{410}{1.000} = 0,41$$

$$P(L \cap E) \;=\; \frac{90}{1.000} = 0,09$$

$$P(E|S) \;=\; \frac{P(S \cap E)}{P(S)} = \frac{0,41}{0,9} = \frac{410}{900} = 0,456$$

$$P(E|L) \;=\; \frac{P(L \cap E)}{P(L)} = \frac{0,09}{0,1} = \frac{90}{100} = 0,9$$

Aus dem Beispiel ist ersichtlich, dass die beiden Ereignisse „Erfolg" und „schwerer Fall" stark voneinander abhängen. Zu dieser Frage betrachten wir ein weiteres Beispiel:

**Beispiel 2.17: Präferenz und Geschlecht**
Eine(r) von 1.000 Hörer(inne)n einer Radiosendung wird zufällig ausgewählt und danach gefragt, ob ihm/ihr die Sendung gefallen hat. Außerdem wird das Geschlecht erhoben. Wir interessieren uns für den Zusammenhang zwischen Geschlecht und Sympathie für die Sendung. Zur Vereinfachung lassen wir auf die Frage nach dem Gefallen der Sendung nur die Antworten „JA" und „NEIN" zu. Folgende Ergebnisse sind dann möglich:

mj: die Person ist „männlich" und die Antwort ist „JA"
mn: die Person ist „männlich" und die Antwort ist „NEIN"
wj: die Person ist „weiblich" und die Antwort ist „JA"
wn: die Person ist „weiblich" und die Antwort ist „NEIN"

Der Ergebnisraum $\Omega$ besteht aus vier Elementen:

$$\Omega = \{mj, mn, wj, wn\}$$

Wir betrachten die Ereignisse:

A: „Die befragte Person ist männlich"

B: „Die befragte Person findet die Sendung gut"

Die beiden Ereignisse $A$ und $B$ lassen sich als Mengen darstellen:

$$A = \{mj, mn\}$$
$$B = \{mj, wj\}$$

Nimmt man an, dass unter den 1.000 Hörern 600 Männer sind, von denen 300 eine positive Meinung zu der Sendung haben, und 400 Frauen, von denen 350 positiv über die Sendung denken, ergeben sich bei der Befragung folgende Wahrscheinlichkeiten:

$$P(A) = P(\{mj, mn\}) = 0,6$$
$$P(A^C) = P(\{wj, wn\}) = 0,4$$
$$P(\{mj\}) = 0,3$$
$$P(\{mn\}) = 0,3$$
$$P(\{wj\}) = 0,35$$
$$P(\{wn\}) = 0,05$$
$$P(B) = P(\{mj\}) + P(\{wj\}) = 0,3 + 0,35 = 0,65$$
$$P(B^C) = P(\{mn\}) + P(\{wn\}) = 0,35$$

Offensichtlich ist die Sympathie für die Sendung unter den männlichen Hörern deutlich abweichend von der der Hörerinnen. Die Beantwortung der Frage hängt vom Geschlecht ab. Man sagt daher: „Die beiden Ereignisse A und B sind voneinander abhängig."

Bei einem männlichen Hörer ist die Wahrscheinlichkeit, dass ihm die Sendung gefallen hat, 0,5, bei einer Frau 0,875. Man schreibt:

$$P(B|A) \;=\; 0,5$$
$$P(B|A^C) \;=\; 0,875$$

Die Wahrscheinlichkeit, dass die Sendung gefällt, unter der Bedingung, dass ein Mann befragt wird, ist 0,5. Die Wahrscheinlichkeit, dass die Sendung gefällt, unter der Bedingung, dass eine Frau befragt wird, ist 0,875. Wir berechnen die entsprechenden bedingten Wahrscheinlichkeiten:

$$P(B|A) \;=\; \frac{P(B \cap A)}{P(A)} = \frac{P\{mj\}}{P(A)} = \frac{0,3}{0,6} = 0,5$$
$$P(B|A^C) \;=\; \frac{P(B \cap A^C)}{P(A^C)} = \frac{P\{wj\}}{P(A^C)} = \frac{0,35}{0,4} = 0,875$$

Die Abhängigkeit der beiden Ereignisse wird also durch die unterschiedlichen bedingten Wahrscheinlichkeiten charakterisiert. Sind die bedingten Wahrscheinlichkeiten gleich, so spricht man von der *Unabhängigkeit* der Ereignisse. Wäre also die Sympathie für die Sendung bei Männern und Frauen im obigen Beispiel gleich, würde die Unabhängigkeit der Ereignisse gelten. Ist etwa die Wahrscheinlichkeit für eine positive Meinung zu der Sendung bei Männern und Frauen jeweils 0,75, so gilt:

$$P(B|A) = P(B|A^C) = P(B) = 0,75$$

---

**Unabhängigkeit zweier Ereignisse**

Zwei Ereignisse, deren Wahrscheinlichkeiten die Gleichungen

$$P(B|A) = P(B) \qquad (2.9)$$

$$P(A|B) = P(A) \qquad (2.10)$$

erfüllen, heißen *stochastisch* (d. h. im Sinne der Wahrscheinlichkeitsrechnung) *unabhängig*.

Zwei Ereignisse sind genau dann unabhängig, wenn folgende Gleichung erfüllt ist:

$$P(A \cap B) = P(A)P(B) \qquad (2.11)$$

---

Die untere Gleichung ist zu den beiden oberen Gleichungen äquivalent und wird auch zur Definition der Unabhängigkeit verwendet. Um den Zusammenhang mit der Wahrscheinlichkeitsrechnung zu betonen, redet man von der *stochastischen Unabhängigkeit*. Ist der Zusammenhang klar, so spricht man einfach nur von Unabhängigkeit.

### Beispiel 2.18: Werfen zweier Würfel

Wir betrachten erneut das Werfen mit einem roten Würfel und einem blauen Würfel und ferner die Ereignisse

$R_6$: „Der rote Würfel zeigt 6"

$B_6$: „Der blaue Würfel zeigt 6"

$S_{11}$: „Die Augensumme ist 11"

Es gilt

$$P(R_6) = P(B_6) = \frac{1}{6}$$

$$P(R_6|B_6) = \frac{P(R_6 \cap B_6)}{P(B_6)} = \frac{\frac{1}{36}}{\frac{1}{6}} = \frac{1}{6}$$

Die Ereignisse $R_6$ und $B_6$ sind also stochastisch unabhängig. Wir überprüfen die Formel 2.11:

$$P(B_6 \cap R_6) = P(\{(6;6)\}) = \frac{1}{36} = P(B_6) \cdot P(R_6)$$

Die Ereignisse $S_{11}$ und $B_6$ sind nicht unabhängig, wie die folgende Rechnung zeigt:

$$P(S_{11}) = P(\{(6;5),(5;6)\}) = \frac{2}{36} = \frac{1}{18}$$

$$P(S_{11}|R_6) = \frac{P(S_{11} \cap R_6)}{P(R_6)} = \frac{P(\{(6;5)\})}{P(R_6)} = \frac{\frac{1}{36}}{\frac{1}{6}} = \frac{1}{6}$$

$$P(S_{11} \cap R_6) = \frac{1}{36} \neq P(S_{11}) \cdot P(R_6) = \frac{2}{36} \cdot \frac{1}{6} = \frac{1}{108}$$

In vielen praktischen Fällen ist die Unabhängigkeit verschiedener Ereignisse eine wichtige Annahme. Insbesondere bei mehreren Zufallsexperimenten, die sich nicht gegenseitig beeinflussen, ist die Unabhängigkeit eine plausible Annahme.

## Beispiel 2.19: Geschlecht von Kindern

Bei der Geburt eines Kindes beträgt die Wahrscheinlichkeit, dass ein Junge geboren wird, ca. 50 %. Nimmt man an, dass das Geschlecht von weiteren Kindern nichts mit dem Geschlecht der bereits geborenen Kinder zu tun hat, ist die Unabhängigkeit des Merkmals „Geschlecht" bei mehreren Kindern eine plausible Annahme. Wir betrachten ein Paar mit dem Wunsch nach drei Kindern. Wir gehen davon aus, dass ihr Wunsch sich erfüllt, und betrachten die Ereignisse:

$J_1$: „Das älteste Kind ist ein Junge"

$J_2$: „Das mittlere Kind ist ein Junge"

$J_3$: „Das jüngste Kind ist ein Junge"

$$P(J_2|J_1) = P(J_2) = 0,5$$

Die Information über das Geschlecht des ältesten Kindes ändert nichts an der Wahrscheinlichkeit von $J_2$. Die Wahrscheinlichkeit, dass von drei Kindern alle drei Jungen sind, ist

$$P(J_1 \cap J_2 \cap J_3) = P(J_1)P(J_2)P(J_3) = 0,5 \cdot 0,5 \cdot 0,5 = \frac{1}{8}$$

**Beispiel 2.20: Chevalier de Méré**
Im 17. Jahrhundert wetteten französische Spieler gerne beim Würfelspiel. Zwei beliebte Wetten waren:

1. Die Wette darauf, dass beim einmaligen Werfen von vier Würfeln mindestens einmal die Augenzahl „1" erscheint.
2. Die Wette darauf, dass beim 24-maligen Werfen von zwei Würfeln mindestens einmal ein „Einserpasch" (beide Würfel zeigen die Augenzahl „1") erscheint.

Gesucht sind also die Wahrscheinlichkeiten der folgenden Ereignisse:

$G_1$ : „Der Spieler würfelt bei 4 Versuchen mindestens einmal ‚1'"

$G_2$ : „Der Spieler würfelt bei 24 Versuchen mit 2 Würfeln mindestens einmal ‚Pasch 1'"

Wir bestimmen die Wahrscheinlichkeit des Gegenereignisses von $G_1$:

$G_1^C$ : „Der Spieler würfelt viermal eine Zahl ungleich 1"

Wir benötigen noch die Ereignisse

$A_i$ : „Der Spieler würfelt im i-ten Wurf keine 1"

Es gilt wegen der Unabhängigkeit der einzelnen Würfe:

$$P(G_1^C) = P(A_1 \cap A_2 \cap A_3 \cap A_4) = P(A_1)P(A_2)P(A_3)P(A_4)$$

$$P(G_1^C) = \left(\frac{5}{6}\right)^4$$

$$P(G_1) = 1 - \left(\frac{5}{6}\right)^4 \approx 0,518$$

Analog erhält man die Wahrscheinlichkeit für das Ereignis $G_2$ :

$$P(G_2) = 1 - \left(\frac{35}{36}\right)^{24} \approx 0,491$$

## 2.4 Wahrscheinlichkeitsbäume und der Satz von Bayes

Eine einfache Darstellung von bedingten Wahrscheinlichkeiten kann durch *Wahrscheinlichkeitsbäume* erfolgen.

**Beispiel 2.21: Medizinischer Test**
Eine Krankheit tritt in einer Bevölkerung mit einer Wahrscheinlichkeit von 2 % auf. Diese Wahrscheinlichkeit wird auch als *Prävalenz* bezeichnet. Ein diagnostischer Test stuft in 90 % der Fälle eine kranke Person als krank ein (Test positiv). Diese Wahrscheinlichkeit wird auch als *Sensitivität* des Tests bezeichnet. In 95 % der Fälle wird eine gesunde Person als gesund diagnostiziert (Test negativ). Diese Wahrscheinlichkeit wird auch als *Spezifität* des Tests bezeichnet.

Wir betrachten die Ereignisse:

$K$: „Person ist krank"
$G$: „Person ist gesund"

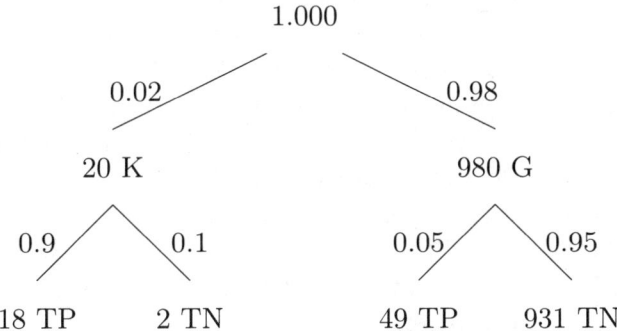

**Abb. 2.4:** Medizinischer Test bei einer imaginären Bevölkerung von 1.000 Personen

$TP$: „Der Test ist positiv, d. h., die Person wird als krank diagnostiziert"

$TN$: „Der Test ist negativ, d. h., die Person wird als gesund diagnostiziert"

Da das Rechnen mit den entsprechenden bedingten Wahrscheinlichkeiten kompliziert ist, stellen wir den Sachverhalt mit Hilfe einer imaginären Bevölkerung von 1.000 Personen dar (siehe dazu auch GIGERENZER 2005).

An den Ästen des Baumes sind jeweils die (bedingten) Wahrscheinlichkeiten aufgetragen:

$$P(K) = 0,02 \qquad P(G) = 0,98$$
$$P(TP|K) = 0,90 \qquad P(TP|G) = 0,05$$
$$P(TN|K) = 0,10 \qquad P(TN|G) = 0,95$$

Wir erhalten daraus die Wahrscheinlichkeit

$$P(K \cap TP) \;=\; P(K) \cdot P(TP|K) = 0,02 \cdot 0,9 = 0,018$$

Diese Wahrscheinlichkeit entspricht genau den 18 Personen der Bevölkerung in dem Wahrscheinlichkeitsbaum (diese sind krank und haben ein positives Testergebnis).

Nun soll die Wahrscheinlichkeit berechnet werden, dass eine Person, die als positiv getestet wurde, auch tatsächlich krank ist, also $P(K|TP)$. Dazu müssen wir den Bezugsrahmen auf die positiv getesteten Personen beschränken. Es gibt in der imaginären Bevölkerung $18 + 49 = 67$ Personen mit positivem Testergebnis. Davon sind 18 krank und 49 gesund. Damit ergibt sich die Wahrscheinlichkeit

$$P(K|TP) \;=\; \frac{18}{18+49} = 0,269$$

Obwohl der Test bei Kranken und Gesunden eine Zuverlässigkeit von über 90 % besitzt, ist obige Wahrscheinlichkeit geringer als 50 %. Der Grund liegt darin, dass die Krankheit relativ selten ist. Analog kann die Wahrscheinlichkeit berechnet werden, dass ein negativ getesteter Patient tatsächlich gesund ist.

$$P(G|TN) = \frac{931}{931+2} = 0,9979$$

Das „Übersetzen" der entsprechenden Wahrscheinlichkeiten in eine imaginäre Bevölkerung ist eine gute Möglichkeit, bedingte Wahrscheinlichkeiten zugänglich zu machen. Die Wahrscheinlichkeiten können aber auch nach folgenden Regeln berechnet werden.

## Multiplikationssatz und
## Satz von der totalen Wahrscheinlichkeit

$A$ und $B$ sind Ereignisse. Dann gilt:

$$P(A \cap B) = P(A|B) \cdot P(B)$$
$$P(A \cap B) = P(B|A) \cdot P(A)$$
$$P(B) = P(B|A) \cdot P(A) + P(B|A^C) \cdot P(A^C)$$

Die ersten beiden Gleichungen folgen unmittelbar aus der Definitionsgleichung der bedingten Wahrscheinlichkeit $P(A|B) = \frac{P(A \cap B)}{P(B)}$ bzw. $P(B|A) = \frac{P(A \cap B)}{P(A)}$. Intuitiv kann die Wahrscheinlichkeit, dass $A$ und $B$ eintritt, in die folgenden zwei Schritte „Eintreten von $A$" und „Eintreten von $B$, nachdem $A$ eingetreten ist" aufgeteilt werden.

Die letzte Gleichung kann wie folgt interpretiert werden: Die Wahrscheinlichkeit, dass $B$ eintritt, kann in die beiden Schritte „Eintreten von $B$, nachdem $A$ eingetreten ist" und „Eintreten von $B$, nachdem $A^C$ eingetreten ist" aufgeteilt werden.

Im obigen Beispiel setzen sich die Personen mit einem positiven Testergebnis aus kranken und gesunden Personen zusammen:

$$P(TP) = P(TP|K) \cdot P(K) + P(TP|G) \cdot P(G)$$
$$= 0,9 \cdot 0,02 + 0,05 \cdot 0,98$$
$$= 0,018 + 0,049 = 0,067$$

Ein weiterer wichtiger Satz ist das Theorem von BAYES.

---

**Satz von Bayes**

$A$ und $B$ sind Ereignisse. Dann gilt:

$$P(A|B) \ = \ \frac{P(A \cap B)}{P(B)} = \frac{P(B|A) \cdot P(A)}{P(B|A) \cdot P(A) + P(B|A^C) \cdot P(A^C)}$$

---

Der Satz folgt unmittelbar aus dem Multiplikationssatz und aus der Definition der bedingten Wahrscheinlichkeit. Es gilt $P(B|A) \cdot P(A) = P(A \cap B)$ und $P(B|A) \cdot P(A) + P(B|A^C) \cdot P(A^C) = P(B)$. Der Satz von BAYES lässt sich sehr einfach aus den elementaren Regeln für Wahrscheinlichkeiten berechnen. Er hat jedoch für die Anwendung eine sehr wichtige Bedeutung. Er liefert nämlich eine Möglichkeit, die Bedingungen bei den Wahrscheinlichkeiten umzudrehen, d. h., bei gegebenen Wahrscheinlichkeiten $P(B|A)$ und $P(A)$ die Wahrscheinlichkeit von $P(A|B)$ zu berechnen. Dies entspricht genau der im obigen Beispiel diskutierten Situation der Diagnose einer Krankheit.

**Beispiel 2.22: Medizinischer Test: Satz von Bayes**
Gegeben sind die Wahrscheinlichkeiten aus Beispiel 2.21.

$$P(K) = 0,02 \qquad P(G) = 0,98$$
$$P(TP|K) = 0,90 \qquad P(TP|G) = 0,05$$
$$P(TN|K) = 0,10 \qquad P(TN|G) = 0,95$$

Wir berechnen im Folgenden die bedingten Wahrscheinlichkeiten $P(K|TP)$ und $P(G|TN)$ unter Verwendung des Satzes von BAYES.

$$
\begin{aligned}
P(K|TP) &= \frac{P(K \cap TP)}{P(TP)} \\
&= \frac{P(TP|K) \cdot P(K)}{P(TP|K) \cdot P(K) + P(TP|G) \cdot P(G)} \\
&= \frac{0,90 \cdot 0,02}{0,90 \cdot 0,02 + 0,05 \cdot 0,98} \\
&= 0,269 \\
P(G|TN) &= \frac{P(G \cap TN)}{P(TN)} \\
&= \frac{P(TN|G) \cdot P(G)}{P(TN|G) \cdot P(G) + P(TN|K) \cdot P(K)} \\
&= \frac{0,95 \cdot 0,98}{0,95 \cdot 0,98 + 0,10 \cdot 0,02} \\
&= 0,9979
\end{aligned}
$$

Der Satz von der totalen Wahrscheinlichkeit und der Satz von BAYES können auch auf die Situation von mehr als zwei Ereignissen erweitert werden.

## 2.5 Zufallsgrößen

Um mit Wahrscheinlichkeiten in geeigneter Weise rechnen zu können, führen wir den Begriff der *Zufallsgröße* ein. Dazu werden die Ergebnisse eines Experiments in Form von Zahlen dargestellt. Eine Zufallsgröße ist demnach eine Zahl, die den Ausgang eines Zufallsexperiments charakterisiert.

## Beispiel 2.23: Verschiedene Zufallsgrößen

a) Wenn es bei einem Zufallsexperiment nur zwei Alternativen gibt, wie z. B. bei einer Frage, die nur mit „JA" oder „NEIN" beantwortet werden kann, so kodiert man die beiden Möglichkeiten typischerweise mit den Zahlen 0 und 1. Wir sprechen dann von einer binären Zufallsgröße:

$$X_B = 0, \quad \text{falls die Frage mit „NEIN" beantwortet wird}$$
$$X_B = 1, \quad \text{falls die Frage mit „JA" beantwortet wird}$$

b) Beim Werfen eines Würfels kann die Augenzahl als Zufallsgröße $X_W$ definiert werden. Mögliche Werte der Zufallsgröße $X_W$ sind $1, 2, 3, 4, 5$ und $6$.

c) Jemand kommt zu einem zufälligen Zeitpunkt an eine Bushaltestelle. Der Bus verkehrt im Zehn-Minuten-Takt und ist immer pünktlich. Die Wartezeit (gemessen in Minuten) bis zur Abfahrt des nächsten Busses kann mit der Zufallsgröße $T$ dargestellt werden. $T$ kann Werte zwischen 0 und 10 annehmen, z. B. 3 oder $4, 5$ oder $9, 8$.

Anhand von Beispiel 2.23 erkennt man, dass jedem möglichen Ergebnis des jeweiligen Zufallsexperiments genau eine Zahl zugeordnet wird. Daher ist eine Zufallsgröße $X$ genau genommen eine Abbildung des Ergebnisraums $\Omega$ auf die reellen Zahlen $\mathbb{R}$:

$$X : \Omega \to \mathbb{R}$$

Wir bezeichnen Zufallsgrößen mit großen Buchstaben $(X, Y, \ldots)$ und die entsprechenden Platzhalter für die Zahlenwerte (Realisationen) mit kleinen Buchstaben $(x, y, \ldots)$. Die Wahrscheinlichkeiten beziehen sich bei Zufallsgrößen auf Zahlen und haben beispielsweise die Form $P(T > 5, 5)$, $P(X_W = 4)$, $P(X_B = 1)$ etc.

## 2.5.1 Die Verteilungsfunktion

Das Rechnen mit Zufallsgrößen ist der zentrale Inhalt der Wahrscheinlichkeitstheorie. Eine wichtige Basis dafür ist die Charakterisierung von Zufallsgrößen durch die *Verteilungsfunktion*.

---

**Verteilungsfunktion einer Zufallsgröße**

Zur Charakterisierung von Zufallsgrößen benutzt man die Verteilungsfunktion. Sie ist für eine Zufallsgröße X definiert als

$$F(x) = P(X \leq x) \tag{2.12}$$

Die Verteilungsfunktion $F(x)$ an der Stelle $x$ ist damit die Wahrscheinlichkeit, dass die Zufallsgröße $X$ einen Wert kleiner oder gleich $x$ annimmt.

---

Bei der Definition der Verteilungsfunktion werden also nur bestimmte Ereignisse der Form „Die Zufallsgröße ist kleiner oder gleich einem bestimmten Wert $x$" betrachtet. Diese sind aber ausreichend, um die Zufallsgröße $X$ eindeutig zu charakterisieren.

### Beispiel 2.24: Einige Verteilungsfunktionen

a) Wir beginnen mit dem Fall einer binären Zufallsgröße $X_B$, die nur die Werte 0 und 1 annehmen kann. Wir nehmen an, dass $P(X_B = 0) = 0,65$ und $P(X_B = 1) = 0,35$ gilt. Die Verteilungsfunktion von $X_B$ ergibt sich (Abb. 2.5):

$$F_{X_B}(r) = P(X_B \leq r) \qquad \text{mit}$$

$$
\begin{aligned}
P(X_B \leq r) &= 0 &&\text{für alle negativen Zahlen r} \\
P(X_B \leq 0) &= P(X_B < 0) + P(X_B = 0) = 0 + 0,65 = 0,65 \\
P(X_B \leq r) &= 0,65 &&\text{für } 0 \leq r < 1 \\
P(X_B \leq 1) &= P(X_B = 0) + P(X_B = 1) = 1 \\
P(X_B \leq 1) &= 1 &&\text{für} \quad r > 1
\end{aligned}
$$

63

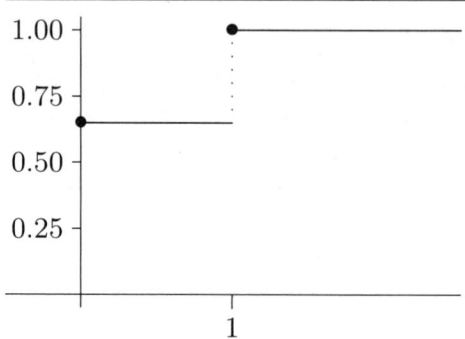

**Abb. 2.5:** Verteilungsfunktion der Zufallsgröße $X_B$

b) Wir betrachten die Augenzahl $X_W$ beim Werfen eines fairen Würfels. Auch hier ergibt sich für die Verteilungsfunktion eine Treppenfunktion. Aus
$P(X_W = 1) = P(X_W = 2) = \ldots = P(X_W = 6) = \frac{1}{6}$
ergibt sich die Verteilungsfunktion wie folgt:
$F_{X_W}(r) = P(X_W \leq r)$ mit

$$
\begin{aligned}
P(X_W \leq r) &= 0 && \text{für } r < 1 \\
P(X_W \leq r) &= \tfrac{1}{6} && \text{für } 1 \leq r < 2 \\
P(X_W \leq r) &= \tfrac{2}{6} && \text{für } 2 \leq r < 3 \\
P(X_W \leq r) &= \tfrac{3}{6} && \text{für } 3 \leq r < 4 \\
P(X_W \leq r) &= \tfrac{4}{6} && \text{für } 4 \leq r < 5 \\
P(X_W \leq r) &= \tfrac{5}{6} && \text{für } 5 \leq r < 6 \\
P(X_W \leq r) &= 1 && \text{für } 6 \leq r
\end{aligned}
$$

Sie ist in Abb. 2.6 dargestellt.

c) Wir betrachten die Zufallsgröße $T$ aus Beispiel 2.23 c), die Wartezeit auf einen Bus, der im 10 Minuten-Takt verkehrt. Da die Wartezeit keine negativen Werte annehmen kann, gilt $P(T \leq t) = 0$ für $t < 0$. Wir nehmen an, dass der Bus pünkt-

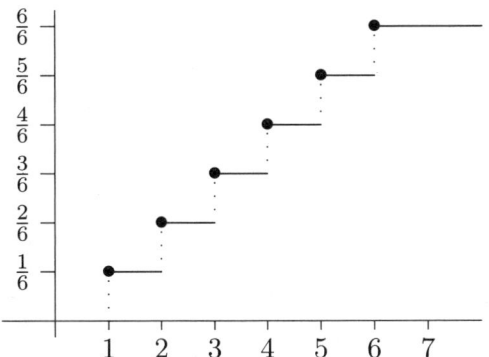

**Abb. 2.6:** Verteilungsfunktion der Zufallsgröße $X_W$ (Würfelwurf)

lich ist. Daher liegt die Wartezeit auf jeden Fall unter Zehn-Minuten. Es gilt also $P(T \leq t) = 1$ für $t \geq 10$. Wenn wir weiter davon ausgehen, dass die Ankunft der Person an der Bushaltestelle nach keinem bestimmten Muster erfolgt, so ist es plausibel, anzunehmen, dass die Wahrscheinlichkeiten für gleich lange Zeitintervalle innerhalb der 10 Minuten gleich sind, also z. B. $P(0 < T \leq 5) = P(5 < T \leq 10)$ oder $P(0 < T \leq 2) = P(2 < T \leq 4)$ etc. ist. Aus dieser Annahme folgt, dass für die Verteilungsfunktion $F_T(t) = P(T \leq t) = \frac{t}{10}$ für $0 \leq t \leq 10$ gilt. Die Wahrscheinlichkeit, bis zu 7 Minuten zu warten, ist also z. B. $0,7$. Die Verteilungsfunktion ist in Abb. 2.7 dargestellt.

## 2.5.2 Wahrscheinlichkeits- und Dichtefunktion
### Diskrete Zufallsgrößen

Im Fall von diskreten Wahrscheinlichkeitsverteilungen können die Zufallsgrößen typischerweise nur endlich viele Werte annehmen. Im Fall der Zufallsgröße $X_B$ sind dies die Werte 0 und 1 und im Fall von $X_W$ die Zahlen $\{1, 2, \ldots, 6\}$. Man kann dann die Zufallsgröße

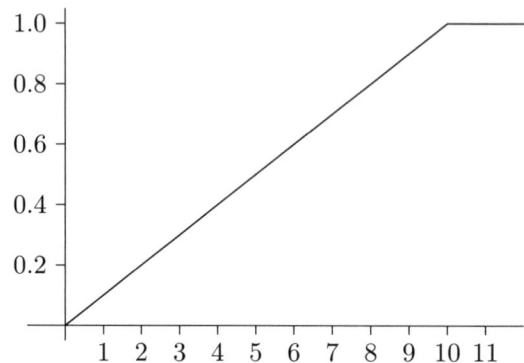

**Abb. 2.7:** Verteilungsfunktion der Zufallsgröße $T$ (Wartezeit auf den Bus)

durch die Wahrscheinlichkeiten für die einzelnen Werte charakterisieren.

---

**Wahrscheinlichkeitsfunktion einer Zufallsgröße**

Die Wahrscheinlichkeitsfunktion einer diskreten Zufallsgröße ist definiert durch

$$f_X(x) = P(X = x) \tag{2.13}$$

Nimmt die Zufallsgröße die Werte $x_1, \ldots, x_k$ an, so gilt

$$\sum_{i=1}^{k} f_X(x_i) = 1 \tag{2.14}$$

---

Die Wahrscheinlichkeitsfunktionen für die Zufallsgrößen $X_W$ und $X_B$ sind in Abb. 2.8 dargestellt.

**Beispiel 2.25: Werfen zweier Würfel**
Beim Werfen zweier Würfel kann die Augensumme als Zufallsgröße $S$ definiert werden. Mögliche Werte der Zufallsgröße $S$

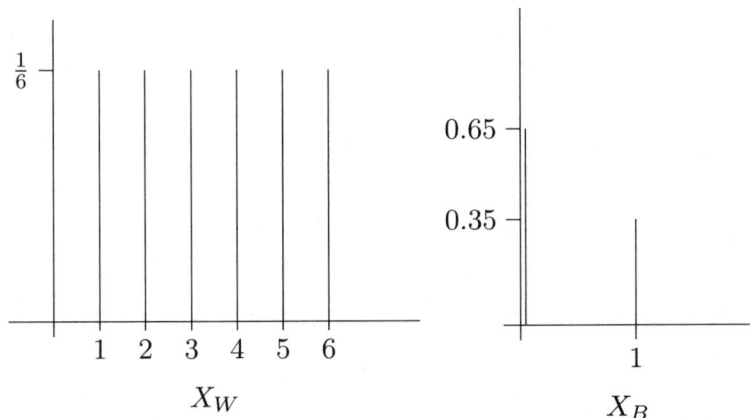

**Abb. 2.8:** Wahrscheinlichkeitsfunktionen der Zufallsgrößen $X_W$ (Würfelwurf) und $X_B$ (Frage)

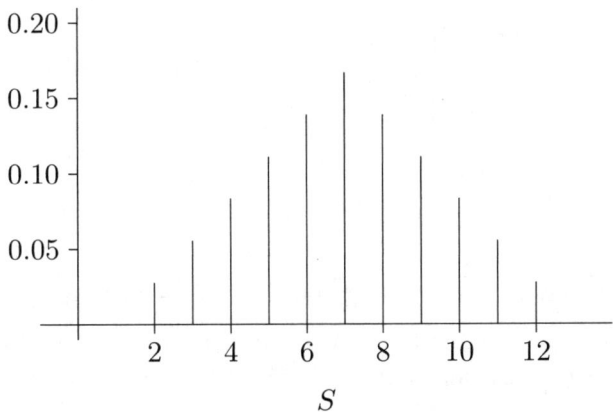

**Abb. 2.9:** Wahrscheinlichkeitsfunktion der Zufallsgröße $S$ (Augensumme beim Werfen von zwei Würfeln)

sind $2, 3, \ldots, 11$ und 12. Die dazugehörigen Wahrscheinlichkeiten sind unter der Annahme fairer Würfel nach LAPLACE

$$P(S = 2) = P((1,1)) = \frac{1}{36}$$

$$P(S = 3) = P((1,2),(2,1)) = \frac{2}{36}$$

$$P(S = 4) = P((1,3),(3,1),(2,2)) = \frac{3}{36}$$

$$P(S = 5) = P((1,4),(4,1),(2,3),(3,2)) = \frac{4}{36}$$

$$P(S = 6) = P((1,5),(5,1),(2,4),(4,2),(3,3)) = \frac{5}{36}$$

$$P(S = 7) = P((1,6),(6,1),(2,5),(5,2),(3,4),(4,3)) = \frac{6}{36}$$

$$P(S = 8) = P((2,6),(6,2),(3,5),(5,3),(4,4)) = \frac{5}{36}$$

$$P(S = 9) = P((3,6),(6,3),(4,5),(5,4)) = \frac{4}{36}$$

$$P(S = 10) = P((4,6),(6,4),(5,5)) = \frac{3}{36}$$

$$P(S = 11) = P((5,6),(6,5)) = \frac{2}{36}$$

$$P(S = 12) = P((6,6)) = \frac{1}{36}$$

Die Wahrscheinlichkeitsfunktion ist in Abb. 2.8 dargestellt.

Auch die Verteilungsfunktion von $S$ hat eine Treppenform mit Sprungstellen an den möglichen Werten von $S$ (Abb. 2.10).

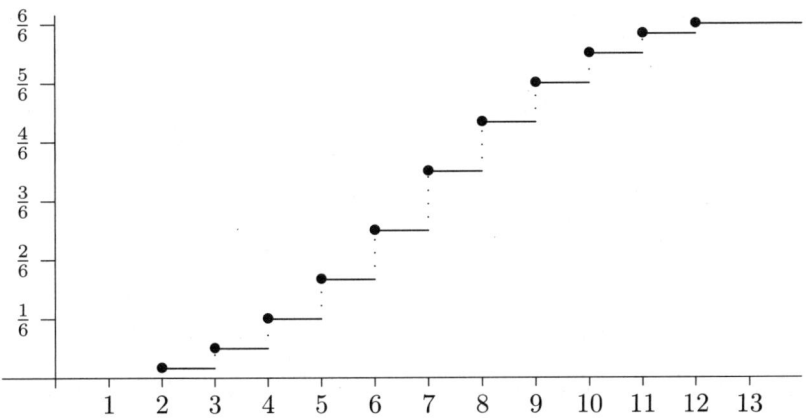

**Abb. 2.10:** Verteilungsfunktion der Zufallsgröße $S$ (Augensumme beim Werfen von zwei Würfeln)

$$P(S \leq r) = 0 \qquad \text{für} \quad r < 2$$
$$P(S \leq r) = \frac{1}{36} \qquad \text{für} \quad 2 \leq r < 3$$
$$P(S \leq r) = \frac{3}{36} \qquad \text{für} \quad 3 \leq r < 5$$
$$\vdots$$
$$P(S \leq r) = \frac{35}{36} \qquad \text{für} \quad 11 \leq r < 12$$
$$P(S \leq r) = 1 \qquad \text{für} \quad r \geq 12$$

Man unterscheidet Zufallsgrößen nach den Eigenschaften der Verteilungsfunktion. Im Fall einer treppenförmigen Verteilungsfunktion wie in Beispiel 2.23 für $X_B$ und $X_W$ spricht man von *diskreten Verteilungen*.

69

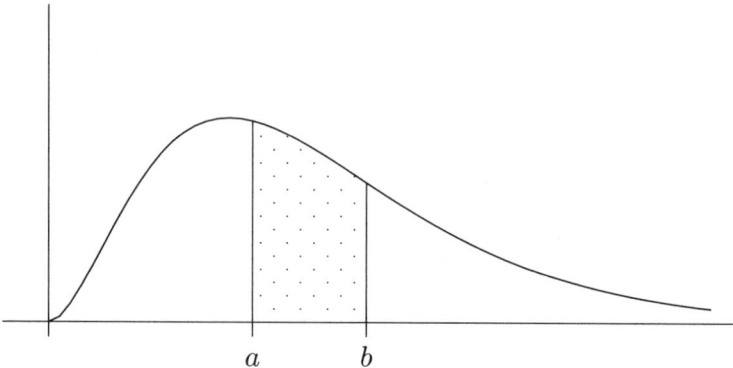

**Abb. 2.11:** Dichtefunktion $f_X(r)$ und Wahrscheinlichkeit

## Stetige Zufallsgrößen

Für den zweiten wichtigen Typ von Zufallsgrößen mit stetiger Verteilungsfunktion, wie im Beispiel 2.23 die Zufallsgröße $T$, liegen die möglichen Werte in einem Intervall auf der Zahlengeraden. Man spricht dann von *stetigen Zufallsgrößen*. Im Beispiel der oben genannten Zufallsgröße $T$ sind dies alle reellen Zahlen von 0 bis 10. Stetige Zufallsgrößen kann man nicht durch die Wahrscheinlichkeitsfunktion charakterisieren. Man benutzt stattdessen die *Dichtefunktion*. Die Dichtefunktion wird so konstruiert, dass den Wahrscheinlichkeiten Flächen unter der Kurve der Dichtefunktion entsprechen. Genauer entspricht die Fläche unter der Kurve der Dichtefunktion $f_X$ zwischen den Werten $a$ und $b$ der Wahrscheinlichkeit, dass die Zufallsgröße $X$ zwischen $a$ und $b$ liegt.

In Abb. 2.11 ist eine allgemeine Dichtefunktion dargestellt. Hier entspricht die gekennzeichnete Fläche genau dem Wert $P(a \leq X \leq b)$. Mathematisch lässt sich die Fläche als Integral berechnen:

$$P(a \leq X \leq b) = \int_a^b f_X(x)dx \qquad (2.15)$$

Die Dichtefunktion der Zufallsgröße $T$ ist in Abb. 2.12 dargestellt. Sie ist konstant gleich 0,1 auf dem Intervall $[0; 10]$. Die Wahrschein-

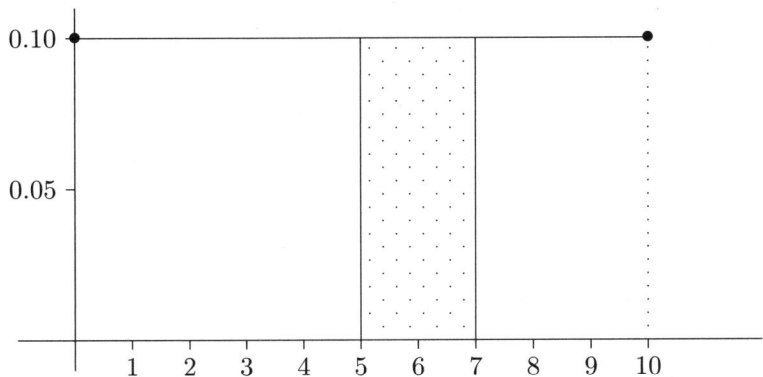

**Abb. 2.12:** Dichtefunktion von $T$ (Wartezeit auf den Bus)

lichkeit, dass die Wartezeit zwischen 5 und 7 Minuten liegt, ist genau die Fläche unter der Kurve zwischen den Werten 5 und 7 (siehe Abb. 2.12). Diese beträgt $0,2$.

Für die Verteilungsfunktion gilt allgemein:

$$F(b) = P(-\infty \leq X \leq b) = \int_{-\infty}^{b} f_X(x)dx$$

Die Verteilungsfunktion an einer Stelle $b$ ist definitionsgemäß die Wahrscheinlichkeit, dass die Zufallsgröße kleiner oder gleich $b$ ist. Diese entspricht der Fläche unter der Kurve der Dichtefunktion zwischen $-\infty$ und $b$.

Der Zusammenhang zwischen dem Integrieren und dem Bilden der Ableitung einer Funktion erlaubt es, die Dichtefunktion mit Hilfe der Verteilungsfunktion zu bestimmen:

$$f(x) = F'(x) \qquad (2.16)$$

Die Dichtefunktion ist die Ableitung der Verteilungsfunktion. Nach dem Axiom der Positivität ist die Dichtefunktion an jeder Stelle

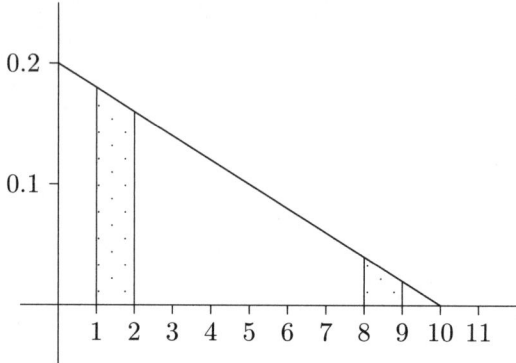

**Abb. 2.13:** Dichtefunktion der Zufallsgröße $T_G$ (Glück beim Warten auf den Bus)

größer als oder gleich null. Es gilt nach dem Axiom der Normiertheit:

$$\int_{-\infty}^{\infty} f(x)dx = 1$$

**Beispiel 2.26: Glück beim Warten auf den Bus**
Wir gehen wieder davon aus, dass der Bus pünktlich im Zehn-Minuten-Takt verkehrt. Eine Person hat eine glückliche Hand bei ihrer Ankunft an der Bushaltestelle. Dann könnte die Dichtefunktion der zugehörigen Zufallsgröße $T_G$ wie in Abb. 2.13 aussehen.

Die Dichtefunktion hat im Bereich von 0-5 Minuten deutlich höhere Werte als im Bereich 5-10 Minuten. Die Wahrscheinlichkeit für eine Wartezeit zwischen 1 und 2 Minuten beträgt $0,17$, während sie für eine Wartezeit zwischen 8 und 9 Minuten nur $0,03$ beträgt. Diese entsprechen genau den beiden markierten Flächen in Abb. 2.13. Man erkennt, dass die Dichtefunktion aussagt, wie hoch die Wahrscheinlichkeit für die entsprechende Zufallsgröße in einem Bereich ist.

### 2.5.3 Erwartungswert und Varianz

Der Erwartungswert einer Zufallsgröße ist der Wert, der sich bei häufiger Wiederholung des zugehörigen Zufallsexperiments als Mittelwert ergibt. Bei der diskreten Zufallsgröße „Augenzahl beim Würfeln" wird bei 60.000 Würfen jede Zahl von 1 bis 6 annähernd 10.000-mal auftreten. Im Mittel erhält man also einen Wert von $\frac{1}{60.000}(1 \cdot 10.000 + 2 \cdot 10.000 + 3 \cdot 10.000 + 4 \cdot 10.000 + 5 \cdot 10.000 + 6 \cdot 10.000) = 3,5$.

Allgemein definiert man für diskrete Zufallsgrößen den Erwartungswert wie folgt:

$$E(X) = \sum_{i=1}^{n} x_i P(X = x_i)$$

Er wird auch häufig als $\mu$ (griechisch m, gesprochen „mü") bezeichnet. Im Fall des Würfelwurfs ergibt sich

$$E(X_W) = 1 \cdot \frac{1}{6} + 2 \cdot \frac{1}{6} + 3 \cdot \frac{1}{6} + 4 \cdot \frac{1}{6} + 5 \cdot \frac{1}{6} + 6 \cdot \frac{1}{6} = 3,5$$

Die *Varianz*, als $\text{Var}(X)$ bezeichnet, ist der Erwartungswert der quadratischen Abweichung der Zufallsgröße $X$ von ihrem Erwartungswert $E(X)$. Die *Standardabweichung*, die als die Wurzel der Varianz definiert ist, gibt an, in welcher Größenordnung die Abweichung der Zufallsgröße von ihrem Erwartungswert liegt. Sie wird mit $\sigma$ (griechisch s, gesprochen „sigma") bezeichnet.

---

**Erwartungswert und Varianz
diskreter Zufallsgrößen**

$X$ ist eine diskrete Zufallsgröße mit den möglichen Werten $x_1, \ldots, x_n$. Dann sind der Erwartungswert $\mathrm{E}(X)$, die Varianz $\mathrm{Var}(X)$ und die Standardabweichung $\sigma_X$ wie folgt definiert:

$$\mathrm{E}(X) = \sum_{i=1}^{n} x_i P(X = x_i) \tag{2.17}$$

$$\mathrm{Var}(X) = \mathrm{E}((X - \mathrm{E}(X))^2) = \sum_{i=1}^{n} (x_i - \mathrm{E}(X))^2 P(X = x_i)$$

$$\tag{2.18}$$
$$\sigma_X = \sqrt{\mathrm{Var}(X)} \tag{2.19}$$

**Beispiel 2.27: Erwartungswert und Varianz**
Wir berechnen den Erwartungswert und die Varianz der in Beispiel 2.23 definierten diskreten Zufallsgrößen $X_B$ und $S$:

$$
\begin{aligned}
\mathrm{E}(X_B) &= 0 \cdot P(X_B = 0) + 1 \cdot P(X_B = 1) \\
&= P(X_B = 1) \\
&= 0,35
\end{aligned}
$$

$$
\begin{aligned}
\mathrm{Var}(X_B) &= P(X_B = 0)(0 - \mathrm{E}(X_B))^2 + P(X_B = 1)(1 - \mathrm{E}(X_B))^2 \\
&= P(X_B = 1)(1 - P(X_B = 1)) = 0,35 \cdot 0,65 = 0,2275
\end{aligned}
$$

$$
\sigma_{X_B} = \sqrt{\mathrm{Var}(X_B)} = 0,4770
$$

$$\begin{aligned}
\mathrm{E}(S) \;=\;\; & 2 \cdot P(S=2) + 3 \cdot P(S=3) + 4 \cdot P(S=4) \\
& +5 \cdot P(S=5) + 6 \cdot P(S=6) + 7 \cdot P(S=7) \\
& +8 \cdot P(S=8) + 9 \cdot P(S=9) + 10 \cdot P(S=10) \\
& +11 \cdot P(S=11) + 12 \cdot P(S=12) \\
=\;\; & 7
\end{aligned}$$

Der Erwartungswert $\mathrm{E}(S) = 7$ ist der Schwerpunkt der Verteilung von $S$, siehe dazu Abb. 2.5.2. Bei dieser Verteilung ist er gleichzeitig auch der häufigste Wert.

$$\begin{aligned}
\mathrm{Var}(S) \;=\;\; & (2-7)^2 \cdot P(S=2) + (3-7)^2 \cdot P(S=3) + \ldots \\
& \ldots + (12-7)^2 \cdot P(S=12) \\
=\;\; & 5{,}833 \\
\sigma_S \;=\;\; & \sqrt{\mathrm{Var}(S)} = 2{,}41
\end{aligned}$$

Für stetige Zufallsgrößen berechnet man den Erwartungswert, indem man die Summenbildung durch ein Integral ersetzt.

---

**Erwartungswert und Varianz
stetiger Zufallsgrößen**

Ist $X$ stetig mit Dichtefunktion $f_X$, so definiert man:

$$\mathrm{E}(X) = \int_{-\infty}^{\infty} x f(x)\,dx \qquad (2.20)$$

$$\mathrm{Var}(X) = \mathrm{E}((X - \mathrm{E}(X))^2) = \int_{-\infty}^{\infty} (x - \mathrm{E}(X))^2 f(x)\,dx \quad (2.21)$$

---

**Beispiel 2.28: Erwartungswert und Varianz**

Im Fall der in Beispiel 2.23 definierten Zufallsgröße $T$ erhält man:

$$\mathrm{E}(T) = \int_{-\infty}^{\infty} x f(x) dx$$

$$= \int_{0}^{10} \frac{1}{10} x \, dx = 5$$

Die mittlere Wartezeit beträgt 5 Minuten. Dieser Wert bildet wieder den Schwerpunkt der Verteilung. Für die in Beispiel 2.26 dargestellte Zufallsgröße ergibt sich der Mittelwert $\mathrm{E}(T_G) = 3,33$. Dieser Wert ist erwartungsgemäß kleiner als $\mathrm{E}(T)$.

Für die Varianz und die Standardabweichung von $T$ ergibt sich:

$$\mathrm{Var}(T) = \int_{-\infty}^{\infty} (x-5)^2 f(x) dx$$

$$= \int_{0}^{10} (x-5)^2 \frac{1}{10} dx$$

$$= \frac{25}{3}$$

$$\sigma_T = \sqrt{\frac{25}{3}} = 2,9$$

Die Standardabweichung beträgt 2,9 Minuten. Diese ist ein Maß dafür, wie stark die Einzelwerte um den Mittelwert $t = 5$ streuen.

## 2.5.4 Lineare Transformationen und Summen von Zufallsgrößen

Die direkte Berechnung von Erwartungswerten und Varianzen von Zufallsgrößen kann sehr aufwendig sein. Für bestimmte Fälle gibt es nützliche Regeln, mit deren Hilfe Erwartungswerte und Varianzen relativ einfach bestimmt werden können.

**Beispiel 2.29: Weg zum Arbeitsplatz**

Zusätzlich zur Wartezeit auf den Bus (Bsp. 2.23) benötigt jemand eine halbe Stunde für seinen Weg zum Arbeitsplatz. Weiter möchte er seinen Weg zur Arbeit in Stunden und nicht in Minuten angeben. Von Interesse ist also die Zufallsgröße $T_1$ „Zeit für den Weg zum Arbeitsplatz in Stunden".

$$T_1 = 0,5 + \frac{1}{60}T$$

$T_1$ entsteht aus $T$ durch eine lineare Transformation, d. h. Multiplikation mit einem Faktor (hier $\frac{1}{60}$) und Addition einer Konstanten (hier $0,5$). Die mittlere Wartezeit auf den Bus beträgt $E(T) = 5$ Minuten $= \frac{5}{60}$ Stunden. Um die mittlere Zeit für den Weg zum Arbeitsplatz zu erhalten, ist noch eine halbe Stunde zu addieren. Insgesamt ergibt sich:

$$E(T_1) = 0,5 + \frac{1}{60}\,E(T) = \frac{30}{60} + \frac{5}{60} = \frac{35}{60} \text{ Stunden}$$

Die Standardabweichung ist auch in Stunden umzurechnen. Sie beträgt $\sigma_T = \frac{2,9}{60}$ Stunden. Durch das Addieren einer Konstanten verändert sie sich nicht. Da die Varianz das Quadrat der Standardabweichung ist, gilt

$$Var(T_1) = \left(\frac{1}{60}\right)^2 Var(T).$$

Dieser in dem Beispiel offensichtliche Zusammenhang zwischen dem Erwartungswert einer Zufallsgröße und einer linearen Transformation basiert auf folgender allgemeiner Regel.

---

**Erwartungswert und Varianz von
linear transformierten Zufallsgrößen**

Für eine Zufallsgröße $X$ gilt mit Konstanten $a$ und $b$:

$$\mathrm{E}(a + b \cdot X) = a + b \cdot \mathrm{E}(X) \qquad (2.22)$$

$$\mathrm{Var}(a + b \cdot X) = b^2 \cdot \mathrm{Var}(X) \qquad (2.23)$$

---

Weiter sind Regeln für die Berechnung von Erwartungswerten und Varianzen von Summen von Zufallsgrößen hilfreich. Insbesondere benötigen wir solche Regeln für unabhängige Zufallsgrößen. Der Begriff der *stochastischen Unabhängigkeit* wurde in Abschnitt 2.3 bisher nur für Ereignisse definiert. Dieser wird für die Definition der stochastischen Unabhängigkeit zweier Zufallsgrößen erweitert. Zwei Zufallsgrößen $X$ und $Y$ sind unabhängig, falls die Ereignisse $X \leq x_0$ und $Y \leq y_0$ für beliebige Werte von $x_0$ und $y_0$ unabhängig sind. Es muss dann gelten:

$$P(X = x_0 \text{ und } Y = y_0) = P(X = x_0) \cdot P(Y = y_0)$$
$$P(X \leq x_0 \text{ und } Y \leq y_0) = P(X \leq x_0) \cdot P(Y \leq y_0)$$

In der Praxis gehören $X$ und $Y$ zu Zufallsexperimenten, die sich nicht gegenseitig beeinflussen.

**Beispiel 2.30: Werfen zweier Würfel**
Die bereits in Beispiel 2.23 betrachtete Zufallsgröße $S$ kann als Summe von zwei unabhängigen Zufallsgrößen betrachtet werden:

$$B : \quad \text{Augenzahl des blauen Würfels}$$
$$R : \quad \text{Augenzahl des roten Würfels}$$

$$S = R + B$$

Als nützliche Übung kann man nun folgende Erwartungswerte und Varianzen berechnen:

$$\begin{aligned} \mathrm{E}(R) &= \mathrm{E}(B) &= 3,5 \\ \mathrm{E}(S) &= 7 &= \mathrm{E}(R) + \mathrm{E}(B) \end{aligned}$$

Der Erwartungswert der Summe ergibt sich also als Summe der beiden Erwartungswerte:

$$\begin{aligned} \mathrm{Var}(R) &= \mathrm{Var}(B) &= 2,9166 \\ \mathrm{Var}(S) &= 5,833 &= \mathrm{Var}(R) + \mathrm{Var}(B) \end{aligned}$$

Dieser Zusammenhang ist nicht so offensichtlich und der Nachweis etwas komplizierter. Man beachte, dass die Standardabweichung sich nicht als Summe der beiden Standardabweichungen ergibt:

$$\sigma_S = \sqrt{\mathrm{Var}(S)} = \sqrt{\mathrm{Var}(R) + \mathrm{Var}(B)} \qquad (2.24)$$

Auch die Formel (2.24) läßt sich mit Hilfe der Rechenregeln für Summen bzw. Integrale verallgemeinern.

---

**Erwartungswert und Varianz
einer Summe von Zufallsgrößen**

Sind $X_1$ und $X_2$ beliebige Zufallsgrößen, so gilt:

$$\mathrm{E}(X_1 + X_2) = \mathrm{E}(X_1) + \mathrm{E}(X_2) \qquad (2.25)$$

Sind $X_1$ und $X_2$ *unabhängig*, so gilt zusätzlich:

$$\mathrm{Var}(X_1 + X_2) = \mathrm{Var}(X_1) + \mathrm{Var}(X_2) \qquad (2.26)$$

---

Die Gleichungen (2.25) und (2.26) lassen sich auf $n$ Summanden verallgemeinern. Wir betrachten den in der schließenden Statistik wichtigen Fall von $n$ unabhängigen Zufallsgrößen mit identischer Verteilung (engl. independently and identically distributed, abgekürzt i. i. d.). Wichtige Beispiele dafür sind das n-malige Durchführen des gleichen Experiments oder die unabhängige Erhebung an $n$ zufällig ausgewählten Individuen einer großen Grundgesamtheit.

---

**Unabhängig und identisch
verteilte Zufallsgrößen**

$X_1, X_2, \ldots, X_n$ seien unabhängig und identisch verteilt. Man schreibt auch dafür:

$$X_1, X_2, \ldots, X_n \text{ i.i.d.}$$

independent and identically distributed.
Ist $\mathrm{E}(X_i) = \mu$ und $\mathrm{Var}(X_i) = \sigma^2$ , so gilt:

$$\mathrm{E}(X_1 + X_2 + \cdots + X_n) = n\mu \qquad (2.27)$$

$$\mathrm{Var}(X_1 + X_2 + \cdots + X_n) = n\sigma^2 \qquad (2.28)$$

$$\mathrm{E}(\frac{1}{n}(X_1 + X_2 + \cdots + X_n)) = \mu \qquad (2.29)$$

$$\mathrm{Var}(\frac{1}{n}(X_1 + X_2 + \cdots + X_n)) = \frac{\sigma^2}{n} \qquad (2.30)$$

---

# 2.6 Wichtige Verteilungen

Im letzten Abschnitt wurden einige spezielle Zufallsgrößen und ihre Verteilungsfunktionen diskutiert. Dabei wurde nur zwischen stetigen und diskreten Zufallsgrößen unterschieden. In diesem Abschnitt sollen einige in der Praxis besonders häufig benutzte Typen von Zufallsgrößen vorgestellt werden. Man unterscheidet dabei nach der Verteilungsfunktion und spricht von *Verteilungen*.

## 2.6.1 Bernoulli-Verteilung

Binäre Zufallsgrößen, die nur die Werte 0 und 1 annehmen können, gehören zu dem Typ der Bernoulli-Verteilung. Sie sind durch die Angabe der Wahrscheinlichkeit $p = P(X = 1)$ vollständig charakterisiert. Diese Wahrscheinlichkeit kann je nach Anwendungsfall verschieden sein. Man spricht daher von dem *Parameter p*, der die Verteilung charakterisiert. Wir schreiben:

$$X \sim Be(p)$$

$X$ besitzt eine Bernoulli-Verteilung mit dem Parameter $p$, d. h., $X$ kann nur die Werte 0 und 1 annehmen und es gilt $P(X = 1) = p$. Für die Zufallsgröße $X_B$ aus Beispiel 2.23 gilt:

$$X_B \sim Be(0,35)$$

Nun lassen sich Erwartungswert und Varianz einer Bernoulli-verteilten Zufallsgröße in Abhängigkeit vom Parameter $p$ bestimmen.

---

**Bernoulli-Verteilung**

$X$ ist eine binäre Zufallsgröße.

$$X \sim Be(p)$$

Es gilt:

$$
\begin{aligned}
P(X = 1) &= p & (2.31) \\
P(X = 0) &= 1 - p & (2.32) \\
\mathrm{E}(X) &= p & (2.33) \\
\mathrm{Var}(X) &= p \cdot (1 - p) & (2.34)
\end{aligned}
$$

---

Die Berechnung von Erwartungswert und Varianz wurde für die Zufallsgröße $X_B$ in Beispiel 2.24 behandelt.

## 2.6.2 Binomialverteilung

Die Binomialverteilung tritt bei der mehrfachen Durchführung des gleichen Zufallsexperiments auf.

### Beispiel 2.31: Hörerbefragung

Es werden drei Hörer gefragt, ob ihnen eine Sendung gefallen hat oder nicht. Wir gehen davon aus, dass die Wahrscheinlichkeit, mit „JA" zu antworten, bei allen Hörern $p$ sei und die Antworten unabhängig voneinander sind. Die Zufallsgröße $X$ bezeichnet die Zahl der Antworten mit „JA". Für den Ausgang der Befragung sind in der folgenden Tabelle alle Möglichkeiten zusammengestellt. JNJ bedeutet, dass die erste und dritte Person mit „JA" geantwortet hat und die zweite Person mit „NEIN". Die Wahrscheinlichkeiten berechnet man als Produkt der Einzelwahrscheinlichkeiten. Die Wahrscheinlichkeit für eine Antwort „NEIN" wird mit $q$ bezeichnet. Da es keine weiteren Antwortmöglichkeiten gibt, gilt $q = 1 - p$.

| Ergebnis | $X$ | $P(\text{Ereignis})$ |
|----------|-----|----------------------|
| JJJ | 3 | $p \cdot p \cdot p = p^3$ |
| JJN | 2 | $p \cdot p \cdot q = p^2 \cdot q$ |
| JNJ | 2 | $p \cdot q \cdot p = p^2 \cdot q$ |
| NJJ | 2 | $q \cdot p \cdot p = p^2 \cdot q$ |
| JNN | 1 | $p \cdot q \cdot q = p \cdot q^2$ |
| NJN | 1 | $q \cdot p \cdot q = p \cdot q^2$ |
| NNJ | 1 | $q \cdot q \cdot p = p \cdot q^2$ |
| NNN | 0 | $q \cdot q \cdot q = q^3$ |

Für die Wahrscheinlichkeitsfunktion von $X$ ergibt sich:

| $X$ | $P(X = x)$ |
|-----|------------|
| 3 | $p^3$ |
| 2 | $3 \cdot p^2 \cdot q$ |
| 1 | $3 \cdot p \cdot q^2$ |
| 0 | $q^3$ |

$P(X = x)$ erhält man, indem man alle Möglichkeiten, die zu $x$ führen, berücksichtigt und deren Wahrscheinlichkeiten addiert.

Allgemein betrachtet man bei der Binomialverteilung, wie oft ein Ereignis $A$ bei n-maligem Durchführen eines Zufallsexperiments eintritt. Man geht dabei von der Unabhängigkeit der $n$ Versuche aus und nimmt an, dass die Wahrscheinlichkeit für das Ereignis $A$ in jedem Versuch gleich $P(A) = p$ ist. Die Binomialverteilung wird durch die beiden Größen $p$ und $n$ bestimmt. Man schreibt:

$$X \sim B(n; p)$$

für eine binomialverteilte Zufallsgröße $X$. Nun kann man allgemein für eine binomialverteilte Zufallsgröße die Wahrscheinlichkeitsfunktion, den Erwartungswert und die Varianz berechnen.

---

**Binomialverteilung**

$X$ beschreibt die Anzahl der Erfolge bei $n$-maligem unabhängigem Durchführen eines Experiments mit Erfolgswahrscheinlichkeit $p$.

$$X \sim B(n; p)$$

$$P(X = x) = \binom{n}{x} \cdot p^x \cdot q^{n-x} \text{ für } x = 0, 1, \ldots, n \quad (2.35)$$

$$\mathrm{E}(X) = n \cdot p \quad (2.36)$$

$$\mathrm{Var}(X) = n \cdot p \cdot (1 - p) \quad (2.37)$$

---

Der Ausdruck $\binom{n}{x}$ wird Binomialkoeffizient „$n$ über $x$" genannt. Der Binomialkoeffizient ist wie folgt definiert:

$$\binom{n}{x} := \frac{n!}{x! \cdot (n-x)!}$$

Der Ausdruck „$n!$" in dieser Formel liest sich als „n-Fakultät". Die Fakultät ist eine Kurzschreibweise für ein ganz bestimmtes Produkt. So steht z. B. „$4!$" für das Produkt „$4 \cdot 3 \cdot 2 \cdot 1$". Allgemein ist also $n! = n \cdot (n-1) \cdot (n-2) \cdot \ldots \cdot 2 \cdot 1$.

Man kann eine binomialverteilte Zufallsgröße als Summe von $n$ unabhängigen Bernoulli-verteilten Zufallsgrößen mit dem Parameter $p$ betrachten. Im Beispiel 2.31 ist

$$X = X_{A_1} + X_{A_2} + X_{A_3}$$

$X_{A_i}$ ist die Indikatorvariable zu der Aussage des i-ten Hörers und hat daher eine Bernoulli-Verteilung. Es gilt allgemein:

$$X_{A_1}, X_{A_2}, \ldots, X_{A_n} \quad i.i.d \quad \text{und } X_{A_i} \sim Be(p)$$

$$X = \sum_{i=1}^{n} X_{A_i} \Rightarrow X \sim B(n;p)$$

Daraus lassen sich mit Hilfe der Formeln für Erwartungswert und Varianz von i.i.d.-Zufallsgrößen (Gleichungen (2.27) und (2.28)) Erwartungswert und Varianz der Binomialverteilung bestimmen.

### Beispiel 2.32: Ziehen mit Zurücklegen

Aus einer Urne, die fünf Lose enthält, wird ein Los gezogen. Nach der Feststellung, ob es sich um einen Gewinn handelt oder nicht, wird es in die Urne zurückgelegt. Dann wird der Vorgang wiederholt. Wie groß ist die Wahrscheinlichkeit, bei drei Ziehungen genau x-mal einen Gewinn zu ziehen, falls unter den fünf Losen zwei Gewinne und drei Nieten sind? Hier gilt für die Zufallsgröße $G$ („Zahl der Gewinne"):

$$G \sim B(3; \frac{2}{5})$$

$$P(X = 0) = \binom{3}{0} \cdot \left(\frac{2}{5}\right)^0 \cdot \left(\frac{3}{5}\right)^3 = 0,216$$

$$P(X = 1) = \binom{3}{1} \cdot \left(\frac{2}{5}\right)^1 \cdot \left(\frac{3}{5}\right)^2 = 0,432$$

$$P(X = 2) = \binom{3}{2} \cdot \left(\frac{2}{5}\right)^2 \cdot \left(\frac{3}{5}\right)^1 = 0,288$$

$$P(X = 3) = \binom{3}{3} \cdot \left(\frac{2}{5}\right)^3 \cdot \left(\frac{3}{5}\right)^0 = 0,064$$

Es gilt $E(X) = 3 \cdot \frac{2}{5} = \frac{6}{5}$. Der Erwartungswert der Anzahl der Gewinne ist also $1,2$.

## Beispiel 2.33: Wahlprognose

Wir nehmen an, dass $30\,\%$ aller Wahlberechtigten die Partei A wählen, und interessieren uns für die Wahrscheinlichkeit, dass bei einer zufälligen Auswahl von 100 Wahlberechtigten mindestens 50 die Partei A wählen. Bezeichnet man die Zufallsgröße „Anzahl der befragten Wähler, die die Partei A wählen" mit $X$, so ist $X$ binomialverteilt mit den Parametern $n = 100$ und $p = 0,3$. Es wird 100-mal ein Wähler ausgewählt und befragt. Die Wahrscheinlichkeit für das Ereignis, dass der Befragte die Partei A wählt, ist $0,3$, da insgesamt $30\,\%$ aller Wähler die Partei A wählen.

$$X \sim B(100; 0,3)$$

Gesucht ist also folgende Wahrscheinlichkeit:

$$P(X \geq 50)$$

Mit Hilfe der Formel (2.35) ergibt sich:

$$P(X \geq 50) = P(X = 50) + P(X = 51) + \cdots + P(X = 100) =$$

$$\sum_{x=50}^{100} \binom{100}{x} \cdot 0,3^x \cdot 0,7^{100-x}$$

Mit Hilfe eines Computers lässt sich diese Summe auch konkret ausrechnen:

$$P(X \geq 50) = 0,0000206$$

Die Wahrscheinlichkeit dafür, dass über 50 % der Wähler in der Stichprobe die Partei A bevorzugen, ist verschwindend gering.

Die Verwendung der Binomialverteilung ist bei Stichproben (siehe Bsp. 2.31) eigentlich nicht ganz korrekt. Da immer verschiedene Personen befragt werden, ist die Situation der Ziehung der zweiten Person verschieden vom ursprünglichen Ziehen, da jetzt die erste Person nicht mehr zur Verfügung steht. Es handelt sich um ein Ziehen *ohne* Zurücklegen. Allerdings spielt dieser Unterschied bei großen Populationen praktisch keine Rolle.

### 2.6.3 Die stetige Gleichverteilung

Es sollen nun einige stetige Verteilungen diskutiert werden. Die einfachste stetige Verteilung ist die stetige Gleichverteilung. Wir haben sie bereits anhand der Zufallsgröße $T$ in Beispiel 2.23 kennengelernt. Sie hat eine auf einem bestimmten Intervall konstante Dichtefunktion.

---

**Stetige Gleichverteilung**

$X$ ist eine stetige Zufallsgröße auf dem Intervall $[a, b]$.

$$X \sim G([a; b])$$

$$f(x) \;=\; \frac{1}{b-a} \quad \text{für} \quad a \leq x \leq b \qquad (2.38)$$

$$F(x) \;=\; \frac{1}{b-a} \cdot (x-a) \quad \text{für} \quad a \leq x \leq b \qquad (2.39)$$

$$\mathrm{E}(X) \;=\; \frac{a+b}{2} \qquad (2.40)$$

$$\mathrm{Var}(X) \;=\; \frac{(b-a)^2}{12} \qquad (2.41)$$

---

Die Berechnungen für die obigen Formeln wurden im Beispiel 2.28 für die Zufallsgröße $T$ durchgeführt und lassen sich auf den allgemeinen Fall übertragen.

### 2.6.4 Die Normalverteilung

Die Normalverteilung ist die wichtigste stetige Verteilung. Ihre Dichte hat die Form einer Glocke und zierte die Zehnmarkscheine. Die Normalverteilung wird durch zwei Parameter festgelegt, die in der Regel mit $\mu$ (griechisch m, gesprochen „mü") und $\sigma^2$ bezeichnet werden:

$$X \sim N(\mu; \sigma^2)$$

Wie die Bezeichnung schon vermuten lässt, ist der Parameter $\mu$ gleich dem Erwartungswert und der Parameter $\sigma^2$ gleich der Varianz der Normalverteilung.

---

**Normalverteilung**

$X$ ist eine stetige Zufallsgröße auf dem Intervall $[-\infty, +\infty]$.

$$X \sim N(\mu; \sigma^2)$$

$$f(x) = \frac{1}{\sigma\sqrt{2\pi}} e^{-0,5 \cdot \left(\frac{x-\mu}{\sigma}\right)^2} \qquad (2.42)$$

$$F(x) = \frac{1}{\sigma\sqrt{2\pi}} \int_{-\infty}^{x} e^{-0,5 \cdot \left(\frac{t-\mu}{\sigma}\right)^2} dt \qquad (2.43)$$

$$\mathrm{E}(X) = \mu \qquad\qquad\qquad (2.44)$$

$$\mathrm{Var}(X) = \sigma^2 \qquad\qquad\qquad (2.45)$$

---

In Abb. 2.14 und 2.15 sind die Dichten der Normalverteilung für verschiedene Werte von $\mu$ und $\sigma^2$ dargestellt.

Die Normalverteilung hat sich in vielen Anwendungsbereichen als nützliches Modell erwiesen. Sie wird z. B. zur Beschreibung von Messfehlern verwendet und ist ein in der industriellen Produktion häufig verwendetes Modell.

### Beispiel 2.34: Produktion von Radios

Bei der automatischen Herstellung von Radiogeräten ist die Länge der einzelnen Radios nicht exakt gleich. Sie wird um einen Normwert schwanken. Ist dieser 14 cm, so kann die exakte wirklich Länge z. B. 14,002 cm oder 13,992 cm betragen. Um diesen Prozess zu beschreiben, benutzt man als Modell die Normalverteilung. Sind die Abweichungen vom Normwert in beide Richtungen etwa gleich groß, so ist der Erwartungswert $\mu = 14$ cm. Die Standardabweichung hängt von der Qualität der benutzten Maschinen ab. Je besser die Maschinen sind, desto niedriger ist die Standardabweichung $\sigma$. Hat sie z. B.

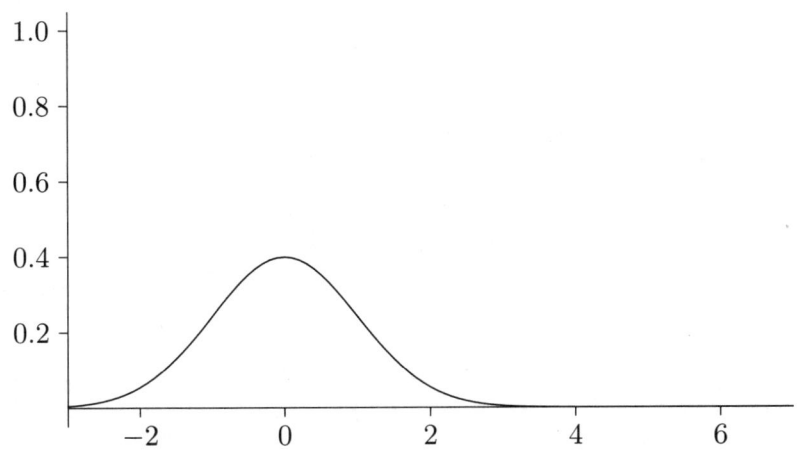

**Abb. 2.14:** Graphik der Normalverteilung für $\mu = 0$ und $\sigma^2 = 1$

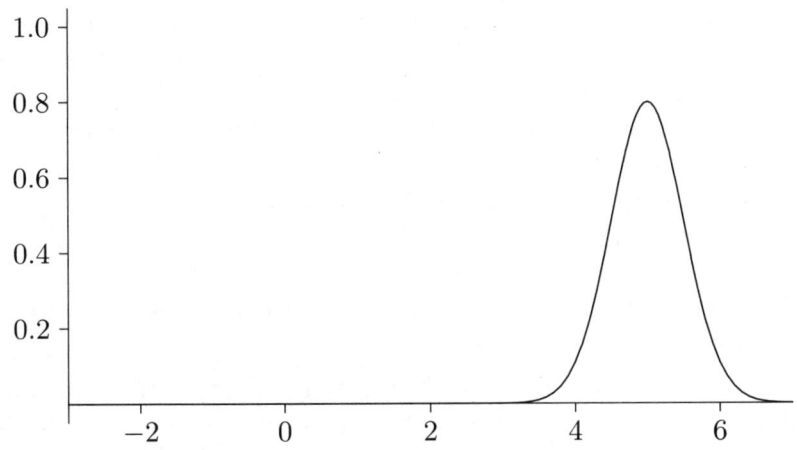

**Abb. 2.15:** Graphik der Normalverteilung für $\mu = 5$ und $\sigma^2 = 0,25$

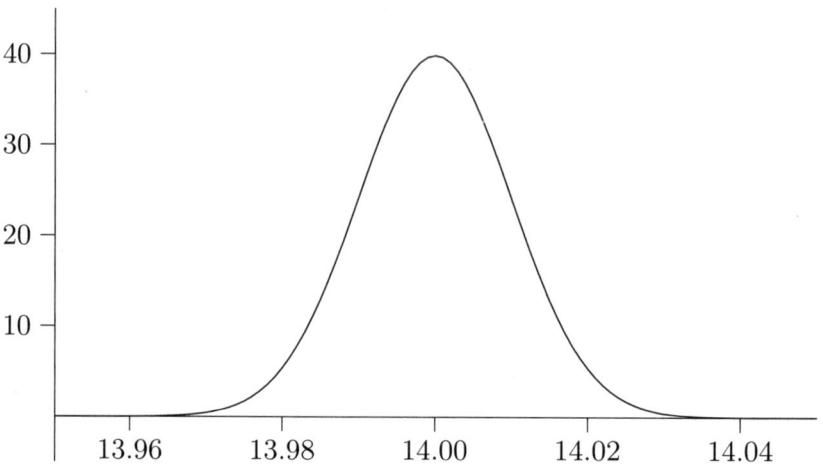

**Abb. 2.16:** Dichte der Länge der Radiogeräte.

den Wert 0,01 cm, so erhält man die in Abb. 2.16 skizzierte Kurve der Dichtefunktion.

Ihre herausragende Rolle erhält die Normalverteilung durch den zentralen Grenzwertsatz, der im folgenden Abschnitt behandelt wird. Vereinfacht kann man sagen, dass die Normalverteilung bei Zufallsgrößen, die sich als Summe von vielen anderen Zufallsgrößen zusammensetzen, benutzt werden kann.

Für die Berechnung konkreter Wahrscheinlichkeiten muss bei der Normalverteilung das Integral

$$\int_a^b \frac{1}{\sigma\sqrt{2\pi}} e^{-0,5\cdot(\frac{x-\mu}{\sigma})^2}\, dx$$

ausgewertet werden. Dies ist nicht durch eine geschlossene Formel möglich. Daher sind kompliziertere numerische Verfahren nötig, die man am besten einem Computerprogramm überlässt. Aus der Zeit ohne Computer stammen Tafeln, mit deren Hilfe auch eine Berechnung von Wahrscheinlichkeiten bei der Normalverteilung möglich ist. In diesen Tafeln ist die Verteilungsfunktion der Standardnormalverteilung, d. h. der Normalverteilung mit den Parametern $\mu = 0$ und $\sigma^2 = 1$, angegeben. Zur Berechnung von Wahrscheinlichkeiten bei einer Normalverteilung mit den Parametern $\mu$ und $\sigma^2$ muss diese in eine Standardnormalverteilung transformiert werden. Dazu benötigt man das Verhalten der Normalverteilung bei linearen Transformationen. Ist die Zufallsgröße $X$ normalverteilt, so gilt dies auch für die linear transformierte Zufallsgröße $Y = a + bX$:

$$X \sim N(\mu; \sigma^2) \text{ und } Y = a + bX$$
$$\Rightarrow Y \sim N(a + b\mu; (b \cdot \sigma)^2) \tag{2.46}$$

Insbesondere lässt sich $X$ standardisieren:

$$X \sim N(\mu; \sigma^2) \text{ und } Z = \frac{X - \mu}{\sigma}$$

$$\Rightarrow Z \sim N(0; 1)$$

**Beispiel 2.35: Standardnormalverteilung**
Zur Berechnung der nachfolgenden Wahrscheinlichkeiten wird die Tafel für die Standardnormalverteilung aus dem Anhang verwendet.

$$Z \sim N(0; 1)$$
$$P(Z \leq 1) = F(1) = 0,8413$$
$$P(-1,96 \leq Z \leq 1,96) =$$
$$F_Z(1,96) - F_Z(-1,96) = 0,975 - 0,025 = 0,95$$

$$X \sim N(2; 4) \Rightarrow Z = \frac{X - 2}{2} \sim N(0; 1)$$
$$P(X \leq 1) = P\left(Z \leq \frac{1 - 2}{2}\right) = F_Z(-0,5) = 0,3085$$

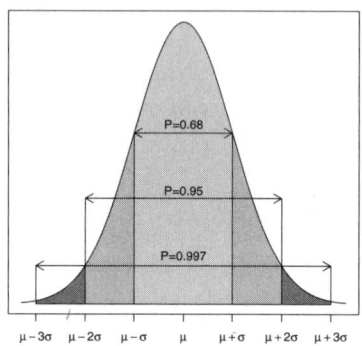

**Abb. 2.17:** $k\sigma$-Bereiche der Standardnormalverteilung

$$P(3 \leq X \leq 4) = P(\frac{3-2}{2} \leq Z \leq \frac{4-2}{2}) =$$
$$F_Z(1) - F_Z(0,5) = 0,8413 - 0,6915 = 0,1498$$

In der Praxis sind einige Wahrscheinlichkeiten für die Normalverteilung besonders wichtig.

---

**Wichtige Wahrscheinlichkeiten für die Normalverteilung**

$X$ ist eine normalverteilte Zufallsgröße mit Erwartungswert $\mu$ und Varianz $\sigma^2$ ($X \sim N(\mu; \sigma^2)$). Dann gilt:

$$
\begin{aligned}
P(\mu - 1\sigma \leq X \leq \mu + 1\sigma) &= 0,68 & (2.47)\\
P(\mu - 2\sigma \leq X \leq \mu + 2\sigma) &= 0,95 & (2.48)\\
P(\mu - 3\sigma \leq X \leq \mu + 3\sigma) &= 0,997 & (2.49)
\end{aligned}
$$

---

Die Wahrscheinlichkeiten für Schwankungsbereiche um den Erwartungswert der Form $(\mu - k\sigma; \mu + k\sigma)$ werden auch $k\sigma$-Bereiche genannt. Der $2\sigma$-Bereich hat eine Wahrscheinlichkeit von 95 %, d. h. wenn $X$ normalverteilt ist, liegen 95 % der Realisationen von $X$ im Bereich $\mu \pm 2\sigma$. Der $3\sigma$-Bereich, der in der Qualitätssicherung oft verwendet wird, hat die Wahrscheinlichkeit 0,997. Hier kommt es also sehr selten vor, dass Werte außerhalb dieses Bereichs liegen.

### 2.6.5 Die $\chi^2$-Verteilung

In der Schätz- und Testtheorie benötigt man häufig von der Normalverteilung abgeleitete Zufallsgrößen. Ein wichtiges Beispiel dafür ist die Verteilung der Summe von quadrierten normalverteilten Zufallsgrößen.

Sind $X_1, X_2, \ldots, X_n$ i.i.d. und standardnormalverteilt, also $X \sim N(0;1)$, so heißt die Verteilung von

$$Y = \sum_{i=1}^{n} X_i^2$$

die $\chi^2$-$Verteilung$:

$$Y \sim \chi^2(n)$$

Diese Verteilung ist nur von dem Parameter $n$ abhängig. Er wird auch als „Zahl der Freiheitsgrade" bezeichnet. Die Dichte- und Verteilungsfunktion der $\chi^2$-Verteilung sind relativ kompliziert. Wir geben daher nur ihren Erwartungswert und ihre Varianz an. Die Verteilungsfunktion wird in der Regel mit Hilfe von Computern berechnet. Es ist aber auch möglich, die Tabelle im Anhang (S. 379) zu benutzen.

$$\boxed{\begin{aligned}
&\qquad\qquad \chi^2\text{-Verteilung} \\[1em]
X_i &\sim N(0;1) \\[0.5em]
\Rightarrow Y = \sum_{i=1}^{n} X_i^2 &\sim \chi^2(n) \qquad\qquad (2.50) \\[1em]
\mathrm{E}(Y) &= n \qquad\qquad\quad (2.51) \\
\mathrm{Var}(Y) &= 2n \qquad\qquad\quad (2.52)
\end{aligned}}$$

## 2.7 Grenzwertsätze

Bei einer Stichprobenziehung werden $n$ Personen gefragt, $n$ Werkstücke gemessen etc. In der Sprache der Wahrscheinlichkeitsrechnung sagt man: „Es werden $n$ Zufallsgrößen $X_1, X_2, \ldots, X_n$ realisiert." Diese $n$ Zufallsgrößen haben bei zufälliger Auswahl und großer Population die gleiche Verteilung und sind unabhängig. Es handelt sich um die schon mehrfach erwähnten i.i.d.-Zufallsgrößen. Wir betrachten das Stichprobenmittel

$$\bar{X} = \frac{1}{n}(X_1 + X_2 + \cdots + X_n) \qquad (2.53)$$

In den Gleichungen (2.29) und (2.30) wurden Erwartungswert und Varianz von $\bar{X}$ angegeben. Für große Werte von $n$ lassen sich nun weitere Aussagen über die Zufallsgröße $\bar{X}$ machen.

### 2.7.1 Gesetz der großen Zahlen

Anschaulich lässt sich das *Gesetz der großen Zahlen* etwa so formulieren: Ist $\mu$ der Erwartungswert der Zufallsgröße $X$, so liegt der Stichprobenmittelwert $\bar{X}$ für großes $n$ mit hoher Wahrscheinlichkeit sehr nahe bei $\mu$. Als Formel ausgedrückt, bedeutet dies:

$$\lim_{n \to \infty} P(|\bar{X} - \mu| \leq \epsilon) = 1 \text{ für beliebig kleines positives } \epsilon \quad (2.54)$$

Die Gleichung (2.54) entspricht der stochastischen Konvergenz des Stichprobenmittels zum Erwartungswert der Verteilung.

### Beispiel 2.36: Roulette

Mit dem Gesetz der großen Zahlen lässt sich die Existenzgrundlage von Spielbanken plausibel erklären. Beim Roulette gibt es einschließlich der „Zero" 37 Zahlen. Beim Setzen auf eine Zahl erhält man beim Eintreffen der richtigen Zahl den 36fachen Einsatz. Beim Eintreffen einer anderen Zahl verliert man sein Geld. Wir betrachten die Zufallsgröße $G$: „Gewinn beim Einsatz von 1 €".

Geht man davon aus, dass alle 37 Zahlen gleichwahrscheinlich sind, so gilt:

$$P(G = 35) \quad = \quad \frac{1}{37} \text{ und} \quad\quad (2.55)$$

$$P(G = -1) \quad = \quad \frac{36}{37} \quad\quad (2.56)$$

Für den Erwartungswert von $G$ erhält man:

$$\mu_G = E(G) = 35 \cdot \frac{1}{37} + (-1) \cdot \frac{36}{37} = -\frac{1}{37}$$

Der Erwartungswert von $G$ ist also negativ. Setzt ein Spieler sehr oft ($n$ wird also sehr groß), so gilt nach Gleichung (2.54):

$$\lim_{n \to \infty} P(|\bar{G} - \mu| \leq \epsilon) = 1$$

Dabei ist $\bar{G}$ der mittlere Gewinn nach $n$ Spielen. Ist $n$ genügend groß, so folgt, dass der Durchschnittsgewinn pro Spiel eines

Spielers mit wachsendem $n$ mit Wahrscheinlichkeit 1 negativ wird. Da der Gesamtgewinn sich als $\bar{G} \cdot n$ ergibt, ist auch dieser negativ. Mit anderen Worten: Wenn nur häufig genug gespielt wird, ist die Bank auf der Gewinnerseite.

Ein wichtiger Spezialfall des Gesetzes der großen Zahlen ist ein Satz, der auf BERNOULLI zurückgeht. Er besagt, dass bei n-maligem unabhängigem Durchführen eines Zufallsexperiments die relative Häufigkeit $R_n$ eines Ereignisses mit hoher Wahrscheinlichkeit in der Nähe der Wahrscheinlichkeit des Ereignisses selbst liegt.

$$\lim_{n \to \infty} P(|R_n(A) - P(A)| \leq \epsilon) = 1 \qquad (2.57)$$

Die Gleichung ist eine weitere Rechtfertigung für den Wahrscheinlichkeitsbegriff nach MISES. Man erhält die Gleichung als Spezialfall von (2.54), wenn man die Indikatorvariable $X_A$ des Ereignisses A betrachtet:

$$E(X_A) = P(A)$$

Dabei ist die relative Häufigkeit $R_n(A)$ bei $n$ Versuchen:

$$R_n(A) = \frac{n_A}{n} = \bar{X}_A$$

**Beispiel 2.37: Würfelwurf**
Zur Illustration des Satzes von BERNOULLI berechnen wir einige Wahrscheinlichkeiten für $n$ Würfe. Wir gehen von der Unabhängigkeit der Würfe und einer Wahrscheinlichkeit von $\frac{1}{6}$ für das Würfeln einer „6" aus. Es wird die Wahrscheinlichkeit bestimmt, dass bei n-maligem Würfeln die relative Häufigkeit des Auftretens der „6" $R_n(6)$ nahe bei der Wahrscheinlichkeit $\frac{1}{6}$ liegt. Wir wählen nun eine Abweichung von $\epsilon = \frac{1}{60}$, d. h., wir berechnen die Wahrscheinlichkeit, dass $R_n(6)$ zwischen $\frac{9}{60}$ und $\frac{11}{60}$ liegt.

$$n = 60 : \quad P(|R_{10}(6) - \tfrac{1}{6}| \le \tfrac{1}{60}) \quad = 0,4165$$

$$n = 600 : \quad P(|R_{10}(6) - \tfrac{1}{6}| \le \tfrac{1}{60}) \quad = 0,7502$$

$$n = 6.000 : \quad P(|R_{10}(6) - \tfrac{1}{6}| \le \tfrac{1}{60}) \quad = 0,9994$$

$$n = 60.000 : \quad P(|R_{10}(6) - \tfrac{1}{6}| \le \tfrac{1}{60}) \quad = 0,999999999$$

Wir sehen, dass die Wahrscheinlichkeit mit größerem $n$ immer näher bei 1 liegt.

## 2.7.2 Zentraler Grenzwertsatz

Mit Hilfe des *Zentralen Grenzwertsatzes* lässt sich eine Aussage über die Verteilung von $\bar{X}$ machen. Wir gehen von der Situation der n-maligen unabhängigen Realisation einer Zufallsgröße $X$ aus. $X$ habe den Erwartungswert $\mu$ und die Varianz $\sigma^2$. Es gilt dann:

$$\bar{X} \text{ ist annähernd } N(\mu; \frac{\sigma^2}{n})\text{-verteilt für große } n \qquad (2.58)$$

Man schreibt dafür auch:

$$\bar{X} \stackrel{as}{\sim} N(\mu; \frac{\sigma^2}{n})$$

Nach Standardisierung von $\bar{X}$ erhalten wir:

$$\frac{\bar{X} - \mu}{\sqrt{\frac{\sigma^2}{n}}} = \frac{\bar{X} - \mu}{\sigma} \cdot \sqrt{n} \stackrel{as}{\sim} N(0;1) \qquad (2.59)$$

Man beachte, dass die Aussage unabhängig von der ursprünglichen Verteilung von $X$ ist. Oft erhält man bereits für kleine $n$ recht akzeptable Annäherungen an die Normalverteilung. Als grobe Faustregel kommt man ab $n = 30$ zu guten Annäherungen. Aus dem Zentralen Grenzwertsatz ergibt sich nochmals die wichtige Bedeutung der Normalverteilung für die Wahrscheinlichkeitsrechnung.

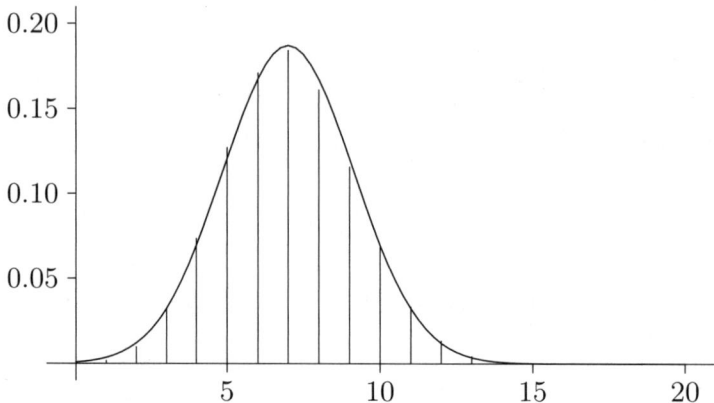

**Abb. 2.18:** Approximation der Binomialverteilung durch die Normalverteilung

Ein wichtiger Sonderfall des Zentralen Grenzwertsatzes ist der Satz von MOIVRE-LAPLACE:
Eine Binomialverteilung geht für große $n$ gegen eine Normalverteilung mit den Parametern $\mu = n \cdot p$ und $\sigma^2 = n \cdot p \cdot (1 - p)$:

$$B(n; p) \rightarrow N(np; np(1 - p)) \text{ für große } n \qquad (2.60)$$

Die Binomialverteilung kann, wie wir auf S. 84 gesehen haben, als eine Summe von $n$ unabhängigen Bernoulli-verteilten Zufallsgrößen aufgefasst werden.

$$X \sim B(n; p) \Rightarrow X = \sum_{i=1}^{n} X_i \text{ mit } X_i \sim Be(p)$$

Nach dem Zentralen Grenzwertsatz folgt:

$$\bar{X} \overset{as}{\sim} N(p; \frac{p(1 - p)}{n})$$
$$n \cdot \bar{X} = X \sim N(np; np(1 - p))$$

Die Approximation ist in Abb. 2.18 dargestellt. Eine Faustregel besagt, dass die Approximation zu brauchbaren Ergebnissen führt, falls $n \cdot p \cdot (1 - p)$ größer als 9 ist.

# Literatur

## Verwendete Literatur

GIGERENZER, Gerd (2005) Das Einmaleins der Skepsis. Berlin: Berlin Verlag.

FINETTI DE, Bruno, Antonio MACHI und Adrian SMITH (1974) Theory of Probability. New York: John Wiley and Sons Ltd.

JEFFREYS, Harold (1998) Theory of Probability. 3. Aufl., London: Oxford University Press.

KÖRBLEIN, Alfred und Helmut KÜCHENHOFF (1997) Perinatal mortality in Germany following the Chernobyl accident. In: Radiation and Environmental Biophysics. 36 (1): 3-7 FEB 1997: Springer.

LINDLEY, Dennis V. (1965) Introduction to Probability and Statistics from a Bayesian Viewpoint. London: Cambridge University Press.

## Weitere Literatur

EVERITT, Brian S. (1999) Chance rules. An informal guide to probability, risk and statistics. New York: Springer.

KRÄMER, Walter und Gerald MACKENTHUN (2001) Die Panik-Macher. München, Zürich: Piper.

SENN, Stephen (2003) Dicing with Death. Chance, Risk and Health. Cambridge: Cambridge University Press.

# 3 Auswahlverfahren

## 3.1 Vorbemerkungen und grundlegende Begriffe

Bei empirischen Studien ist von zentraler Bedeutung, an welchen Untersuchungseinheiten die Daten erhoben werden. In der Kommunikationswissenschaft gibt es im Wesentlichen zwei Typen von Untersuchungseinheiten: Bei Inhaltsanalysen sind dies Medieninhalte, also z. B. Fernsehsendungen, Ausgaben einer Zeitung etc. Der andere Typ von empirischen Studien bezieht sich auf Befragungen oder Beobachtungen von Personen im Hinblick auf deren Einstellungen oder Verhaltensweisen. Hier sind die Untersuchungseinheiten also bestimmte Personen, wie z. B. alle wahlberechtigten Bürger eines Landes, oder auch Personengruppen, wie die Haushalte eines Bezirks.

Die Menge der Untersuchungseinheiten, über die mit Hilfe der empirischen Studie Aussagen gemacht werden sollen, wird als *Grundgesamtheit* bezeichnet. Die konkrete Definition der Grundgesamtheit besteht bei Erhebungen, die sich auf Personen beziehen, in der Abgrenzung der jeweiligen Personengruppe, z. B. „alle zu einem bestimmten Zeitpunkt wahlberechtigten Bürger eines Landes". Bei Medieninhalten sollte ebenfalls eine Menge von Einheiten definiert werden, auf die sich die Aussagen beziehen, z. B. „alle Ausgaben einer Zeitung in einem bestimmten Zeitraum".

Nach der Definition der Grundgesamtheit muss festgelegt werden, welche Eigenschaften der Elemente der Grundgesamtheit betrachtet werden sollen. Diese werden als *Merkmale* bezeichnet. Bei Personen sind dies z. B. Größen wie Alter, Geschlecht und Einkommen. Bei einer Befragung kommt das Antwortverhalten auf bestimmte Fragen hinzu. Bei Inhaltsanalysen sind die Merkmale beispielsweise „Worthäufigkeiten", „Artikelumfang", „Text-Bild-Verhältnis" und „Themenakteure".

---

### Grundlegende Begriffe

- *Grundgesamtheit (Population)*: Unter der Grundgesamtheit (kurz: GG) wird die einer Erhebung zugrunde liegende Menge aller Objekte verstanden, über die eine Aussage getroffen werden soll. Die Grundgesamtheit ist demnach eine räumlich, zeitlich und sachlich abgegrenzte Menge von Objekten (Merkmalsträgern), auf die die statistische Betrachtung gerichtet ist. Der Umfang der Grundgesamtheit wird typischerweise mit $N$ bezeichnet.
- *Statistische Einheit* oder *Element*: Als statistische Einheit (Element) wird jedes einzelne Individuum oder Objekt einer Grundgesamtheit bezeichnet, über das oder über deren Gesamtheit statistische Aussagen getroffen werden sollen.
- *Merkmal* oder *Variable*: Ein Merkmal (Variable) bezeichnet eine charakteristische Eigenschaft von Elementen der Grundgesamtheit. Jedes Element der Grundgesamtheit wird daher auch *Merkmalsträger* genannt.

---

Anschließend muss bei der Durchführung einer empirischen Untersuchung entschieden werden, ob alle relevanten Untersuchungseinheiten in die Studie mit einbezogen werden – man spricht dann von einer *Vollerhebung* – oder ob nur ein Teil der Untersuchungseinheiten ausgewählt werden sollen. Bei *Teilerhebungen* unterscheidet man zwischen Zufallsstichproben und nicht zufälligen Auswahlverfahren. Die *Stichprobentheorie* ist das Teilgebiet der Statistik, das sich mit den vielfältigen Möglichkeiten und Strategien der Ziehung von Zufallsstichproben und deren Auswertung beschäftigt.

In der Kommunikationswissenschaft spielen allerdings auch *nicht zufällige Auswahlverfahren* und *Vollerhebungen* eine wichtige Rolle. GEHRAU und FRETWURST (2005) haben empirische Studien in der Kommunikationswissenschaft aus den Jahren 2002 und 2003 im Hinblick auf die verwendeten Erhebungs- und Auswahlverfahren untersucht. Dabei wurde nur bei 17 von 109 Studien (16 %) eine Zufallsauswahl durchgeführt, bei 21 (19 %) eine Vollerhebung und bei 71 (65 %) wurde ein nicht zufälliges Auswahlverfahren verwendet. Am Anfang einer empirischen Untersuchung steht somit die Frage, ob eine Voll- oder eine Teilerhebung durchgeführt werden soll, auf die wir zunächst näher eingehen wollen.

## 3.2 Voll- oder Teilerhebung?

### 3.2.1 Nachteile einer Vollerhebung bzw. Vorteile einer Teilerhebung

**Undurchführbarkeit einer Vollerhebung**

Bei bestimmten Vollerhebungen taucht das Problem auf, dass es prinzipiell oder faktisch unmöglich ist, alle Elemente der Grundgesamtheit zu untersuchen. Dies ist immer dann der Fall, wenn das Untersuchungselement bei der Datenerhebung vernichtet wird, ethische Bedenken dagegensprechen oder der zeitliche Rahmen gesprengt wird.

**Beispiel 3.1: Streichholzhersteller**
Ein Streichholzhersteller behauptet, dass seine Streichhölzer im Durchschnitt 10 Sekunden brennen. Die Stiftung Warentest glaubt dieser Aussage nicht und testet die gesamte Produktion des Herstellers. Nun weiß die Stiftung Warentest zwar, ob die Behauptung des Herstellers stimmt. Die Sache hat nur einen Haken: Der Hersteller besitzt nur noch unveräußerliche Ware. Betrachtet man nun seine finanzielle Situation, ist er im wahrsten Sinne des Wortes abgebrannt.

**Beispiel 3.2: Blickaufzeichnung**

Die Redaktion eines Zeitschriftenverlags möchte wissen, welche Fotos in ihrem Magazin von ihren Lesern bevorzugt und am längsten betrachtet werden. Zur Datengewinnung soll die Methode der Blickaufzeichnung verwendet werden: Einer Versuchsperson wird eine Kamera aufgesetzt, die der Pupillenbewegung folgt und so aufzeichnen kann, welche Heftelemente wann und über welchen Zeitraum betrachtet werden. Allein die Montage und Justierung der Kamera benötigt ungefähr eine halbe Stunde. Rechnet man noch einmal die eineinhalb Stunden hinzu, die sich die Versuchsperson mit dem Heft beschäftigt, dann errechnet sich für die Datengewinnung bei einer Versuchsperson ein Zeitaufwand von zwei Stunden. Bei einem Leserkreis von 60.000 Personen ergäben sich so 120.000 Stunden.

## Der Kostenaspekt

Ein wichtiger Faktor bei der Planung einer Erhebung ist sicherlich der Kostenaspekt. Es ist für jeden leicht nachvollziehbar, dass eine Teilerhebung weniger kostet als eine Vollerhebung. Man stelle sich einmal vor, bei jeder Umfrage, die die Meinungen der Deutschen zu einem bestimmten Problem feststellen und quantifizieren soll, müssten auch alle Deutschen befragt werden. Selbst wenn die Befragung einer Person nur 1 € an Kosten verursachen würde, wäre dies ein Kostenaufwand von einigen Millionen Euro, der kaum in Relation zum Nutzen steht. Nur in gerechtfertigten Ausnahmefällen, wie etwa bei einer Volkszählung oder einer Wahl, wird man bereit sein, diese Kosten zu tragen.

## Aktualität und Wirklichkeitsnähe

Bei Vollerhebungen fällt im Regelfall eine Vielzahl von Daten an. Diese Daten müssen aber zuerst erhoben und anschließend auch noch ausgewertet werden. Die Daten einer Teilerhebung sind gegenüber einer Vollerhebung schneller erhoben und analysiert. Dies ist insbesondere dann von Bedeutung, wenn die Daten auf einen sich rasch ändernden Gegenstand Bezug nehmen, wie etwa das Meinungsklima zu einem bestimmten Sachverhalt. Die Daten einer Teilerhebung sind vor diesem Hintergrund auch wirklichkeitsnäher.

### Höhere Messgenauigkeit

Jede Erhebung verlangt nach qualifiziertem Personal. Für die Schulung des Personals steht meist nur ein bestimmter Etat zur Verfügung. Je weniger Elemente der Grundgesamtheit erhoben und untersucht werden müssen, umso weniger Personal wird benötigt. Bei weniger Personal kann eine intensivere Schulung erfolgen. Das Personal ist dann auf etwaige Probleme besser vorbereitet und kennt sich mit dem Messinstrumentarium besser aus. Dies wird in aller Regel die Messgenauigkeit erhöhen.

### Begrenzen der Manipulationsmöglichkeiten

Bei Datenerhebungen gibt es oftmals so genannte schwarze Schafe. Bei einer Befragung kann dies bedeuten, dass einzelne Interviewer den Fragebogen oder Teile davon selbst ausfüllen. Daher empfiehlt es sich, die Arbeit des Personals zu kontrollieren. Je weniger Personen am Datenerhebungsprozess beteiligt sind, desto besser ist die Arbeit zu überprüfen. Der Ausschluss von falsch erhobenen Daten aus der Untersuchung führt zu einer Verbesserung des Gesamtergebnisses.

### Geringere Belastung der Grundgesamtheit

Bei jeder Vollerhebung wird die Grundgesamtheit stark belastet. Bei der letzten Volkszählung in Deutschland war die Antwortbereitschaft nicht so hoch wie gewünscht, obwohl der einzelne Befragte für die Beantwortung des Fragebogens nicht mehr als zehn Minuten benötigte. Man stelle sich vor, diese Grundgesamtheit würde nun wöchentlich mit einem Fragebogen konfrontiert, dessen Beantwortung 30 bis 60 Minuten erfordert. Es würde sicherlich nicht lange dauern, bis der Großteil der Bundesbürger von Befragungsaktionen die Nase voll hätte. Mögliche Konsequenzen wären kurze oder wenig überlegte Antworten, Antwortverweigerungen oder gar vorsätzlich falsche Antworten.

### Vollständig homogene Grundgesamtheiten

Bei vollständig homogenen Grundgesamtheiten ist es unsinnig, alle Elemente zu betrachten, da jeder Merkmalsträger die gleichen Ausprägungen in seinen Merkmalen besitzt. Hier genügt ein einzelnes Element als Stichprobe.

#### Beispiel 3.3: Blutgruppenbestimmung

Ein Patient geht zum Arzt, um dort seine Blutgruppe bestimmen zu lassen. Der Arzt braucht hierfür nur einen Tropfen Blut, da das Blut bezüglich dieser Eigenschaft homogen ist. Hier wäre es fatal, wenn dem Patienten das gesamte Blut für die Bestimmung abgenommen werden müsste.

## 3.2.2 Nachteile einer Teilerhebung bzw. Vorteile einer Vollerhebung

### Informationsverlust

Wie der Name „Teilerhebung" schon besagt, werden immer nur die Daten eines Teiles der Grundgesamtheit betrachtet. Es wird also auf Information verzichtet. Dieser Informationsverlust kann zu verfälschten Ergebnissen führen. Zumindest in sensiblen Bereichen muss dieses Unsicherheitsmoment minimiert oder gar ausgeschlossen werden.

## Gesetzliche Vorschriften

Sollen aufgrund der Daten einer Stichprobe Aussagen über eine heterogene oder zumindest nicht vollständig homogene Grundgesamtheit getroffen werden, existiert das Problem, dass die gewonnenen Daten „zufällig" von den tatsächlichen abweichen können. Es bleibt immer ein gewisses Unsicherheitsmoment. Bei verschiedenen Erhebungen muss die Möglichkeit bestehen, diese Unsicherheit auszuschließen. Daher gibt es für derartige Fälle oftmals gesetzliche Vorschriften.

### Beispiel 3.4: Wahlen

Bei Wahlen muss jeder wahlberechtigte Bürger nach seiner „Stimme" befragt werden. Ein durch eine Zufallsauswahl legitimierter Bundestag wäre unvorstellbar, obwohl die Prognosen, die auf 20.000 und mehr Stimmen basieren, sich kaum vom Gesamtergebnis unterscheiden.

### Beispiel 3.5: Volkszählung/Zensus

Planerische Daten für die Beschäftigungs-, Bildungs-, Renten-, Sozial-, Umwelt- oder Wirtschaftspolitik sind für staatliches Handeln von großem Interesse. In vielen Ländern werden die aktuellen Basisdaten für die Zukunftsplanung durch Volkszählungen gewonnen, die aus Bevölkerungs-, Berufs-, Gebäude-, Wohnungs- und Arbeitsstättenzählungen bestehen. In der Bundesrepublik Deutschland wurden bislang vier Volkszählungen durchgeführt: 1950, 1961, 1970 und 1987.

Aufgrund der geringen Akzeptanz der Volkszählung im Jahr 1987 und Problemen beim Datenschutz wurde seitdem keine weitere Volkszählung mehr durchgeführt. Stattdessen wurden von den statistischen Ämtern neue Modelle erarbeitet, die sich auf den Abgleich von Melde- und Registerdaten stützen und zu einem zensusähnlichen Datensatz führen. Deutschland plant, sich 2010/11 an einer registergestützten EU-weiten Volkszählung zu beteiligen. Auch Österreich und die Schweiz wollen diesem Beispiel folgen.

Zwischen den einzelnen Volkszählungen begnügt man sich mit dem so genannten *Mikrozensus*. Der Mikrozensus ist eine durchgeführte Teilerhebung „über die Bevölkerung und den Arbeitsmarkt auf Stichprobenbasis" (STATISTISCHES BUNDESAMT, Materialien zum Mikrozensus, 1986, S. 1). Jährlich wird bei dieser Mehrzweckstichprobe 1 % der Bevölkerung befragt.

### Tiefe sachliche Gliederung oder seltene Ereignisse

Bei der Ermittlung von kleinräumigen Strukturen, wie z. B. der Anzahl von Kindern in bestimmten Stadtvierteln, kann man in der Regel nicht auf Teilerhebungen zurückgreifen, da hier der Umfang der Grundgesamtheit zu klein ist und Teilerhebungen in vielen kleinen Bereichen fast ebenso aufwendig sind wie eine Vollerhebung. Weiter können Fragen, die sehr seltene Krankheiten betreffen, meist nicht mit Hilfe von Teilerhebungen beantwortet werden.

### Beispiel 3.6: Epidemiologische Daten

Bei einigen ansteckenden Krankheiten besteht Meldepflicht, d. h., alle auftretenden Fälle müssen bei den entsprechenden Behörden gemeldet werden. Diese Art der Vollerhebung trägt dazu bei, dass rechtzeitig Gegenmaßnahmen wie Impfungen ergriffen werden können. Auch kann die Ursache für den Ausbruch bestimmter Krankheiten besser erforscht werden, wenn alle Erkrankungsdaten vorliegen.

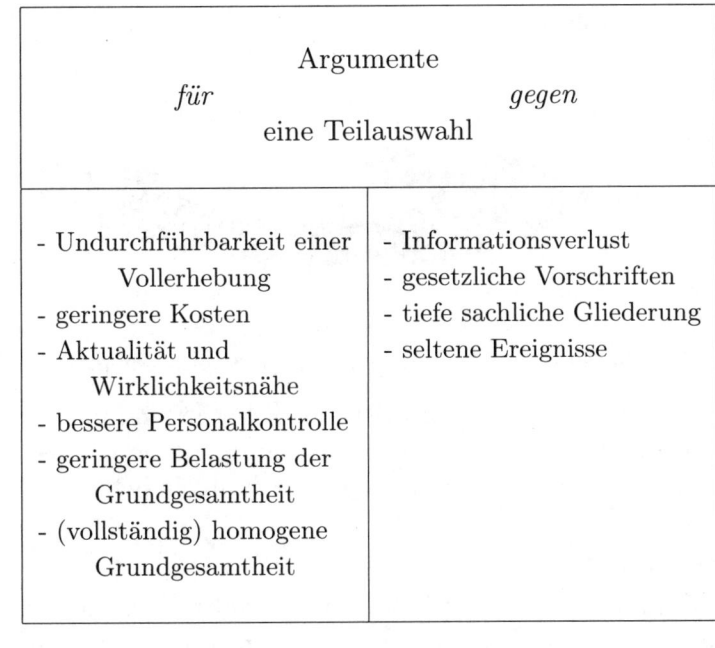

**Vor- und Nachteile einer Teilerhebung**

Bei der Entscheidung für den Einsatz einer Voll- oder einer Teilerhebung sollten die Vor- und Nachteile immer gegeneinander abgewogen werden.

| Argumente | |
|---|---|
| *für* eine Teilauswahl | *gegen* |
| - Undurchführbarkeit einer Vollerhebung<br>- geringere Kosten<br>- Aktualität und Wirklichkeitsnähe<br>- bessere Personalkontrolle<br>- geringere Belastung der Grundgesamtheit<br>- (vollständig) homogene Grundgesamtheit | - Informationsverlust<br>- gesetzliche Vorschriften<br>- tiefe sachliche Gliederung<br>- seltene Ereignisse |

## 3.3 Grundprinzipien

Das Grundprinzip, von Daten aus Teilerhebungen auf die Grundgesamtheit (zu schließen) ist in Abb. 3.1 dargestellt.

Wir bezeichnen die ausgewählten Elemente der Grundgesamtheit als *Stichprobe*. Der Strategie des Ziehens wird ganz allgemein als *Stichproben-Design* bezeichnet. Ob und in welcher Form Schlüsse von der Stichprobe auf die Grundgesamtheit gezogen werden dürfen, hängt entscheidend von der gewählten Strategie bei der

109

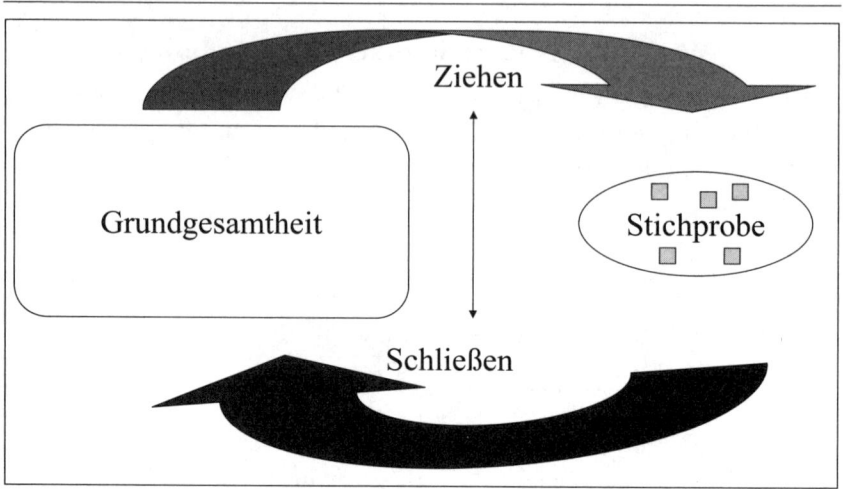

**Abb. 3.1:** Schematische Darstellung der Stichprobenziehung

Ziehung der Stichprobe ab. Statistische Schlüsse sind nur dann gerechtfertigt, wenn es sich um eine Zufallsstichprobe handelt. Eine Übersicht über mögliche Auswahlverfahren findet sich in Abb. 3.2.

### Repräsentativität

Der im Zusammenhang mit Stichproben häufig verwendete Begriff der *Repräsentativität* wird in sehr unterschiedlichen Bedeutungen verwendet. Im Kontext von Statistik spricht man oft von einer repräsentativen Stichprobe, um damit den Anspruch der Verallgemeinerbarkeit der Aussagen aus der Stichprobe auf die Grundgesamtheit zu unterstreichen. Eine Stichprobe ist also genau dann repräsentativ, wenn daraus Schlüsse auf die Grundgesamtheit gezogen werden können. Die Problematik dieser Definition ist, dass sich die Schlüsse immer auf ausgewählte (und durch das Design fokussierte) Merkmale beziehen. Eine Stichprobe kann also bezüglich eines Merkmals repräsentiv und bezüglich eines anderen Merkmals nicht repräsentativ sein, wie folgendes Beispiel zeigt.

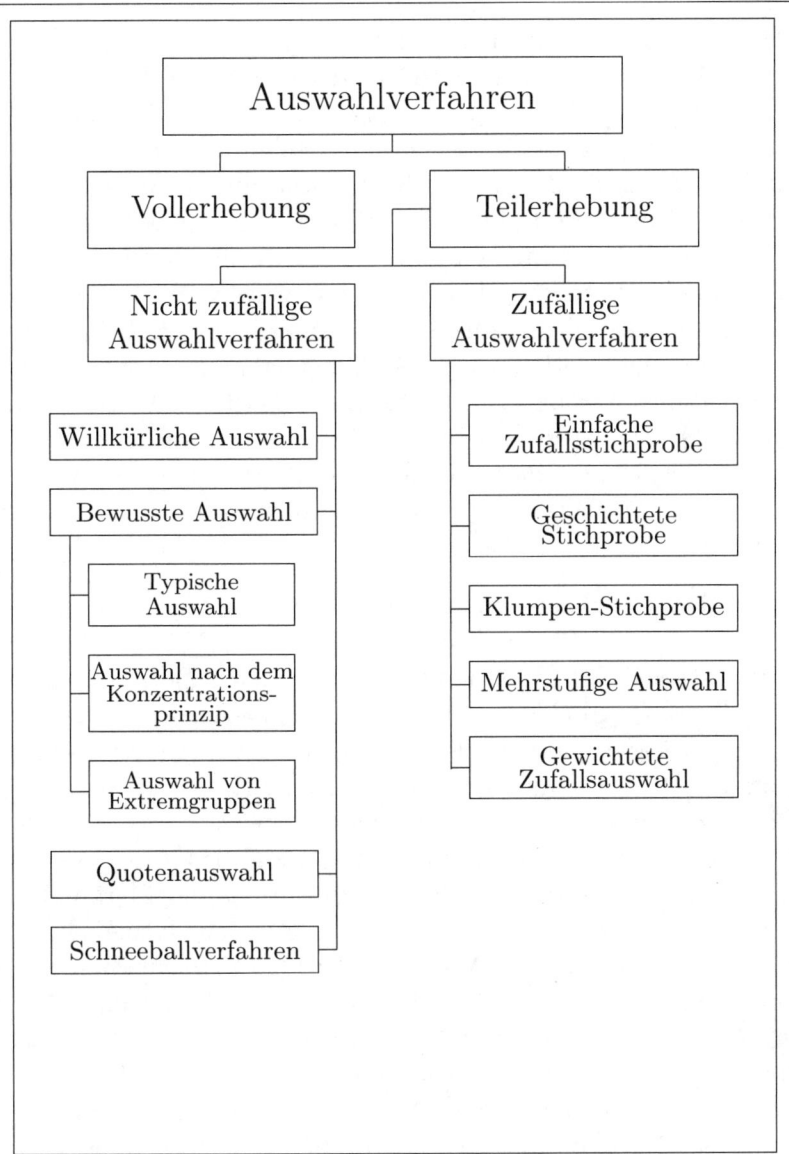

**Abb. 3.2:** Einige Auswahlverfahren im Überblick

**Beispiel 3.7: Zeitung mit Regionalteil**

Eine Zeitung mit Regionalteil wird in den sechs Vororten A, B, C, D, E und F einer Stadt gelesen. Aus einer früheren Erhebung ist bekannt, dass sich die Leser in den sechs Vororten in Bezug auf die Zufriedenheit mit bestimmten Aspekten der Zeitung kaum unterscheiden. Will man nun das Merkmal der „Zufriedenheit" in einer empirischen Studie untersuchen, reicht es aus, eine Befragung bei allen Lesern des Ortes A (oder einer Zufallsauswahl davon) durchzuführen. Die Ergebnisse sind dann für das Merkmal „Zufriedenheit" repräsentativ für alle Leser dieser Zeitung. Betrachtet man allerdings das Merkmal „Wohnort", so ist die Stichprobe diesbezüglich nicht repräsentativ. Der Schluss, dass alle Leser der Zeitung aus dem Wohnort A stammen, ist aufgrund des Designs ganz offensichtlich Unsinn.

Eine andere Definition einer repräsentativen Stichprobe basiert auf der Idee, dass die Stichprobe ein verkleinertes Abbild der Grundgesamtheit sein soll. Hier stellt sich auch sofort die Frage, wie ein „verkleinertes" Abbild definiert ist. Dieses bezieht sich bei Personenstichproben typischerweise auf Merkmale wie Alter, Geschlecht, Wohnort und Bildung. Auch hier hängt die Frage der Repräsentativität stark von den relevanten Merkmalen ab.

Da es bei der Betrachtung von Schlüssen auf die Grundgesamtheit immer auf die für die jeweilige Studie relevanten Merkmale ankommt, ist es sinnvoll, die Repräsentativität nur bezüglich dieser Merkmale zu betrachten. Weiter können (bei Vorliegen bestimmter Voraussetzungen) aus einer Stichprobe, die kein getreues Abbild der Grundgesamtheit darstellt, mit entsprechenden statistischen Methoden unter Benutzung von Zusatzinformationen durchaus valide Schlüsse gezogen werden. Daher ziehen wir es vor zu fragen, ob die Schlüsse, die aus der Stichprobe gezogen werden, korrekt sind, statt den eher problematischen Begriff der Repräsentativität weiter zu diskutieren.

# 3.4 Nicht zufällige Auswahlverfahren

Auf nicht zufällige Auswahlverfahren sind die Methoden der Inferenzstatistik nicht anwendbar. Daraus darf jedoch nicht gefolgert werden, dass diese Verfahren wertlos sind. In bestimmten Situationen sind sie durchaus sinnvoll und empfehlenswert. Das wird deutlich, wenn wir einige ausgewählte nicht zufällige Auswahlverfahren näher betrachten.

### 3.4.1 Die willkürliche Auswahl oder die Auswahl aufs Geratewohl

Bei dem Verfahren der *willkürlichen Auswahl* oder der *Auswahl aufs Geratewohl* werden Elemente der Grundgesamtheit willkürlich herausgegriffen. Hierbei handelt es sich meistens um Elemente, auf die ohne größere Anstrengung zurückgegriffen werden kann. Die Konsequenz sind (in Bezug auf die Grundgesamtheit) im Regelfall stark verzerrte Ergebnisse.

**Beispiel 3.8: Befragung vor dem Kaufhaus**

Ein Umfrageinstitut soll feststellen, welche Berufe die Münchner mit welcher Häufigkeit ausüben. Zu diesem Zweck schickt es an einem Dienstagvormittag einen Interviewer vor ein Münchner Kaufhaus, der alle vorbeikommenden und auskunftswilligen Personen befragen soll.

Die Unbrauchbarkeit des Ergebnisses ist bei dieser Erhebung quasi vorprogrammiert. Der Beruf Hausfrau wird überrepräsentiert sein, da eine Hausfrau zu einem solchen Termin relativ problemlos einkaufen gehen kann. Andere Berufe dagegen werden kaum vertreten sein. Sieht man von Schicht- und Nachtarbeitern ab, werden sich Personen mit regulären Arbeitszeiten vormittags bevorzugt an ihrem Arbeitsplatz aufhalten. Daher ist die so erfragte Verteilung der Berufe auf keinen Fall repräsentativ für München.

Da der Auswahlmechanismus bei der willkürlichen Auswahl nicht klar definiert ist, sind auch Schlüsse auf die Grundgesamtheit willkürlich, d. h. meist nicht sinnvoll durchführbar. Dies gilt in verstärktem Maße, wenn der Auswahlmechanismus in einem starken Zusammenhang zu den Forschungsfragen steht, wie in Beispiel 3.8. Aus diesem Beispiel darf allerdings nicht gefolgert werden, dass eine Auswahl aufs Geratewohl prinzipiell unsinnig ist. Insbesondere im Journalismus gibt es durchaus sinnvolle Anwendungen.

**Beispiel 3.9: Befragung vor dem Kaufhaus**
(Fortsetzung von Beispiel 3.8) Eine Zeitung plant einen Artikel über die erste Folge einer neuen Spielshow im Fernsehen. Die Redakteure wissen aus seriösen Umfrageergebnissen, dass 20 % der Bundesbürger von der neuen Show angenehm überrascht und 30 % enttäuscht sind. 50 % haben keine Meinung zu der Show, da sie die erste Folge nicht gesehen haben. Diese an sich trockenen Zahlen möchte die Redaktion mit polarisierten Publikumsstatements auflockern. Hierzu schickt sie einen Volontär vor ein Münchner Kaufhaus, der Personen so lange befragen soll, bis er zu jedem Standpunkt fünf originelle Antworten erhalten hat. Diese Antworten werden als Interviewkasten in den Artikel eingebaut.
Der Unterschied zu Beispiel 3.8 besteht darin, dass aus den hier geführten Interviews nicht auf die Grundgesamtheit geschlossen werden soll. Die Meinungsverteilung innerhalb der Grundgesamtheit war bereits bekannt. Die Redaktion hat lediglich versucht, jeweils fünf originelle Statements als anschauliche Belege ohne Anspruch auf Verallgemeinerung zu finden. Um diese Antworten zu erhalten, hat die Redaktion eine Auswahl aufs Geratewohl sinnvoll eingesetzt.

## 3.4.2 Die bewusste Auswahl

Bei der bereits erwähnten Untersuchung von GEHRAU und FRET-WURST (2005) basierten 65 % der kommunikationswissenschaftlichen Arbeiten auf einer bewussten Auswahl. Dieser Prozentsatz war für die Befragung und die Inhaltsanalyse annähernd gleich groß.

Oftmals ist es von Vorteil, gezielt bestimmte Elemente der Grundgesamtheit auszuwählen. Man spricht dann von einer *bewussten Auswahl*. Sie ist immer dann zu empfehlen, wenn die ausgewählten Elemente entweder besonders viel Information über die Grundgesamtheit versprechen oder repräsentativ für die Grundgesamtheit sind. Dieses Vorgehen verlangt jedoch eine Vorbewertung der Elemente. Es muss daher sichergestellt sein, dass über die Grundgesamtheit ein hinreichend großes Vorwissen vorhanden ist. Im Wesentlichen sind bei der bewussten Auswahl drei Verfahren zu unterscheiden: die *Auswahl typischer Fälle*, die *Auswahl nach dem Konzentrationsprinzip* und die *Auswahl von Extremgruppen*.

### Die Auswahl typischer Fälle

Oft ist es bei konkreten Forschungsfragen schwierig, auf alle Elemente der Grundgesamtheit zuzugreifen oder diese exakt zu definieren. Daher versucht man durch eine Vielzahl von Strategien, typische Fälle der Grundgesamtheit auszuwählen. Der Schluss von der Teilauswahl auf die Grundgesamtheit erfolgt dann durch sachlogische Überlegungen.

#### Beispiel 3.10: Empirische Arbeiten in der KW

In der Arbeit von GEHRAU und FRETWURST (2005) sollten Aussagen über die Grundgesamtheit aller „aktuellen kommunikationswissenschaftlichen Studien" gemacht werden. Allerdings ist es schwierig, abzugrenzen, welche Studien aktuell sind und welche nicht. Außerdem ist es schwer, auf nicht veröffentlichte Studien zuzugreifen. Daher haben sich die Autoren entschieden, alle Studien, die in den nach ihrer Einschätzung relevanten Fachzeitschriften in den Jahren 2002 und 2003 erschienen sind, in die Auswahl aufzunehmen. Bei diesen Fachzeitschriften werden dann alle für die Fragestellung relevanten Artikel analysiert.

Das obige Beispiel zeigt die Schlussweise auf die Grundgesamtheit bei der typischen Auswahl. Die Ergebnisse werden in Form von Tabellen angegeben und diskutiert. Dabei werden keine Verfahren der Inferenzstatistik wie Konfidenzintervalle verwendet. Die Diskussion der Übertragbarkeit der Ergebnisse aus der Teilerhebung auf die Grundgesamtheit ist dann eine inhaltliche Frage. Wenn die Expertenauswahl tatsächlich typisch ist, so sind Schlüsse auf die Grundgesamtheit möglich.

## Die Auswahl nach dem Konzentrationsprinzip

Ein anderes Verfahren der bewussten Auswahl besteht in der *Auswahl nach dem Konzentrationsprinzip*. Hier werden die für das Untersuchungsproblem besonders bedeutsamen Fälle ausgewählt. Die eher unbedeutenden Fälle der Grundgesamtheit werden vernachlässigt oder „abgeschnitten". Daher ist dieses Verfahren auch unter dem Namen *Cut-off-Verfahren* bekannt. Dieses Verfahren wird insbesondere bei wirtschaftlich orientierten Projekten eingesetzt.

### Beispiel 3.11: Cut-off-Verfahren
Ein Forscher möchte die Beschäftigungssituation in Redaktionen einer bestimmten Region untersuchen. Ihm ist aus vorliegendem Datenmaterial bekannt, dass sich auf 10 % der Redaktionen 95 % der Beschäftigten konzentrieren. Wenn er gezielt diese 10 % Redaktionen auswählt und befragt, erhält er mit relativ geringem Aufwand Auskunft über die Beschäftigungssituation von immerhin 95 % der Beschäftigten.

## Die Auswahl von Extremgruppen

Das dritte hier vorgestellte Verfahren der bewussten Auswahl ist die *Auswahl von Extremgruppen*. Dabei werden diejenigen Elemente der Grundgesamtheit ausgewählt, von denen besonders viel Information erwartet werden darf. Bei den ausgewählten Elementen sind die Untersuchungsmerkmale entweder besonders gering oder besonders stark ausgeprägt.

### Beispiel 3.12: Vielseher

Zur Beurteilung einer neuen Fernsehsendung werden bewusst Personen befragt, von denen bekannt ist, dass sie besonders viel fernsehen.

### Beispiel 3.13: Politisches Engagement

Den nächsten Wahlkampf möchte eine Partei besonders aggressiv führen. Leider fehlt ihr hierfür noch die zündende Idee. Daher befragt die Leitung alle Parteimitglieder, die als besonders engagiert gelten, nach deren Ideen für den Wahlkampf.

## 3.4.3 Die Quotenauswahl

Ein weiteres nicht zufälliges Auswahlverfahren ist das *Quotenverfahren*. Bei diesem Verfahren werden prozentuale Zusammensetzungen (Quoten) bestimmter Strukturmerkmale der Grundgesamtheit vorgegeben. Bei den Strukturmerkmalen handelt es sich meist um soziodemographische Merkmale wie Alter, Beruf, Geschlecht, Haushaltseinkommen, Haushaltsgröße etc. Ziel dabei ist es, dass sich die Teilauswahl bezüglich dieser Strukturmerkmale entsprechend der Grundgesamtheit zusammensetzt.

### Beispiel 3.14: Quotenvorgaben

Über die Grundgesamtheit ist bekannt, dass sie sich aus 60 % Frauen und 40 % Männern sowie aus 30 % Arbeitern, 30 % Angestellten und 40 % Freiberuflern zusammensetzt. Ferner sind

20 % zwischen 20 und 30 Jahren alt, 30 % zwischen 31 und 50 Jahren alt und 50 % älter als 50 Jahre. Da sich diese Quote auch innerhalb der Teilauswahl widerspiegeln soll, erhält der Interviewer den Auftrag zehn Personen zu befragen, für die gelten soll: sechs Frauen und vier Männer. Drei Arbeiter, drei Angestellte und vier Freiberufler. Zwei Personen zwischen 20 und 30 Jahren, drei Personen zwischen 31 und 50 Jahren und fünf Personen älter als 50 Jahre.

Die Diskussion um die Vor- und Nachteile des Quotenverfahrens wurde insbesondere in den USA intensiv geführt (siehe NOELLE-NEUMANN und PETERSEN (2005)). Einerseits werden durch die Quoten wichtige Einflussgrößen kontrolliert. Andererseits ist die Auswahl innerhalb der Quoten aber genau genommen eine Auswahl aufs Geratewohl. Daher ist die Verwendung von inferenz-statistischen Verfahren problematisch. Nach Argumenten der Befürworter der Quotenstichprobe wird aber durch die restriktive Vorgabe der Quoten näherungsweise eine Stichprobe erzeugt, die dieselben Eigenschaften wie eine Zufallsstichprobe hat. So lässt sich die Anwendung von inferenz-statistischen Verfahren für die Quotenstichprobe begründen.

### 3.4.4 Das Schneeballverfahren

Beim *Schneeballverfahren* wird eine Zielperson ausgewählt, die bestimmte vorgegebene Anforderungen erfüllt. Von dieser Zielperson lässt sich der Forscher weitere Personen nennen, die dieselben Anforderungen erfüllen. Das Schneeballverfahren ist insbesondere bei der Ermittlung von sozialen Netzwerken sinnvoll. Mittlerweile wird es effizient im Direktmarketing eingesetzt. Für die Gewinnung von Stichproben, mit deren Hilfe Schlüsse auf die Grundgesamtheit gezogen werden können, ist das Schneeballverfahren allerdings wenig geeignet.

**Beispiel 3.15: Direktmarketing**

Einem Fachbuch ist eine Antwortkarte des Verlags beigelegt. Der Verlag fordert jeden interessierten Leser auf, diese Karte zurückzusenden, damit er regelmäßig über Neuerscheinungen informiert werden kann. Gleichzeitig wird der Leser mit dem Argument einer „kundenfreundlicheren Beratungsmöglichkeit" gebeten, die ihn besonders interessierenden Bereiche (Politik, Philosophie, Kommunikationswissenschaft etc.) anzugeben. Ferner wird er aufgefordert, Personen aus seinem Bekanntenkreis zu benennen, die ebenfalls an Neuerscheinungen des Verlags interessiert sein könnten. Auf diese Weise gelangt der Verlag an eine Datenbank mit interessierten Lesern.

## 3.5 Zufällige Auswahlverfahren

Um Einflüsse durch den Prozess der Auswahl auf das Ergebnis zu vermeiden, wird ein *Zufallsmechanismus* verwendet. Die zu untersuchenden Elemente werden durch ein Losverfahren bestimmt. Dieses wird durch die Wahrscheinlichkeiten der möglichen Ziehungen definiert und Stichprobendesign genannt. Im Folgenden werden wichtige Stichprobendesigns vorgestellt.

### 3.5.1 Einfache Zufallsstichprobe

Zunächst werden die Elemente der Grundgesamtheit von 1 bis $N$ durchnummeriert. Stellt man sich eine Urne mit $N$ Losen vor, so erhält man durch das zufällige Ziehen von $n$ Losen eine so genannte einfache Zufallsstichprobe (ohne Zurücklegen) (engl.: SRS, Simple Random Sample). Hierbei ist die Zufallsauswahl dadurch charakterisiert, dass alle möglichen Auswahlen von $n$ Elementen (Stichproben vom Umfang $n$) die gleiche Wahrscheinlichkeit haben, gezogen zu werden.

**Beispiel 3.16: Fünf Freunde**

Nehmen wir an, wir hätten eine Grundgesamtheit vorliegen, bei der es sich um einen aus fünf Personen bestehenden Freundeskreis handelt:

GG = {Harry, Helmut, Kurt, Tom, Wolfgang}.

Wenn aus dieser Grundgesamtheit eine einfache Zufallsstichprobe vom Umfang zwei (n=2) zu ziehen ist, dann sind folgende zehn Stichproben denkbar:

{Harry, Helmut},
{Harry, Kurt},
{Harry, Tom},
{Harry, Wolfgang},
{Helmut, Kurt},
{Helmut, Tom},
{Helmut, Wolfgang},
{Kurt, Tom},
{Kurt, Wolfgang} und
{Tom, Wolfgang}.

Jede dieser zehn möglichen Stichproben soll die gleiche Wahrscheinlichkeit von $\frac{1}{10}$ besitzen, realisiert zu werden.

Eine wichtige Eigenschaft der einfachen Zufallsstichprobe ist, dass alle Elemente der Grundgesamtheit die gleiche Wahrscheinlichkeit $\frac{n}{N}$ haben, gezogen zu werden.

**Beispiel 3.17: Fünf Freunde**

(Fortsetzung von Beispiel 3.16) Im vorhergehenden Beispiel besitzt jede Person die Wahrscheinlichkeit von $\frac{n}{N} = \frac{2}{5}$, in die Stichprobe zu gelangen. Zur Überprüfung der Regel berechnen wir die Wahrscheinlichkeit, dass das Element „Harry" in die Stichprobe gelangt. Dies ist für die vier „günstigen" Stichproben {Harry, Helmut}, {Harry, Kurt}, {Harry, Tom} und

{Harry, Wolfgang} der Fall. Somit beträgt die Wahrscheinlichkeit, dass das Element „Harry" in die Stichprobe gelangt, $\frac{4}{10} = \frac{2}{5}$. Die Auswahlwahrscheinlichkeiten der anderen Elemente kann man auf dieselbe Art herleiten. Für jede einzelne Person ergibt sich also eine Auswahlwahrscheinlichkeit von $\frac{4}{10}$.

---

### Einfache Zufallsstichprobe

Unter einer *einfachen Zufallsstichprobe (Simple Random Sample, SRS)* vom Umfang $n$ verstehen wir die Zufallsauswahl einer Teilmenge von $n$ Elementen aus der Grundgesamtheit, bei der jede Teilmenge vom Umfang $n$ die gleiche Wahrscheinlichkeit besitzt, als Stichprobe aufzutreten.

---

## Praktische Umsetzung einer einfachen Zufallsstichprobe
## Das Originalverfahren

Bei einem *Originalverfahren* liegt die Grundgesamtheit (faktisch oder prinzipiell) durchnummeriert vor und die Auswahl erfolgt mit Hilfe von Zufallszahlen, die mit einem Zufallszahlengenerator erzeugt werden. Solche Zufallszahlengeneratoren werden von den meisten Statistikprogrammpaketen sowie von Tabellenkalkulationsprogrammen angeboten. Sie basieren auf numerischen Operationen (Divisionen großer Zahlen und Betrachtung von Resten) und liefern z. B. gleichverteilte Zufallszahlen auf dem Intervall $[0; 1]$. Konkret ordnet man jedem Element der Grundgesamtheit eine Zufallszahl zwischen 0 und 1 zu. In die Stichprobe gelangen dann die Elemente mit den kleinsten $n$ Zufallszahlen. Abb. 3.3 dient der Veranschaulichung des Originalverfahrens.

## Ersatzverfahren

Ersatzverfahren werden immer dann angewendet, wenn keine Zufallszahlen zur Verfügung stehen. Das bekannteste Ersatzverfahren

| 1. Zuordnung von Zufallszahlen | | 2. Ordnen der Zufallszahlen nach ihrer Größe | | 3. Auswahl der Elemente mit den $n$ kleinsten Zufallszahlen | |
|---|---|---|---|---|---|
| 1 | 0,865758 | 10 | 0,027253 | 10 | 0,027253 |
| 2 | 0,292036 | 9 | 0,182447 | 9 | 0,182447 |
| 3 | 0,297088 | 2 | 0,292036 | 2 | 0,292036 |
| 4 | 0,916044 | 3 | 0,297088 | | |
| 5 | 0,680759 | 7 | 0,477993 | | |
| 6 | 0,950032 | 8 | 0,581506 | | |
| 7 | 0,477993 | 5 | 0,680759 | | |
| 8 | 0,581506 | 1 | 0,865758 | | |
| 9 | 0,182447 | 4 | 0,916044 | | |
| 10 | 0,027253 | 6 | 0,950032 | | |

**Abb. 3.3:** Ziehen einer Zufallsstichprobe nach dem Originalverfahren. Gezogen werden bei einem Stichprobenumfang von $n = 3$ die Elemente 10, 9 und 2.

dürfte wohl die *Buchstabenauswahl* sein. Voraussetzung ist hier, dass alle Elemente der Grundgesamtheit in einer Kartei oder einem Verzeichnis aufgelistet sind. In die Auswahl gelangen dann alle Elemente, die unter dem oder den gleichen Anfangsbuchstaben aufgeführt sind.

**Beispiel 3.18: Buchstabenauswahl**
Als Auswahlgrundlage wird die Personenkartei eines Einwohnermeldeamts verwendet. Ausgewählt werden alle Personen, deren Nachnamen mit „Ma", „St" oder „Wu" beginnen. Bei dieser Auswahl kann es zu Problemen kommen, wenn aufgrund eines bestimmten Buchstabens überproportional viele Personen ausgewählt werden, die bezüglich der zu untersuchenden Merk-

male besonders auffällig sind. Das kann der Fall sein, wenn ein Buchstabe gewählt wurde, mit dem etwa besonders viele türkische Nachnamen anfangen. Türkische Familien unterscheiden sich deutlich von deutschen Familien bezüglich einiger soziodemographischer Merkmale (Haushaltsgröße, Kinderanzahl etc.).

Der Buchstabenauswahl ähnlich ist das *Schlussziffernverfahren* und die *Geburtstagsauswahl*. Hier gelangen alle Elemente in die Auswahl, die entweder auf einer Karteikarte die gleiche Schlussziffer besitzen oder die am gleichen Tag „Geburtstag" (Stichtage wie Herstellungstag, Tag der Erstzulassung, Verfallsdatum oder eben Geburtstag im eigentlichen Sinne) haben. Welche Anfangsbuchstaben, Schlussziffern oder Geburtstage auszuwählen sind, wird vorab zufällig, z. B. durch Losen, ermittelt.

Weiter werden Ersatzverfahren verwendet, wenn keine Liste der Elemente der Grundgesamtheit vorliegt. Dies ist beispielsweise der Fall, wenn eine Zufallsstichprobe aus den Besuchern einer Theatervorstellung gezogen werden soll, um die ausgewählten Personen dann zu befragen. In solchen Fällen verwendet man ebenfalls Ersatzstrategien, wie z. B. das Befragen jeder zehnten Person, die das Theater betritt, oder Ähnliches.

Schätzverfahren, die auf einer einfachen Zufallsstichprobe basieren, werden in Kapitel 8 behandelt. Die am häufigsten in der Praxis verwendeten Alternativen zur einfachen Zufallsstichprobe sind die geschichtete Stichprobe und die Klumpenstichprobe.

### 3.5.2 Die geschichtete Stichprobe

Häufig zerfällt die Grundgesamtheit in natürlicher Weise in $M$ vergleichsweise homogene Teilmengen, die auch Schichten genannt werden. Die Grundgesamtheit der Personen eines Landes werden nach den Bundesländern (oder Bezirken) ihres Wohnorts aufgeteilt, während die Grundgesamtheit aller Fernsehsendungen z. B.

nach Wochentagen aufgeteilt wird. Das Design der geschichteten Stichprobe besteht darin, aus allen Schichten eine einfache Zufallsstichprobe zu ziehen. Statt also $n$ Personen aus der Gesamtbevölkerung auszuwählen, werden $n_1$ Personen aus Bundesland 1, $n_2$ Personen aus Bundesland 2 usw. gezogen. Die Auswahl innerhalb der Schichten wird typischerweise als einfache Zufallsstichprobe durchgeführt.

Die geschichtete Stichprobe hat folgende Vorteile:

- Es wird sichergestellt, dass alle Schichten mit im Vorhinein festgelegter Anzahl in der Stichprobe vertreten sind. Werden die Anzahlen $n_1, \dots, n_M$ proportional zu den Umfängen $N_1, \dots, N_M$ der Schichten gewählt, so ist die Stichprobe bezüglich der Schichtung ein treues Abbild der Grundgesamtheit.

- Falls die Schichten bezüglich der relevanten Merkmale homogen sind, so erreicht man im Vergleich zur einfachen Zufallsstichprobe eine erhebliche Verbesserung der Genauigkeit.

**Beispiel 3.19: Effizienz der geschichteten Stichprobe**

Die durchschnittliche Lesedauer einer AZ-Ausgabe von sechs Münchnern soll aufgrund einer geschichteten Stichprobe vom Umfang $n = 2$ geschätzt werden. Man weiß, dass die Personen 1, 2 und 5 und die Personen 3, 4 und 6 ein ähnliches Leseverhalten besitzen. Daher teilt man diese Personen auf zwei Schichten auf. Aus jeder Schicht wird ein Element zufällig (SRS) entnommen.

Für die Grundgesamtheit beträgt die durchschnittliche Lesedauer 45 Minuten. Bei der geschichteten Stichprobe sind Schätzwerte zwischen 44 und 46 Minuten möglich. Bei einer einfachen Zufallsstichprobe vom Umfang $n = 2$ wären hingegen Schätzwerte zwischen 29,5 und 60,5 Minuten möglich gewesen. Der Vorteil der geschichteten Stichprobe gegenüber der einfachen Zufallsstichprobe kommt dadurch zustande, dass die Schichten bezüglich der Lesedauer relativ homogen sind.

| Schicht | Personen | Lesedauer |
|---------|----------|-----------|
|         | Person 1 | 30 Minuten |
| 1       | Person 2 | 29 Minuten |
|         | Person 5 | 31 Minuten |
|         | Person 3 | 60 Minuten |
| 2       | Person 4 | 61 Minuten |
|         | Person 6 | 59 Minuten |
|         |          |           |

Für die Wahl des Stichprobenumfangs der einzelnen Schichten sind neben der bereits erwähnten proportionalen Aufteilung auch andere Strategien möglich. Beispielsweise kann man die Stichprobenumfänge von kleinen Schichten höher wählen, um für Aussagen zu diesen Schichten hinreichend viele Einheiten zu ziehen. Weiter können Schichten mit hoher Variabilität stärker repräsentiert werden, um insgesamt genauere Ergebnisse zu erzielen. Zu weiteren Gestaltungsmöglichkeiten und der Durchführung von statistischer Inferenz bei geschichteten Stichproben sei auf die einschlägige Literatur verwiesen(siehe z. B. KAUERMANN und KÜCHENHOFF (2007)).

### 3.5.3 Die Klumpen- oder Clusterstichprobe

Häufig ist das Ziehen einzelner Einheiten aus der Grundgesamtheit mit erheblichem Aufwand verbunden. Sind die Einheiten z. B. alle Fernsehsendungen einer bestimmten Art, so benötigt man für das Ziehen einer größeren Stichprobe einzelner Sendungen im Prinzip eine vollständige Liste der Grundgesamtheit. Wesentlich weniger aufwendig ist es, Sendungen tageweise auszuwählen. Man zieht also eine Zufallsstichprobe von Tagen und nimmt alle Sendungen der gezogenen Tage in die Stichprobe auf. Ein weiteres Beispiel ist die Auswahl aller Personen von zufällig gewählten Haushalten. Allgemein formuliert ist die Grundgesamtheit wie bei der geschichteten

Stichprobe in $M$ verschiedene Teilmengen zerlegt, die aber jetzt als Klumpen oder Cluster bezeichnet werden. Im Idealfall sind alle Klumpen ein Ebenbild der Grundgesamtheit (und damit in sich relativ heterogen und zueinander möglichst homogen). Beim Design der Klumpenstichprobe wird eine Zufallsstichprobe der Klumpen gezogen und innerhalb dieser Klumpen werden alle Elemente ausgewählt.

Typischerweise sind die Klumpen zeitlich oder räumlich aneinandergrenzende Teilmengen der Grundgesamtheit, wie in den beiden angesprochenen Fällen die Tage oder Haushalte. Die Klumpenstichprobe hat in Bezug auf die Effizienz den Nachteil, dass sie bei homogenen Klumpen ineffizient ist. Untersucht man z. B. die Behandlung von bestimmten Themen im Fernsehen, so kommen diese aufgrund der Nachrichtenlage gehäuft an bestimmten Tagen vor. Man spricht von einem Klumpeneffekt. Durch die Klumpenstichprobe wird daher die Genauigkeit im Vergleich zur einfachen Zufallsstichprobe geringer.

**Beispiel 3.20: Effizienz von Klumpenstichproben**
Eine ausführliche Untersuchung zur Effizienz von Klumpenstichproben in der Inhaltsanalyse wurde von G. Jadura, O. Jadura und Kuhlmann durchgeführt. Die Autoren betrachten dabei u. a. die Grundgesamtheit von 6.828 wahlrelevanten Beiträgen von acht Fernsehnachrichtensendungen und -magazinen in einem Zeitraum von 30 Wochen. Eine Zielgröße ist das Vorkommen bestimmter Parteien in den Sendungen. Da die Autoren eine Vollerhebung durchgeführt hatten, lagen ihnen alle Daten der Grundgesamtheit und damit die wahren Anteile vor. Daher war ein Vergleich der Genauigkeit verschiedener Stichprobenverfahren möglich. Die Autoren führten Stichprobenziehungen nach dem Design der einfachen Zufallsstichprobe und der Klumpenstichprobe durch. Die Klumpenstichprobe wird nach dem Prinzip der künstlichen Woche gezogen, das in Beispiel 3.21 näher erläutert wird. Die Autoren

kommen dabei zu dem Schluss, dass die Klumpenstichproben bei gleichem Stichprobenumfang zu sehr viel ungenaueren Ergebnissen führen als einfache Zufallsstichproben.

Im konkreten Fall ist eine Abwägung zwischen dem geringeren Aufwand (und damit niedrigeren Kosten) bei der Klumpenstichprobe gegen den möglichen Genauigkeitsverlust abzuwägen. In vielen Fällen ist es nötig, bei der Klumpenstichprobe einen wesentlich höheren Stichprobenumfang zu ziehen, als bei einer einfachen Zufallsstichprobe. Weiter müssen bei der Klumpenstichprobe die korrekten Formeln zur Abschätzung der Genauigkeit verwendet werden (siehe z. B. KAUERMANN und KÜCHENHOFF (2007)). Eine Verwendung der Formeln für einfache Zufallsstichproben, wie sie in Kapitel 8 erläutert werden, ist nicht zulässig.

### 3.5.4 Komplexe Stichproben

Man kann die beiden Verfahren der geschichteten und der Klumpenstichprobe miteinander kombinieren.

**Beispiel 3.21: Die künstliche Woche**

Es wird die Grundgesamtheit aller Sendungen eines bestimmten Zeitraums, z. B. eines Jahres, betrachtet. Daraus soll eine mehrstufige Zufallsstichprobe gezogen werden. In einem ersten Schritt werden dazu alle Sendungen eines Tages des betrachteten Zeitraums zu Klumpen zusammengefasst. In einem zweiten Schritt werden gleiche Wochentage zu Schichten zusammengefasst. Nun wird eine geschichtete Stichprobe mit proportionaler Aufteilung gezogen. Man erhält also in der Stichprobe jeweils die gleiche Anzahl von Montagen, Dienstagen, etc. Von den gezogenen Tagen werden alle Sendungen untersucht. Der zweite Schritt der Ziehung wird in der Praxis durch eine Ziehung in bestimmten Zeitabständen ersetzt. Dies kann z. B. durch Ziehung jeden achten Tages geschehen, was der Ziehung jedes achten Montags, jeden achten Dienstags etc. entspricht.

Eine andere Strategie der Stichprobenziehung besteht darin, gewissen Elementen der Grundgesamtheit bei der Stichprobenziehung eine höhere Auswahlwahrscheinlichkeit zuzuordnen. Will man beispielswiese eine Zufallsstichprobe von Zeitungen eines Bundeslandes ziehen, möchte man möglicherweise Zeitungen mit höherer Auflage eher in die Stichprobe einbeziehen. Man gestaltet daher die Ziehung so, dass die Auswahlwahrscheinlichkeit proportional zur Auflagenstärke ist. Dieses Vorgehen bezeichnet man als größenproportionale Auswahl. Die praktische Durchführung und Auswertung derartiger Stichproben ist allerdings kompliziert (siehe z. B. KAUERMANN und KÜCHENHOFF (2007)).

## 3.6 Nichtstichprobenfehler

Die Auswertung von Daten aus Stichproben erfolgt nach Verfahren, die wir in Kapitel 8 vorstellen. Diese liefern eine Abschätzung der Genauigkeit der Stichprobe, d. h. die Größe der Abweichungen der Schätzwerte aus der Stichprobe von den wahren Werten in der Grundgesamtheit. Neben dem (unvermeidlichen) Zufallsfehler, der dadurch entsteht, dass nur eine Teilerhebung und keine Vollerhebung durchgeführt wurde, können in praktischen empirischen Studien noch Fehler auftreten, die andere Gründe haben. Mögliche Fehlerquellen, die in den Nichtstichprobenfehler eingehen, sind etwa:

- fehlende Werte (missing values)
- Unvollkommenheit der Auswahlgrundlage (coverage error)
- Antwortfehler (response error)
- Verarbeitungsfehler (processing error).

*Fehlende Werte* können mehrere Ursachen haben. Es ist z. B. möglich, dass die Untersuchungseinheit nicht erreichbar war, also auch keine Daten erhoben werden konnten, oder das Messinstrument versagt hat. Insbesondere bei der Methode der Befragung ist es möglich, dass die Untersuchungseinheit die Antwort verweigert.

Antwortverweigerungen sind besonders häufig, wenn die Zielpersonen durch die Kontaktaufnahme genervt sind, die Fragen zu persönlich sind oder zu strafrechtlichen Konsequenzen führen können oder das Interview an sich zu lange dauert.

Eine weitere Fehlerquelle ist die *Unvollkommenheit der Auswahlgrundlage.* Zu Irrtümern kommt es meist dann, wenn die Grundgesamtheit nicht hinreichend definiert ist oder wenn die Stichprobe nicht aus der definierten Grundgesamtheit gezogen wird. In der Literatur wird für die Merkmalträger, die tatsächlich in die Stichprobe gelangen können, der Begriff der *Auswahlgesamtheit* oder *Studienpopulation* benutzt. Dabei kann die Auswahlgesamtheit mehr oder auch weniger Elemente als die Grundgesamtheit umfassen. So besteht z. B. bei Telefonumfragen die Auswahlgesamtheit nur aus den Personen, die telefonisch erreichbar sind. Weichen Auswahlgesamtheit und Grundgesamtheit stark voneinander ab, so führt dies vermutlich zu systematischen Fehlern.

### Beispiel 3.22: Fehlerhafte Auswahlgrundlage

In der AZ vom 21. 11. 1991 stand auf Seite 44 ein Artikel mit der Überschrift: „Slip-Einlage: Test war für die Katz. Haustier Momo bekam Probepackung per Post — das ganze Allgäu amüsiert sich". Eine Firma für Slipeinlagen hatte im Allgäu an zufällig ausgewählte weibliche Personen Probepakete der „always ultra" mit der Bitte um Bewertung versandt. Auf der Adressliste der Firma befand sich auch die Adresse der Katze Momo, die so ebenfalls in die Auswahl gelangte. Es ist klar, dass Katzen nicht der Grundgesamtheit angehören. Hier war die Auswahlgrundlage schlicht und ergreifend fehlerhaft.

Die Möglichkeiten von *Antwortfehlern* sind zahlreich. Die Erfahrung zeigt, dass Befragte oftmals nicht *antwortstabil*, sondern *antwortvariabel* sind.

**Beispiel 3.23: Antwortvariabilität**
Die Ergebnisse der Volkszählung 1961 wurden mit den Daten des sechs Wochen später durchgeführten Mikrozensus verglichen. Hierbei stellte sich für jede dritte Erhebungsperson heraus, dass mindestens eine von 15 Fragen, die in beiden Erhebungen vorkam, anders beantwortet wurde, obwohl von relativ konstanten Umweltbedingungen ausgegangen werden konnte.

Eine zusätzliche Fehlerquelle ist die spezifische Interaktion zwischen dem Interviewer und dem Befragten sowie die Zuverlässigkeit des Interviewers und des Befragten. Entscheidend ist auch die Art der Fragestellung und deren Anordnung. Fragen können tendenziös oder suggestiv gestellt sein oder außerhalb des Bezugsrahmens des Befragten liegen. Ferner kann die Fragenreihenfolge oder das Eintreten eines Ereignisses einen erheblichen Einfluss auf die Art der Fragenbeantwortung haben.

*Verarbeitungsfehler* sind Fehler im Verfahren und in der Datenverarbeitung. Merkmalsausprägungen werden falsch abgelesen, fehlerhaft übertragen oder versehentlich ausgelassen. Dieser Fehler lässt sich durch die Kontrolle jedes mechanischen Schritts reduzieren.

Diese Ausführungen haben gezeigt, dass selbst bei einer Zufallsauswahl eine ganze Reihe weiterer Fehlerquellen auftreten kann. Es ist daher wichtig, die Daten jeder Auswahl auch auf mögliche Nichtstichprobenfehler zu untersuchen.

## 3.7 Abschließende Bemerkungen

Bei der Durchführung einer Teilerhebung sollten immer die folgenden sechs idealtypischen Kriterien angestrebt werden, nämlich

- die genaue Definition der Grundgesamtheit,
- die Spezifikation und Definition der zu erhebenden Merkmale,
- genaue Bestimmung und Kontrolle der Auswahlgrundlage,
- die Festlegung des Stichprobendesigns mit Auswahlverfahren, Stichprobengröße etc.,

- die Organisation der Erhebung mit Interviewerschulung, Festlegung des zeitlichen Rahmens etc. und
- die fehlerfreie Durchführung der Erhebung.

Personen aus dem Berufsfeld Journalismus, PR oder Werbung werden vermutlich nicht allzu oft in die Situation kommen, eine eigene Erhebung durchzuführen. Allerdings müssen auch sie in der Lage sein, statistische Daten (Tabellen, Infografiken etc.) zu verstehen und Artikel über die Ergebnisse von empirischen Studien oder von Umfrageergebnissen der Markt- und Meinungsforscher zu verfassen. In solchen Fällen sollte der Journalist wissen, worüber er schreibt. Nur ein umfangreiches Wissen über die Grundlagen der Stichprobentheorie ermöglicht die Überprüfung der Seriosität der vorliegenden Daten, das Finden und Aufdecken von Fehlerquellen, das Erkennen der Relevanz der Daten und das leserfreundliche Umsetzen durch Verzicht auf Halbwahrheiten. Soll Datenmaterial journalistisch aufbereitet werden, ist es empfehlenswert, sich Gewissheit über folgende Punkte zu verschaffen:

- Wer oder was ist die Grundgesamtheit?
- Wer hat die Datenerhebung in Auftrag gegeben? Existiert ein Interesse an bestimmten Ergebnissen?
- Wer hat die Daten erhoben? Wie zuverlässig und integer ist die beauftragte Institution bzw. sind die beauftragten Personen? Gibt es irgendwelche Hinweise auf mögliche Interviewereffekte? Halten die (präsentierten) Daten einer logischen Überprüfung stand? Sind sie widerspruchsfrei?
- Wie lange hat die Datenerhebung gedauert? War in diesem Zeitrahmen eine sorgfältige Erhebung möglich?
- Wann wurden die Daten erhoben? Über welchen Zeitpunkt bzw. Zeitraum können die Daten eine Aussage treffen?
- Welche Methode (Befragung, Beobachtung oder Inhaltsanalyse) wurde bei der Datenerhebung eingesetzt? Sind durch die Methodenwahl mögliche verzerrende Einflüsse zu erwarten?

- Welches Auswahlverfahren wurde für die Datenerhebung verwendet? Lassen sich die Daten überhaupt auf die Grundgesamtheit verallgemeinern?
- Wie groß war der Stichprobenumfang? Welche Genauigkeit besitzt die Erhebung?
- Wie relevant sind die Daten? Lohnen sie eine Thematisierung?

# Literatur

### Verwendete Literatur

GEHRAU, Volker und Benjamin FRETWURST (2005) Auswahlverfahren in der Kommunikationswissenschaft. Eine Untersuchung aktueller Veröffentlichungen über empirische Studien in der Kommunikationswissenschaft. S. 13–51. In: GEHRAU, Volker, Benjamin FRETWURST, Birgit KRAUSE und Gregor DASCHMANN (Hrsg.) (2005) Auswahlverfahren in der Kommunikationswissenschaft. Köln: Halem.

JADURA, Grit, Olaf JADURA und Christof KUHLMANN (2005) Stichprobenziehung in der Inhaltsanalyse. Gegen den Mythos der künstlichen Woche. S: 71-116. In: GEHRAU, Volker, Benjamin FRETWURST, Birgit KRAUSE und Gregor DASCHMANN (Hrsg.) (2005) Auswahlverfahren in der Kommunikationswissenschaft. Köln: Halem.

KAUERMANN, Göran und Helmut KÜCHENHOFF (2007) Stichprobenverfahren. Buchmanuskript. In Vorbereitung.

NOELLE-NEUMANN, Elisabeth und Thomas PETERSEN (2005) Alle, nicht jeder. Einführung in die Methoden der Demoskopie. 4. Aufl. Berlin: Springer.

### Weitere Literatur

COCHRAN, William G. (1977) Sampling Techniques. 3. Aufl. New York u. a.: John Wiley & Sons.

DILLMAN, Don A. (1978) Mail and Telephone Surveys. The Total Design Method. A Wiley-Interscience Publication. New York u. a.: John Wiley & Sons.

GABLER, Siegfried (2002) Telefonstichproben. Methodische Innovationen und Anwendungen in Deutschland. Münster, München: Waxmann.

GROVES, Robert M. (1989) Survey Errors and Survey Costs. New York u. a.: John Wiley & Sons.

KREIENBROCK, Lothar (1993) Einführung in die Stichprobenverfahren. Lehr- und Übungsbuch der angewandten Statistik mit Übungsaufgaben und Prüfungsfragen. 2., durchges. Aufl. München u. Wien: R. Oldenbourg.

THOMPSON, Steven K. (2002) Sampling. New York: Wiley.

# 4 Das Experiment

## 4.1 Ansätze der empirischen Forschung

Die Vorgehensweise in der empirischen Sozialforschung lässt sich in folgende Bereiche untergliedern:

- Deskription
- Exploration und Hypothesenbildung
- Hypothesenprüfung

Bei der hypothesenprüfenden Vorgehensweise kann man eine weitere Unterteilung vornehmen, in

- experimentelle Forschung und
- nicht-experimentelle oder *Ex-post-facto*-Forschung.

*Deskriptive* Forschung dient dazu, Informationen über bestimmte Realitätsbereiche zu erfassen. Dazu gehört ein großer Teil der Umfrageforschung (vgl. Kapitel 5.4, S. 168), der die Bevölkerungsmeinung zu bestimmten Themen erfasst. Von Interesse sind hier nur Tatbestände, ohne dass Erklärungsversuche über vorliegende Zusammenhänge erfolgen würden.

Bei einer *explorativen* Vorgehensweise sollen Ursachen für ein Phänomen aufgedeckt werden, ohne auf theoretische Vorannahmen zurückgreifen zu können. Hier versucht man, möglichst viele Variablen, die als potentielle Einflussfaktoren in Frage kommen, zu messen und später mit statistischen Verfahren (insbesondere der *Explorativen Datenanalyse*, vgl. Kap 1.3.3, S. 21) Zusammenhänge zu finden, die bei der Theoriebildung helfen können. Häufig kommen in diesem Kontext auch qualitative Verfahren zum Einsatz.

*Hypothesenprüfende* Forschung dient dazu, festzustellen, ob sich Vorhersagen, die im Rahmen einer Theorie gemacht worden sind, empirisch nachweisen lassen. Durch das Aufstellen einer Theorie versucht man, einen bestimmten Ausschnitt der Realität anhand einer Reihe gesetzesartiger, untereinander verknüpfter Aussagen zu erklären (vgl. ALBERT 1974). Idealerweise sollten sich alle Prozesse in dem Objektbereich, auf den sich die Theorie bezieht, aus den aufgestellten Gesetzen ableiten lassen. Hierzu werden Hypothesen abgeleitet, die empirisch nachprüfbar sind. Hypothesen aus dem Bereich der Kommunikationswissenschaft lauten z. B.:

- Personen, die häufig politische Sendungen im Fernsehen ansehen, sind politisch stärker frustriert als Personen, die wenig Politik im Fernsehen nutzen (*Video Malaise*, vgl. HOLTZ-BACHA 1990).
- Personen, die viel fernsehen, haben mehr Angst davor, Opfer von Gewalttaten zu werden, als Personen, die wenig fernsehen (*Scary World-Hypothese*, GERBNER und GROSS 1976).

Alle diese Hypothesen behaupten einen gerichteten Zusammenhang zwischen zwei Variablen: Ein bestimmter Typ von Mediennutzungsverhalten führt zu einer Veränderung des Verhaltens, der Einstellungen oder des Wissens. Um die Gültigkeit dieser Hypothesen mit Hilfe empirischer Forschung zu überprüfen, werden häufig Ex-post-facto-Studien durchgeführt: Man misst die relevanten Variablen, in der Regel mit Hilfe einer Befragung, und führt Korrelations- und Regressionsanalysen durch. Benutzt man dabei lediglich bivariate Analysen, besteht die Gefahr der Scheinkorrelation: Die Korrelation zweier Variablen, hinter der man einen kausalen Zusammenhang vermutet, ist auf den Einfluss einer oder mehrerer weiterer Variablen zurückzuführen. Dieser lässt sich mit Hilfe der partiellen Korrelation oder der multiplen Regression kontrollieren (vgl. Kap. 7.2.4, S. 244). Allerdings ist es schwer, nachzuweisen, dass bei dieser Vorgehensweise alle relevanten „Störfaktoren" beseitigt werden.

## 4.2 Experimentelle Vorgehensweise

Die experimentelle Vorgehensweise ermöglicht es, besser abgesicherte Argumente für die Gültigkeit von Zusammenhängen vorzubringen: Hier werden die vermuteten Einflussfaktoren systematisch variiert, alle anderen Faktoren werden kontrolliert – bzw. konstant gehalten – und bei der Variable, bei der eine Variation in Abhängigkeit von den Einflussfaktoren vermutet wird, wird eine Messung vorgenommen.

Im einfachsten Fall will der Forscher den Einfluss einer bestimmten Bedingung $X$ auf ein Verhalten $Y$ überprüfen. In diesem Zusammenhang nennen wir $Y$ die *abhängige* Variable (das Verhalten variiert und ist abhängig von unterschiedlichen Bedingungen $X$), $X$ die *unabhängige* Variable (sie ist in Bezug auf die untersuchte Beziehung nicht von anderen Bedingungen abhängig). Um feststellen zu können, ob die Vermutung einer ursächlichen Beziehung zwischen $X$ und $Y$ zutrifft, muss die Bedingung $X$ kontrolliert variiert und die resultierende Ausprägung von $Y$ gemessen werden. Dies ist die Kontrolle des *Stimulus*. Sie erfolgt im einfachsten Fall dadurch, dass wir eine Gruppe von Versuchspersonen (die *Experimentalgruppe*) einem bestimmten Stimulus aussetzen und eine weitere Gruppe (die *Kontrollgruppe*) nicht. Alle Verhaltensunterschiede, die wir zwischen diesen beiden Gruppen messen, sollten darauf zurückzuführen sein, dass nur eine Gruppe dem Stimulus ausgesetzt war (wobei wir voraussetzen, dass die beiden Gruppen sich vor der Präsentation des Stimulus nicht unterschieden haben). Will man die Wirkung unterschiedlicher Stimuli erproben, muss man entsprechend mehrere Versuchsgruppen bilden.

Die Zuordnung der Versuchspersonen zur Experimental- bzw. Kontrollgruppe muss in einer Art und Weise geschehen, die garantiert, dass die Gruppen möglichst geringe Unterschiede aufweisen. Es wäre natürlich ideal, wenn man die gleiche Messung an einer einzigen Person sowohl unter der Experimental- als auch der Kontrollbedingung vornehmen könnte. Dann ließe sich ausschließen, dass Unterschiede in der Messung auf Unterschiede der Versuchspersonen zurückzuführen sind. Da dies etwa aufgrund von Lerneffekten nicht möglich ist, ist zumindest dafür zu sorgen, dass sich die Kontroll- und die Experimentalgruppe möglichst ähnlich sind. Eine naheliegende Vorgehensweise ist die *Parallelisierung* der Gruppen: Jedem Mitglied der Experimentalgruppe wird ein „statistischer Zwilling" für die Kontrollgruppe zugeordnet. Aber diese Parallelisierung lässt sich nur anhand einiger demographischer Charakteristika durchführen, die „Zwillinge" unterscheiden sich in einer Vielzahl von weiteren Eigenschaften, und der Forscher hat keine Möglichkeit fest zu stellen, inwiefern diese Eigenschaften Einfluss auf den Ausgang des Experiments haben könnten. Da man intervenierende Faktoren nicht völlig kontrollieren kann, ist die bessere Strategie, die Einteilung der Gruppen zufällig vorzunehmen: Der Zufall entscheidet, ob eine Person in eine Experimental- oder Kontrollgruppe kommt. Diese Technik heißt *Randomisierung* und ist eines der wesentlichen Kennzeichen für eine echte experimentelle Vorgehensweise. Wenn wir davon ausgehen können, dass die Versuchspersonen insgesamt eine Zufallsstichprobe aus der entsprechenden Population bilden, sind die *randomisierten* Gruppen als unabhängige Zufallsstichproben zu betrachten.

Durch die randomisierte Einteilung der Versuchsteilnehmer in Experimental- und Kontrollgruppen ist ein systematischer Einfluss ihrer individuellen Eigenschaften auf die Ergebnisse auszuschließen. Darüber hinaus muss darauf geachtet werden, dass die Bedingungen , unter denen das Experiment stattfindet, für alle Gruppen gleich sind. Zu den Umweltvariablen, die möglicherweise zu systematischen Verzerrungen führen können, gehören Temperatur, Raumklima, Lichteinfall, Geräusche, Tageszeit und die Versuchsleiter. Je nach Inhalt der Untersuchung werden sich diese Einflüsse mehr oder weniger stark bemerkbar machen. Ein später Zeitpunkt im Tagesablauf, ungünstiges Licht und hohe Temperaturen verringern die Konzentrationsfähigkeit und können damit z. B. die

Ergebnisse eines Experiments zur Informationsaufnahme aus Medieninhalten beeinflussen. Optimal wäre es also, das Experiment für alle Versuchspersonen zur gleichen Zeit in identischen Räumlichkeiten durchzuführen. Da es nur selten möglich ist, Zeit, Raum und alle anderen möglicherweise relevanten Faktoren konstant zu halten, ist sorgfältig zu überlegen, welche Bedingungen *unbedingt* zu kontrollieren sind. Auf jeden Fall ist dafür Sorge zu tragen, dass die Kontroll- und die Experimentalgruppen nicht als Ganzes unter unterschiedlichen Rahmenbedingungen getestet werden.

Eine Reihe von Einflussfaktoren lässt sich nicht konstant halten. Dies sind die so genannten „Organismusvariablen": Eigenschaften der Versuchspersonen, die den Ausgang eines Experiments beeinflussen können. Zwar wird der potentielle Einfluss dieser Variablen durch die Randomisierung verkleinert, dennoch ist es sinnvoll, im Rahmen des Experiments einige Schlüsselvariablen zu erheben, von denen wir einen Einfluss auf das zu beobachtende Verhalten vermuten. Durch die Messung dieser Variablen lassen sich potentielle Einflüsse mit Hilfe statistischer Methoden zumindest kontrollieren. Eine weitere Vorgehensweise, um den vermuteten Einfluss von externen Bedingungen auf die abhängige Variable zu kontrollieren, besteht darin, nicht das Verhalten selbst als abhängige Variable zu betrachten, sondern die Veränderung von Verhalten. Auf die Vor- und Nachteile dieses Ansatzes (das so genannte *Pre-Post-Test-Design*) wird später (vgl. S. 141) noch im Detail eingegangen.

Nicht jede Hypothese lässt sich durch die einfache Einteilung in eine Experimental- und eine Kontrollgruppe überprüfen. Beinhaltet die Hypothese eine *Je-desto-Aussage*, dann wird angenommen, dass mit steigender Ausprägung der Ursache die Wirkung größer wird. In diesem Fall muss das Experiment mit mehreren Experimentalgruppen durchgeführt werden, denen Stimuli unterschiedlicher Stärke (Faktorstufen) präsentiert werden.

**Beispiel 4.1: Wirkung von Furcht-Appellen**

In den 1950er Jahren führte eine Forschergruppe um Carl HOVLAND in Yale eine Reihe von Experimenten zur Wirkung persuasiver Kommunikation durch (HOVLAND, JANIS und KELLEY 1953). Im Rahmen dieser Forschungsarbeiten wurde unter anderem untersucht, ob es möglich ist, Verhaltensänderungen bei Menschen zu bewirken, indem man bei ihnen Furcht vor den Konsequenzen ihrer Handlungen hervorruft. Wenn dies zutrifft, müsste es möglich sein, Personen zu regelmäßiger Zahnpflege zu bewegen, wenn man ihnen die möglichen Folgen mangelnder Zahnpflege klarmacht. Dies kann man auf unterschiedliche Art und Weise tun. JANIS und FESHBACH (1953) führten ein Experiment durch, in dem vor drei Gruppen von US-amerikanischen High-School-Schülern Vorträge über Zahnhygiene gehalten wurden. Einer der Vorträge enthielt viele furchtauslösende Warnungen über die Folgen mangelnder Zahnpflege, ein weiterer enthielt eine mittlere Zahl derartiger Appelle, ein dritter nur sehr wenige. Eine Kontrollgruppe erhielt einen Vortrag über ein anderes Thema. Es liegt nahe, anzunehmen, dass ein starker Furcht-Appell eine stärkere Änderung im Verhalten auslösen würde als ein schwacher. Die Forscher fanden heraus, dass die Version mit den stärksten furchteinflößenden Appellen die stärkste unmittelbare emotionale Wirkung hervorrief. Eine Befragung der Versuchsteilnehmer eine Woche nach der Präsentation des Stimulus ergab jedoch, dass die *schwächste* Version den größten *verhaltensändernden* Effekt hatte.

## 4.3 Experimentelles Design

Es gibt bei der Anlage von Experimenten eine Reihe von Varianten. CAMPBELL und STANLEY (1963) geben einen Überblick über die im Bereich der Humanwissenschaften gebräuchlichsten experi-

| Design A | E: | | X | → | M2 |
|----------|-----|-----|-----|-----|-----|
| | K: | | O | → | M2 |
| | | | | | |
| Design B | E: | M1 → | X | → | M2 |
| | K: | M1 → | O | → | M2 |
| | | | | | |
| Design C | E1: | M1 → | X | → | M2 |
| | K1: | M1 → | O | → | M2 |
| | E2: | | X | → | M2 |
| | K2: | | O | → | M2 |

| | | | |
|-----|-----|-----|-----|
| E = | Experimentalgruppe | K = | Kontrollgruppe |
| X = | Stimulus | O = | kein Stimulus |
| M1 = | Pretest-Messung | M2 = | Post-Test-Messung |

**Abb. 4.1:** Experimental-Designs

mentellen Designs. Weiterführende Überlegungen finden sich bei
KIRK (1982) oder BROWN und MELAMED (1990). Die folgenden
Abschnitte befassen sich mit einigen grundlegenden Designs.

Das einfachste experimentelle Design ist der Vergleich einer Experimental- mit einer Kontrollgruppe mit einem *Post-Test* (Design A in Abb. 4.1). Die Versuchsteilnehmer werden randomisiert, also zufällig den Gruppen zugewiesen. Nach der Präsentation des Stimulusmaterials für die Experimentalgruppe wird die zu untersuchende Variable bei beiden Gruppen erhoben. Man geht davon aus, dass die Randomisierung dafür gesorgt hat, dass in der Analysevariable *vor* dem Stimulus bei den beiden Gruppen kein signifikanter Unterschied bestanden hat.

Um den Zustand der Analysevariablen vor der Präsentation des Stimulus kontrollieren zu können, benutzt man ein *Pre-Post-Test-*

*Design* (Design B in Abb. 4.1). Dabei wird vor und nach der Präsentation des Stimulus ein Test durchgeführt, und man interpretiert nicht mehr das (Post-)Testergebnis selbst, sondern den Unterschied zwischen vorheriger und nachträglicher Messung. Ein Nachteil dieses Designs liegt darin, dass der Pretest Einfluss auf die Wahrnehmung des Stimulus und damit auf die Nachher-Messung haben kann. Da die Messung meist einen direkten Bezug zum Stimulus haben wird, könnten die Mitglieder der Experimentalgruppe in ihrer Wahrnehmung sensibilisiert worden sein. So wird die Messung der Einschätzung gesellschaftlicher Gewalt durch einen Pretest-Fragebogen sehr wahrscheinlich zu einer Sensibilisierung der Experimentalteilnehmer bezüglich ihrer Rezeption von Gewaltdarstellungen in einem als Stimulus präsentierten Film führen und dadurch die Messergebnisse des Post-Tests beeinflussen. Die Ergebnisse des Experiments würden dann in Richtung der Hypothese, fiktive Gewalt führe zu einer höheren Einschätzung realer Gewalt, verzerrt werden.

Der Einfluss möglicher Pre-Post-Test-Interaktionen lässt sich kontrollieren, indem man das Design noch komplexer anlegt und sowohl die Experimental- als auch die Kontrollgruppe weiter unterteilt, wobei der Pretest bei nur jeweils einer Teilgruppe vorgenommen wird (Design C in Abb. 4.1). Man erhält vier Gruppen von Versuchsteilnehmern: eine Experimentalgruppe mit und eine ohne Pretest sowie eine Kontrollgruppe mit und eine ohne Pretest. Auf diese Art und Weise kann der Einfluss des Pretests auf die Messungen kontrolliert werden.

## 4.4 Erhebungsverfahren in der experimentellen Forschung

Experimentelle Forschung ist nicht an die Verwendung von bestimmten Erhebungsverfahren gebunden. Man sollte bei der Durchführung eines Experiments die Methode einsetzen, die der Problemstellung angemessen ist. Die am häufigsten verwendeten Erhebungsverfahren im Kontext sozialwissenschaftlicher experimenteller Forschung sind:

- physiologische Messungen
- Beobachtung sowie
- Tests und Befragungen

Bei der physiologischen Messung werden physische Zustände des menschlichen Organismus als Indikatoren für psychische Zustände interpretiert. Am bekanntesten ist die Messung des Hautwiderstands. Der elektrische Widerstand der Haut ist abhängig von der Feuchtigkeit der Haut, also davon, wie stark eine Versuchsperson schwitzt. Dieses Schwitzen wird als Indikator für einen psychischen Zustand der Erregung gewertet. Problematisch daran ist, dass unterschiedliche Erregungszustände zu einer vermehrten Schweißproduktion führen. Ob daher ein verringerter Hautwiderstand auf Wut, Angst oder sexuelle Erregung zurückzuführen ist, lässt sich kaum zuverlässig sagen. In der Kommunikationswissenschaft wurden derartige Messverfahren eingesetzt, um festzustellen, ob bestimmte audiovisuelle Medieninhalte emotionale Reaktionen hervorrufen (siehe z. B. FORSTER und KNIEPER 2006 oder BENTE et al. 1992).

Die Beobachtung (vgl. Kap. 5.7, S. 187) wird insbesondere in Bereichen experimenteller Forschung eingesetzt, die Verhalten und Einstellungen zum Gegenstand haben. Man setzt die Mitglieder der Experimentalgruppe einem bestimmten Reiz aus und beobachtet dann ihr Verhalten. Das manifeste Verhalten lässt Rückschlüsse auf latente Einstellungen der Versuchspersonen zu. Ein Beispiel aus der kommunikationswissenschaftlichen Forschung ist die Untersuchung des Zusammenhangs der Darstellung von Gewalt in den Medien und gewalttätigem Verhalten bei Kindern, deren Interaktionsverhalten beim Spielen nach dem Medienkonsum beobachtet wird.

Bei der Erforschung menschlicher Kognition – etwa der Erforschung von Lernprozessen bei der Medienrezeption – sind Beobachtungsverfahren eher selten von Nutzen. Hier ist es angebracht, die Fähigkeit des Menschen zur symbolischen Umsetzung seines Denkens zu nutzen. Daher werden hier im Allgemeinen verbale oder schriftliche Tests verwendet. Bei der Konstruktion von Fragebögen für schriftliche Tests sind vergleichbare Kriterien anzuwenden wie bei Fragebögen der Umfrageforschung (vgl. Kap. 5.5.1, S. 182).

## 4.5 Das Problem der Validität

Experimentelle Forschung ermöglicht es, Aussagen hoher Plausibilität über die Wirkung einer Stimulusvariablen auf andere Variablen zu machen. Wenn wir Unterschiede im Verhalten von Versuchs- und Experimentalgruppe feststellen, können wir mit großer Wahrscheinlichkeit annehmen, dass diese Unterschiede auf die von uns kontrollierte Stimulusvariable zurückzuführen sind. Man spricht hier von der *internen Validität*. Der Begriff der Validität wird auch in Kapitel 5.1.3, S. 156 diskutiert. Dort ist damit die Gültigkeit der Annahme gemeint, dass ein verwendeter Indikator genau das theoretische Konstrukt misst, das er messen soll. Hier geht es darum, dass die beobachtete Variation in der gemessenen Variablen tatsächlich auf die vermutete Ursache zurückzuführen ist.

Die hohe interne Validität der Schlussfolgerungen, die sich aus den Ergebnissen eines Experiments ziehen lassen, wird dadurch erreicht, dass die Untersuchung in einer künstlichen, kontrollierbaren Umgebung stattfindet. Dies wirft die Frage auf, ob Erkenntnisse, die in Experimenten gewonnen werden, überhaupt auf das „richtige Leben" übertragbar sind. Dieses Problem der Verallgemeinerungsfähigkeit betrifft die externe Validität experimenteller Forschung. *Sind die Ergebnisse, die im Labor gültig sind, auch außerhalb des Labors gültig?* Meistens muss man bezweifeln, dass experimentelle Ergebnisse ohne weiteres generalisierbar sind. Kritiker experimenteller Sozialforschung werfen ihr Realitätsfremdheit und damit Nutzlosigkeit vor. KERLINGER (1979) weist darauf hin, dass die Frage differenzierter betrachtet werden muss. Man stellt Experimente an, um festzustellen, ob Hypothesen, die aufgrund von Theorien aufgestellt werden, im empirischen Test aufrechterhalten werden können. *Unabhängig* davon ist die Frage zu stellen, ob die gewonnenen Erkenntnisse auf das tägliche Leben übertragen werden dürfen.

## 4.6 Labor- und Feldexperimente

Um die maximale Kontrolle über die experimentellen Bedingungen zu erhalten, werden Experimente meist in einem Labor durchgeführt, einem Ort, der es erlaubt, Umweltbedingungen auszuschalten, Stimuli in optimaler Art zu präsentieren und alle Arten von Messungen mit vertretbarem Aufwand durchzuführen. Die Klassifizierung einer Vorgehensweise als experimentell hängt aber nicht von der Laborumgebung ab. Wenn man auf die Kontrolle von Umweltvariablen verzichten kann und die Präsentation der Stimuli sowie die Messung keinen hohen Aufwand erfordern, kann es von Vorteil sein, das Experiment in einer „natürlichen Umgebung" durchzuführen. Man spricht dann von einem *Feldexperiment*.

Der Vorteil von Feldexperimenten liegt darin, dass die Umstände der Untersuchung weniger künstlich sind. Die starke Kluft zwischen der gewohnten Umgebung und der Laborumgebung sorgt für Probleme bei der Verallgemeinerbarkeit von Laborexperimenten. Feldexperimente weisen eine höhere *externe*, aber aufgrund der eingeschränkten Kontrollmöglichkeiten eine geringere *interne* Validität auf als Laborexperimente. Es ist zu beachten, dass auch bei Feldexperimenten die Situation für die Versuchspersonen ungewohnt und unnatürlich sein kann.

## 4.7 Ethische Aspekte experimenteller Forschung

In den empirisch arbeitenden Sozialwissenschaften, in denen Erkenntnisse über den Menschen gesucht werden, sollte die Vorgehensweise immer daraufhin überprüft werden, ob sie ethisch akzeptabel ist. Im Bereich der experimentellen Psychologie ist diese Forderung in besonderem Maße angebracht: Was darf man einer Versuchsperson bei der Erforschung psychischer Prozesse zumuten?

**Beispiel 4.2: Das „Milgram-Experiment"**
Der Sozialpsychologe Stanley MILGRAM (1997) wollte erforschen, unter welchen Bedingungen Menschen Handlungen ausführen würden, die sie als inhuman erkennen müssten. Dazu führte er folgendes Experiment durch: Die Versuchsperson wurde gebeten, bei einem Lernexperiment mitzuwirken. Sie sollte dem Lernenden (der in Wirklichkeit ein Mitarbeiter des Versuchsleiters war) Bestrafungen in Form von Elektroschocks erteilen, wenn er bei der gestellten Aufgabe versagte. Die Elektroschocks reichten von „harmlos" bis zu „lebensgefährlich". Auf Anweisung des Versuchsleiters erteilten einige Versuchspersonen anderen Schocks, die bis in den lebensgefährlichen Bereich gingen. Die Schocks und die Schmerzen der Lernenden waren simuliert, und der Versuchsaufbau wurde den Versuchspersonen nachträglich erklärt. Aber die Versuchspersonen waren während des Experiments einer sehr starken emotionalen Belastung ausgesetzt. Es ist auch nicht auszuschließen, dass die Personen nach Abschluss des Experiments emotionale Probleme bei der Erinnerung an ihre Handlungsweise hatten. Hier ist zu fragen, ob die gewonnene Erkenntnis den Schaden rechtfertigt, der den Versuchspersonen möglicherweise zugefügt wurde.

Die nationalen Berufsverbände der Psychologen haben Richtlinien für die ethischen Maßstäbe bei der Durchführung von Experimenten aufgestellt (vgl. z. B. DEUTSCHE GESELLSCHAFT FÜR PSYCHOLOGIE 2004). Einige Hauptpunkte sind:

- Der Forscher ist dafür verantwortlich, dass das Experiment ethisch vertretbar ist.
- Die physische und psychische Gesundheit der Versuchsteilnehmer dürfen durch das Experiment nicht gefährdet werden.
- Die Versuchsteilnehmer müssen nach dem Abschluss über die wahren Ziele des Experiments aufgeklärt werden (*De-Briefing*).
- Bei Experimenten, die mehr als ein minimales Risiko für die Versuchsteilnehmer beinhalten, müssen die Teilnehmer über diese Risiken informiert und ihr Einverständnis muss eingeholt werden.
- Der Forscher ist für die Beseitigung nachteiliger Konsequenzen verantwortlich.
- Die Versuchsergebnisse müssen vertraulich behandelt werden.

## 4.8 Das Internet als Experimentallabor

Das Internet hat eine eigene Variante des Feldexperiments hervorgebracht (vgl. REIPS 2000). Versuchspersonen werden dabei über das Internet rekrutiert, das Experiment wird am Computer der Versuchspersonen durchgeführt. Dabei macht man sich zu Nutze, dass bei experimentellen Studien Repräsentativität eine weniger bedeutende Rolle spielt (wobei Selbstselektion auch hier nicht wünschenswert ist) und die geforderte Randomisierung leicht zu realisieren ist. Bei der Präsentation eines Stimulus ist der Forscher aus naheliegenden Gründen auf die Vermittlung von Text-, Audio- und (Bewegt-)Bildinhalten eingeschränkt, was in der Medienforschung aber selten problematisch sein dürfte. Schwerer wiegen die Einschränkung der Messungsvarianten auf schriftliche Tests und die mangelnden Kontrollmöglichkeiten. Für Vorstudien zu Experimenten im Bereich der Medienforschung und im Rahmen internetspezifischer Fragestellungen können Internet-Experimente aber durchaus geeignet sein.

## 4.9 Stärken und Schwächen experimenteller Forschung

Wann sollte man ein Problem mit experimenteller Methodik angehen, wann sollte man nicht-experimentelle Ansätze bevorzugen? Die Frage lässt sich nicht generell beantworten. Es gibt eine Reihe von Stärken und Schwächen experimenteller Forschung, die man bei der Entscheidung beachten muss.

Geeignet sind experimentelle Verfahren vor allem dann, wenn

- man kurzfristige Phänomene untersuchen will;
- aufwendige Apparaturen zur Präsentation von Stimuli oder für die Messung erforderlich sind;
- Hypothesen präzise und mit hoher interner Validität überprüft werden sollen.

Nachteile haben experimentelle Verfahren, wenn

- die untersuchten Phänomene langfristiger Natur sind (eine langfristige Kontrolle der Versuchsbedingungen ist kaum durchführbar);
- relativ stabile Phänomene untersucht werden sollen (wie zentrale Einstellungen oder Werte);
- allgemeingültige Aussagen angestrebt werden.

## Literatur

### Verwendete Literatur

ALBERT, Hans (1974) Probleme der Wissenschaftslehre in der Sozialforschung. In: KÖNIG, René (Hrsg.) Handbuch der empirischen Sozialforschung. Band 1. 2. Aufl., Stuttgart: Enke/dtv, S. 57–102.

BENTE, Gary, Egon STEPHAN, Anita JAIN und Gerhard MUTZ (1992) Fernsehen und Emotion. Neue Perspektiven der psychophysiologischen Wirkungsforschung. Medienpsychologie.

Zeitschrift für Individual- und Massenkommunikation, 3, 186–204.

BROWN, Steven R. und Lawrence E. MELAMED (1990) Experimental Design and Analysis. Newbury Park: Sage.

CAMPBELL, Donald T. und Julian C. STANLEY (1963) Experimental and Quasi-Experimental Designs for Research. Chicago: Rand McNally.

DEUTSCHE GESELLSCHAFT FÜR PSYCHOLOGIE (2004) Ethische Richtlinien der DGPs und des BDP, Revision der auf die Forschung bezogenen ethischen Richtlinien vom 28.9.2004, (www.dgps.de/dgps/satzung/ethikrl2004.pdf).

FORSTER, Klaus und Thomas KNIEPER (2006) Experimentelle Studien zur Bildrezeption in der sozialwissenschaftlichen Forschung. In: SACHS-HOMBACH, Klaus (Hrsg.) Bild und Medium: Kunstgeschichtliche und philosophische Grundlagen der interdisziplinären Bildwissenschaft. Köln: Herbert von Halem Verlag, S. 232–259.

GERBNER, George und Larry GROSS (1976) Living with television. The violence profile. In: Journal of Communication, 26, S. 172–199.

HOLTZ-BACHA, Christina (1990) Ablenkung oder Abkehr von der Politik? Mediennutzung im Geflecht politischer Orientierungen. Opladen: Westdeutscher Verlag.

HOVLAND, Carl I., Irving L. JANIS und Harold H. KELLEY (1953) Communication and Persuasion. Psychological Studies of Opinion Change. New Haven: Yale University Press.

JANIS, Irving L. und S. FESHBACH (1953) Effects of fear-arousing communications. In: Journal of Abnormal and Social Psychology, 48, S. 78–92.

KERLINGER, Fred N. (1979) Behavioral Research. A Conceptual Approach. New York: Holt, Rinehart & Winston.

KIRK, Roger E. (1982) Experimental Design. 2. Aufl., Belmont: Brooks/Cole.

MILGRAM, Stanley (1997) Das Milgram Experiment. Zur Gehorsamsbereitschaft gegenüber Autorität. 14. Aufl., Reinbeck: Rowohlt.

REIPS, Ulrich (2000) Das psychologische Experimentieren im Internet. In: BATINIC, Bernad (Hrsg.) Internet für Psychologen. Göttingen: Hogrefe.

**Weitere Literatur**

HUBER, Oswald (1987) Das psychologische Experiment: Eine Einführung. Bern: Hans Huber.

KANTOWITZ, Barry H. und Henry L. ROEDIGER (1978) Experimental Psychology. Chicago: Rand McNally.

ZIMMERMANN, Ekkart (1972) Das Experiment in den Sozialwissenschaften. Stuttgart: Teubner.

# 5 Messung und Erhebungsverfahren

## 5.1 Die Messung

### 5.1.1 Was ist eine Messung?

Die quantitativ arbeitende Sozialforschung verwendet Zahlen, um Eigenschaften der sozialen Umwelt und ihre Zusammenhänge zu beschreiben und zu erklären. Diese Zahlen sind das Ergebnis von Messungen. STEVENS definiert den Begriff der Messung folgendermaßen:

> „In its broadest sense, measurement is the assignment of numerals to objects or events according to rules." (STEVENS, 1951, S. 1)

Bei einer Messung werden Objekten oder Ereignissen (man spricht hier auch vom *empirischen Relativ*) anhand bestimmter Regeln bestimmte Zahlen zugeordnet (das *numerische Relativ*). In physikalischen Messungen verbergen sich die Messregeln meist hinter einer Apparatur, deren genaue Funktionsweise unsichtbar bleibt: So ist z. B. die Geschwindigkeit, die auf einem Tachometer abgelesen wird, das Resultat einer Reihe von mechanischen Operationen, die die Geschwindigkeit, mit der sich das Fahrzeug bewegt, in die Position der Tachonadel umsetzt.

Die Tatsache, dass bei einer Messung einem Objekt Zahlen zugeordnet werden, heißt nicht, dass das Objekt selbst „gemessen" wird. Die Messung betrifft nur einige ausgewählte Eigenschaften eines Objekts oder Ereignisses, die als Merkmale bezeichnet werden (vgl. Kap. 3.1, S. 101). Wir können z. B. die Länge, Höhe, Breite eines Quaders messen und haben damit Informationen über diejenigen Eigenschaften, die seine räumliche Ausdehnung betreffen. Aber wir erfahren nichts über andere Merkmale, wie die Masse oder die Struktur des Quaders. Die Tatsache, dass Messungen immer nur Teilaspekte eines Objekts erfassen, trifft in besonderem Maße auf Messungen der Eigenschaften von Menschen, sozialen Kollektiven oder kulturellen Produkten zu. Wir können mit einem Intelligenztest die „Intelligenz" einer Person bestimmen, mit anderen Tests ihre „Ängstlichkeit" oder die Dringlichkeit ihres Bedürfnisses, sich durch Fernsehen vom Alltag abzulenken. Im Rahmen von Inhaltsanalysen messen wir Aspekte von Texten: ihren Umfang, die durchschnittliche Satzlänge, die Häufigkeit des Auftretens von Themen oder Wertungen. Dem empirisch arbeitenden Sozialforscher reichen diese Teil-Informationen, insofern er mit Theorien arbeitet, die nur eine begrenzte Anzahl kultureller, sozialer oder psychischer Merkmale und ihre Beziehungen untereinander betreffen. Sozialforscher, die mit interpretativen oder „qualitativen" Methoden arbeiten, wenden sich gegen diese reduktionistische Herangehensweise und streben eine holistische Vorgehensweise an, bei der Subjekte (oder kulturelle Produkte) als Ganzes betrachtet werden.

### 5.1.2 Konstrukte und Indikatoren

Die Eigenschaften von Objekten, die wir bei den im Alltag verbreiteten physikalischen Messungen erfassen, sind Merkmale, die im direkten Umgang mit den Objekten leicht erfahrbar sind, wie die Länge, das Volumen oder das Gewicht eines Körpers. In der Sozialforschung möchten wir dagegen meist Eigenschaften messen, die der direkten Erfahrung nicht zugänglich sind, wie etwa Autoritarismus, Aggressivität oder politische Frustration. Diese Eigenschaften sind Zuschreibungen, die im Rahmen von Theorien über das menschliche Verhalten getroffen werden. Das der Beobachtung zugängliche Verhalten lässt Rückschlüsse darüber zu, ob die *theoretischen Konstrukte* die psychische oder soziale Realität adäquat beschreiben. Eine Vielzahl sozialwissenschaftlicher Theorien arbeitet mit der Annahme latenter Eigenschaften, die zum Teil kausal miteinander verknüpft sind. Da wir diese Merkmale nicht direkt erfassen können, brauchen wir *Indikatoren*, in denen sich die „verborgenen" Eigenschaften manifestieren. Dies sind in der Regel manifeste Verhaltensweisen oder verbalisierte Meinungen einer Person, die die Grundlage für die *Operationalisierung* bilden: ein Schema, in dem festgehalten wird, auf welche Art und Weise ein bestimmtes theoretisches Konstrukt zu messen ist. Das Konstrukt wird auf diese Weise „*operational definiert*".

Eine Hypothese aus der Kommunikationswissenschaft könnte z. B. so lauten: „*Wenn eine Person häufig Medieninhalte nutzt, die Gewaltdarstellungen enthalten, dann wird sie eine höhere Gewaltbereitschaft an den Tag legen als jemand, der sich solchen Inhalten nur selten aussetzt.*" Diese Hypothese klingt zunächst recht plausibel. Wenn man sich aber daranmacht, ihren Wahrheitsgehalt zu überprüfen, muss man sich eine Reihe von kritischen Fragen stellen. Die erste dieser Fragen betrifft die in der These verwendeten Konstrukte: Was ist ein „häufiger Nutzer"? Was ist mit „Medieninhalte, die Gewaltdarstellungen enthalten" und „erhöhter Gewaltbereitschaft" genau gemeint? Diese Begriffe sind Bestandteile der Theorie. Um zu überprüfen, ob die Hypothesen die Verknüpfung dieser Elemente richtig vorhersagen, müssen sie zunächst in eine Form übersetzt werden, die sich mit den Methoden der empirischen Sozialforschung messen lässt, d. h., es müssen Indikatoren für sie gefunden werden. Dabei kann man für ein Konstrukt unterschiedliche Indikatoren auswählen. Die Auswahl der Indikatoren hängt nicht zuletzt davon ab, wie die theoretischen Konstrukte definiert sind. Wenn „Gewalt" die intentionale Zufügung von physischem Schaden an einer Person durch eine andere Person bedeuten soll, dann werden die Indikatoren auch nur derartige Gewalthandlungen erfassen. Wenn Gewalt aber auch verbale Aggression oder Ausübung von psychischem Zwang beinhalten soll, müssen die Indikatoren weiter gefasst sein. Aussagen der Art „*Gewalt im Fernsehen fördert Gewalt in der Gesellschaft"* sind als Ergebnisse empirischer Forschung solange bedeutungslos, bis geklärt ist, was der Forscher unter „Gewalt" versteht. Viele sozialwissenschaftliche Kontroversen drehen sich daher um die Frage, welche operationalen Definitionen für ein theoretisches Konstrukt „angemessen" oder „gültig" sind.

### 5.1.3 Anforderungen an eine Messung

Die Definition von Messung als Zuordnung von Zahlen zu Objekten ist sehr allgemein gehalten. Sie fordert lediglich, dass jedes Objekt eines empirischen Relativs *eindeutig* auf ein Objekt des numerischen Relativs abgebildet wird. Häufig wird der Begriff der Messung strenger definiert:

> „The word measurement is usually reserved, however, for the situation where each individual is assigned a number, this number reflects a magnitude of some quantitative property ... the measurement numbers must be good reflections of the true quantities, so that the information about magnitude actually is contained in our numerical measurements" (HAYS 1973, S. 83).

#### Isomorphie

Die Forderung nach einer quantitativen Repräsentation des empirischen Objekts durch die Messung lässt sich auch so ausdrücken: die Relationen zwischen den Objekten des empirischen Relativs bleiben in den Relationen des numerischen Relativs erhalten. Man spricht dann von einer *homomorphen* Abbildung (vgl. GIGERENZER 1981, S. 45).

Eine weiter gehende Forderung an die Messung ist die *Strukturgleichheit* oder *Isomorphie* von empirischem und numerischem Relativ (vgl. SIXTL 1982, S. 3). Diese ist dann gegeben, wenn die Abbildung *eineindeutig* ist, d. h., dass jedes Objekt des empirischen Relativs in *genau ein* Objekt des numerischen Relativs abgebildet wird. Eine isomorphe Abbildung lässt sich aus einer homomorphen durch die Bildung von *Äquivalenzklassen* ableiten. Gruppen von Objekten des empirischen Relativs werden zu Klassen zusammengefasst, die eineindeutig in Objekte des numerischen Relativs abgebildet werden.

Die Erhebung von Eigenschaften in den Sozialwissenschaften wird häufig der Forderung nach Homomorphie oder Isomorphie nicht entsprechen können. Wenn wir in einer Umfrage dem Beruf „Beamter" eine 1 zuordnen, dem Beruf „Selbstständiger" eine 2 und dem Beruf „Arbeiter" eine 3 (Nominalskala), dann geben diese Zahlen keine quantitativen Eigenschaften der Berufe wieder. Allerdings wird man in der angewandten Sozialforschung kaum auf die Erhebung von nicht-quantifizierbaren Eigenschaften verzichten wollen (bzw. können), nur weil sie einer strengen Definition von Messung nicht entsprechen.

### Präzision

Eine Messung soll die zu messende Eigenschaft des Objekts so genau wiedergeben, dass die resultierenden Daten der Struktur des Objekts und der weiteren Verwendung des Datenmaterials angemessen sind. Eine Waage, deren Messgenauigkeit sich im Bereich von kg bewegt, wäre für den Handel mit Baustoffen in den meisten Fällen ausreichend, aber nicht für eine Metzgerei. Sozialwissenschaftliche Messinstrumente, mit deren Hilfe man Phänomene nur grob kategorisieren kann, verschenken Informationen und sind nicht gut geeignet, um Differenzen und Veränderungen zu erfassen. Insbesondere im Bereich der Sozialwissenschaften muss man allerdings auch das Problem der Scheingenauigkeit berücksichtigen: Skalen, die so differenzierte Abstufungen aufweisen, dass sie das Urteilsvermögen des Menschen überschreiten, täuschen Präzision lediglich vor.

### Reliabilität

Eine Messung soll die gemessene Eigenschaft möglichst zuverlässig wiedergeben. Egal, von wem eine Messung durchgeführt wird,

155

und egal, wie oft man sie wiederholt, sie sollte immer das gleiche Ergebnis bringen. Eine *stabile* Messung ist zu erreichen, wenn die Messung möglichst nicht durch externe Faktoren beeinflusst wird und der Messfehler klein gehalten werden kann. Messungen, die nicht *reliabel* sind, produzieren Zufallsfehler – die Ergebnisse wiederholter Messungen variieren um einen Mittelwert. Ein reliables Messinstrument weist eine geringe Fehlervarianz auf; bei einer einmaligen Anwendung kann man davon ausgehen, dass der Messwert nur in geringem Maße durch Messfehler verzerrt ist. Mit geeigneten statistischen Verfahren lässt sich die Reliabilität eines Messinstruments bestimmen (vgl. DIEHL/KOHR 1991, Kap. 16).

## Validität

Die *Validität* einer Messung betrifft ihre *Gültigkeit*: Misst der Indikator das, was er messen soll? Dem Problem lässt sich, anders als bei der Reliabilität, nicht mit einer Überprüfung durch statistische Methoden begegnen. Mangelnde Validität eines Instruments führt nicht zu zufällig verteilten Messfehlern, sondern zu einer systematischen Verzerrung. Da man keine quantifizierbaren Aussagen über die Validität einer Messung treffen kann, bietet sich hier eine breite Angriffsfläche für (Selbst-)Kritik. Sehr extensiv wurde z. B. die Diskussion um die Validität von Intelligenztests geführt: Wann messen diese wirklich „Intelligenz"? Führen zu viele logisch-mathematische Aufgaben nicht dazu, dass man nur die mathematischen Fähigkeiten misst? Spiegeln die in den westlichen Ländern entwickelten Tests nicht zu stark das westliche Denken wider?
Das Beispiel illustriert ein Dilemma, in dem sich der Sozialwissenschaftler häufig befindet: Unsicherheit über die Beziehung zwischen Konstrukt und Indikator und damit die Validität der Messung. Ist die volle Zustimmung zur Aussage *„Gewalt gegen Ausländer ist verwerflich"* ein valider Indikator für Toleranz gegenüber Ausländern? Um diese Frage beantworten zu können, bräuchte der Sozialforscher eine Theorie, die erklärt, wie aus einer positiven Ein-

stellung Ausländern gegenüber die Zustimmung zu dieser Aussage erwächst, und gleichzeitig ausschließt, dass diese Zustimmung auch auf andere Art und Weise entstanden sein könnte.

KERLINGER (1964, S. 444 ff.) unterscheidet vier Formen der Validität:

- Inhaltliche Validität (*content validity*)
- Vorhersagevalidität (*predictive validity*)
- Außenkriterien (*concurrent validity*)
- Konstruktvalidität (*construct validity*)

Die *inhaltliche Validität* ist ein eher „weiches" Kriterium: Ist der Inhalt der Messung repräsentativ für die Gesamtheit des Inhalts der Eigenschaft, die wir messen wollen? Bei der *Vorhersagevalidität* versucht man, mit Hilfe der verwendeten Indikatoren Konsequenzen vorherzusagen, die sich aus dem zugrunde liegenden Konstrukt ergeben. Das Ziel der Verwendung von *Außenkriterien* liegt darin, eine Zusammenhangsbeziehung eines Indikators zu anderen Indikatoren für das gleiche Konstrukt herzustellen. Am schwierigsten zu überprüfen ist das Kriterium der *Konstruktvalidität.* Dabei versucht man, den Indikator aus dem theoretischen Hintergrund abzuleiten und seine Beziehungen zu anderen Indikatoren zu erklären. Konstruktvalidität ist die anspruchsvollste Forderung an einen Indikator, gleichzeitig aber auch diejenige, deren Erfüllung für die Forschung am wertvollsten ist.

## 5.2 Skalenniveaus

Wie in Abschnitt 5.1 gezeigt wurde, bedeutet Messen, dass realen Eigenschaften eines Objekts Zahlen (Merkmalsausprägungen) geeignet zugewiesen werden. Welche Bedeutung diesen Zahlen zukommt und welche Operationen auf diese Zahlen angewendet werden dürfen, beschreibt das so genannte *Skalenniveau* oder kurz: *Niveau.* Nach der jeweils höchsten gegebenen Messebene werden

den Merkmalen die entsprechenden Skalen zugewiesen. Im Folgenden werden die möglichen Merkmalsarten und die dazugehörigen Skalen vorgestellt.

## 5.2.1 Qualitative Merkmale und die Nominalskala

Als *qualitative Merkmale* bezeichnet man Merkmale, deren Ausprägungen (auch *Kategorien* genannt) Namen, Etikettierungen, Bezeichnungen, Eigenschaften etc. sind. Kennzeichnend für qualitative Merkmale ist, dass auf ihre Ausprägungen keine rechnerischen Operationen anwendbar sind. Dies ist auch der Fall, wenn die Merkmalsausprägungen durch Zahlen symbolisiert werden. Qualitative Merkmale werden auf dem Niveau einer *Nominalskala* gemessen. Nominalskalen besitzen die Eigenschaft, dass die Messwerte beliebig umgeordnet werden können. Man sagt auch, die Nominalskala ist eindeutig *bis auf Vertauschungen bzw. Umordnungen.*

**Beispiel 5.1: Nominalskala**
Angenommen, das zu untersuchende Merkmal sei der Familienstand. Dann kann man vier mögliche Merkmalsausprägungen unterscheiden, nämlich: „ledig", „verheiratet", „verwitwet" und „geschieden". Zwischen diesen Merkmalsausprägungen existiert keine Reihenfolge. Die Auflistung hätte auch „verheiratet", „geschieden", „verwitwet" und „ledig" lauten können (Eindeutigkeit bis auf Permutationen).

Zwischen den Merkmalsausprägungen in diesem Beispiel ist durchaus eine logische Reihenfolge oder Abhängigkeit erkennbar. So können z. B nur solche Merkmalsträger geschieden sein, die zuvor verheiratet waren. Bei einer Nominalskala ist aber auch durch die sachlogische Reihenfolge der Merkmalsausprägungen keine Ordnung der Merkmalsausprägungen vorgegeben.

## 5.2.2 Rangmerkmale und die Rang- bzw. Ordinalskala

*Rangmerkmale* zeichnen sich dadurch aus, dass zwischen ihren Ausprägungen eine bestimmte Reihenfolge (Rangfolge) existiert. Zwischen den Ausprägungen lassen sich demnach Urteile wie „ist besser als", „ist größer als", „kommt in der Reihe/Position vor" etc. fällen, die sich auf die Ordnungsrelation zwischen den Ausprägungen beziehen. Man sagt daher auch, dass Rangmerkmale auf einer *Ordinalskala* (oder *Rangskala*) gemessen werden. Ordinalskalen besitzen die Eigenschaft, dass sie (streng) monoton transformiert werden können, ohne ihre Aussagekraft zu verändern. Die Merkmalsausprägungen seien bereits durch Zahlen kodiert, d. h., jeder Merkmalsausprägung soll bereits eine Zahl zugeordnet sein. Man spricht dann von einer monotonen Transformation, wenn den Merkmalsausprägungen andere Zahlen so zugeordnet werden, dass die Größer-kleiner-Beziehungen zwischen den Zahlen der ursprünglichen Zuordnung bei den Zahlen der neuen Zuordnung erhalten bleiben. Mathematisch sagt man daher: Eine Ordinalskala liegt fest bis auf monotone Transformationen.

**Beispiel 5.2: Ordinalskala**

Gegeben sei das Merkmal „Leistung in einem Seminar". Hierbei handelt es sich um ein Rangmerkmal mit den Merkmalsausprägungen: „sehr gut", „gut", „befriedigend", „ausreichend" und „nicht ausreichend".

Es entspricht unserer Konvention, diesen Merkmalsausprägungen die Zahlen 1 bis 5 zuzuordnen, sprich „1 – sehr gut", „2 – gut", „3 – befriedigend", „4 – ausreichend" und „5 – nicht ausreichend". Zwischen diesen Zahlen herrscht eine Ordnungsrelation, d. h. 1 ist besser als 2, 3 ist besser als 5 usw. Man kann jedoch nicht sagen, dass eine 4 doppelt so schlecht ist wie eine 2 oder der Abstand zwischen 1 und 3 genauso groß ist wie zwischen 3 und 5.

Natürlich kann man mit der obigen Konvention brechen und etwa den Leistungen Zahlen wie folgt zuordnen: „2 – sehr gut", „5 – gut", „6 – befriedigend", „18 – ausreichend" und „20 – nicht ausreichend". Wenn man so verfährt, hat man die Ordinalskala monoton transformiert, da die Ordnungsrelation nicht zerstört wird. Nach wie vor gilt: 2 ist besser als 5, 5 ist besser als 6 usw.

### 5.2.3 Quantitative Merkmale und die metrische Skala

*Quantitative Merkmale* zeichnen sich dadurch aus, dass ihre Ausprägungen reelle Zahlen sind, für die eine feste Metrik vorgegeben ist. Hierbei bedeutet Metrik nur, dass neben der Ordnungsrelation zusätzlich ein fester Abstandsbegriff vorgegeben ist. Quantitative Merkmale werden daher auf einer *metrischen Skala* gemessen.

### Diskrete und stetige Merkmale

Bei quantitativen Merkmalen lassen sich diskrete und stetige Merkmale unterscheiden. *Quantitativ-diskrete* Merkmale besitzen einzelne isolierte Zahlen als Ausprägung, die abzählbar sind. Die Ausprägungen heißen abzählbar, wenn jeder Ausprägung eine natürliche Zahl eindeutig zugeordnet werden kann. Es kann also durchaus quantitativ-diskrete Merkmale mit unendlich vielen möglichen Ausprägungen geben. Im Regelfall handelt es sich hierbei um so genannte *Zählvariablen*. Beispiele für quantitativ-diskrete Merkmale sind Haushaltsgröße, Anzahl der Personen in einem Hörsaal oder Anzahl der gerauchten Zigaretten pro Tag.

*Quantitativ-stetige* Merkmale besitzen hingegen Ausprägungen, die ein ganzes Zahlenintervall ausfüllen, also beliebig nah beieinanderliegen können. Diese Ausprägungen sind nicht mehr abzählbar. Beispiele für quantitativ-stetige Merkmale sind Entfernung, Größe, Zeit, Gewicht, Temperatur. Bei den quantitativ-stetigen Merkmalen tritt das Problem auf, dass das Messinstrument die Ausprägungen nicht beliebig genau messen kann. Daher verliert man beim Messen dieser Ausprägungen oftmals diese stetige Eigenschaft, und in einer konkreten Erhebung ist auch ein stetiges Merkmal „diskret": In diesen Fällen ist die Merkmalsausprägung ein gerundeter Wert, der alle Zahlen eines Intervalls repräsentiert. Hierbei hängt die Länge des Intervalls von der Messgenauigkeit ab.

### Intervallskala und Verhältnisskala

Metrische Skalen besitzen oftmals einen natürlichen Nullpunkt. Beispiele hierfür sind Messungen von Zeit, Längen oder Volumen. Ist ein solcher natürlicher Nullpunkt vorhanden, dann sind Verhältnisse vernünftig interpretierbar. So kann man etwa sagen, dass 10 cm doppelt so lang sind wie 5 cm oder dass 2 Sekunden die Hälfte von 4 Sekunden sind. In diesem Fall spricht man von einer *Verhältnisskala*. In anderen Fällen ist dagegen der Nullpunkt willkürlich festgelegt, wie beispielsweise bei der Temperaturmessung in Grad Celsius. Hier ist es nicht mehr zulässig zu sagen, dass eine Temperatur von 4 Grad Celsius doppelt so warm ist wie eine Temperatur von 2 Grad Celsius. Aber zumindest existiert zwischen den einzelnen Graden ein fester Abstand (Metrik). So ist etwa die Differenz zwischen 2 Grad Celsius und 4 Grad Celsius die gleiche Differenz wie zwischen 28 Grad Celsius und 30 Grad Celsius. Ist bei einer metrischen Skala nur der Abstand (sinnvolle Operationen bezüglich Addition und Subtraktion), nicht aber das Verhältnis (sinnvolle Operationen bezüglich Multiplikation und Division) zweier oder mehrerer Merkmalsausprägungen zueinander sinnvoll interpretierbar, dann spricht man von einer *Intervallskala*.

Eine Verhältnisskala kann immer dann verwendet werden, wenn eine beliebige Merkmalsausprägung als Maßeinheit dienen kann und die Merkmalsausprägung einer Untersuchungseinheit durch „hintereinanderlegen" dieser Maßeinheit messbar ist. Extensiv metrische Merkmale können demzufolge auf einer Verhältnisskala gemessen werden, während intensiv metrische Merkmale nur auf einer Intervallskala messbar sind.

### Lineare Transformationen

Eine Umrechnung, bei der man einen Wert erhält, indem man den anderen mit einer Konstanten multipliziert und eine Konstante addiert, nennt man *lineare Transformation*. Metrische Skalen besitzen die Eigenschaft, dass sie linear transformierbar sind. Sie liegen also bis auf lineare Transformationen eindeutig fest.

### Beispiel 5.3: Lineare Transformation

Bleibt man beim Beispiel Temperatur, dann lässt sich die Angabe der Temperatur in Grad Celsius (Merkmal $X$) auch in Grad Fahrenheit (Merkmal $Z$) wie folgt umrechnen:

$$Z = 32 + \frac{9}{5}X$$

### Praktische Aspekte

In der Praxis wird die Entscheidung, ob ein Merkmal als metrisch oder ordinal skaliert angesehen werden kann, in manchen Fällen kontrovers diskutiert. Im Einzelnen ist dabei zu prüfen, ob eine Metrik, d. h. ein Abstandsmaß, sinnvoll definiert ist. Die Verwendung einer metrischen Skala für Schulnoten oder Punktwerte bei einer Befragung ist genau dann zulässig, wenn Abstände zwischen den einzelnen Noten bzw. Punktwerten sinnvoll definiert sind. Wenn man also der Meinung ist, dass der Abstand zwischen der Note „1" und der Note „2" gleich dem Abstand zwischen „3" und „4" ist usw., kann man durchaus eine metrische Skala verwenden und z. B. sinnvoll Notendurchschnitte bilden.

## 5.3 Skalierungsverfahren

Um aus Messungen im Rahmen sozialwissenschaftlicher Erhebungen Daten zu erhalten, die erstens die verwendeten theoretischen Konstrukte adäquat repräsentieren und zweitens für eine leistungsfähige statistische Auswertung geeignet sind, muss man für eine angemessene Datenqualität sorgen. Häufig ist es hierfür angebracht,

| Übersicht der verschiedenen Merkmals- und Skalenarten | | |
|---|---|---|
| **Skalentyp** | **Zulässige Transformation** | **Invariante** |
| Nominalskala | Jede umkehrbare Funktion | Eindeutigkeit der Messwerte |
| Ordinalskala oder Rangskala | Jede streng monoton steigende Funktion | Rangordnung der Messwerte |
| Intervallskala | Jede lineare Funktion $f(x) = a + bx$ mit $b > 0$ | Verhältnisse von Differenzen zwischen Messwerten |
| Verhältnisskala | Jede Funktion $f(x) = bx$ mit $b > 0$ | Verhältnisse von Messwerten |

**Tabelle 5.1:** Übersicht der verschiedenen Skalenarten mit ihren zulässigen Transformationen und Invarianten

Skalen zu *konstruieren*, die aus mehreren einzelnen Messungen zusammengesetzt sind. Zu diesem Zweck wurden unterschiedliche *Skalierungsverfahren* entwickelt. Es gibt eine große Zahl derartiger Verfahren, von denen wir hier nur einen Teil präsentieren (für eine ausführliche Behandlung vgl. SCHEUCH und ZEHNPFENNIG 1974; SIXTL 1982).

Das Ziel aller Skalierungsverfahren liegt darin, durch die Erhebung eines oder mehrerer Indikatoren das zu messende Merkmal möglichst reliabel und valide wiederzugeben. Ein wichtiges Unterscheidungskriterium ist hierbei, wer letztlich über die numerische Ausprägung einer Messung entscheidet. Bei den *direkten Verfahren* ist es die Versuchsperson bzw. der Befragte, der eine quantitative Einordnung trifft. Das geschieht dadurch, dass er durch eine

Einschätzung auf einer Bewertungsskala den Grad seiner Zustimmung zu einem Statement ausdrückt. Bei den *indirekten Verfahren* gibt die Versuchsperson lediglich Zustimmung oder Ablehnung bzw. die Präferenz zu einem Objekt gegenüber einem anderen an. Erst durch die Verwendung geeigneter Verfahren unter der Annahme bestimmter Messmodelle werden diese Informationen in eine quantitative Aussage transformiert. Für viele Forschungsfragen findet man geeignete und bereits getestete Skalen in Skalenhandbüchern wie z. B. dem ZUMA-Skalenhandbuch (ZENTRUM FÜR UMFRAGEN, METHODEN UND ANALYSEN 1982) bzw. dessen Weiterentwicklung ZIS (ZENTRUM FÜR UMFRAGEN, METHODEN UND ANALYSEN 2006).

### 5.3.1 Direkte Skalierung: Rating

Die Grundlage für komplexere Skalierungsverfahren ist das *Rating*, ein einfaches und häufig verwendetes Verfahren. Dabei wird ein Beurteiler gebeten, ein Objekt auf einer mehrstufigen Skala einzuordnen oder die Zustimmung für eine Aussage zu formulieren, etwa in der gleichen Art und Weise, in der ein Lehrer eine Klausur mit Noten zwischen 1 und 6 bewertet. Rating zählt zu den direkten Skalierungsverfahren, da es allein die Versuchsperson ist, die darüber entscheidet, wie groß der Messwert ausfällt. Es ist vorteilhaft, die einzelnen Ausprägungen der Skala mit verbalen Beschreibungen zu versehen, die dem Beurteilenden die Einordnung erleichtern.

Rating-Verfahren sind laut SIXTL (1992, S. 146 ff.) gut geeignet zur Untersuchung von menschlichem Urteilsverhalten, eignen sich aber weniger zur objektiven Erfassung von Persönlichkeitsvariablen. Problematisch ist hier die Festlegung des Skalenniveaus. Man hat es mindestens mit ordinalem Skalenniveau zu tun. Wollte man die Skala als Intervallskala (vgl. Kap. 5.2) betrachten, müsste sichergestellt sein, dass die Abstände zwischen den einzelnen Kategorien gleich sind. Bei den in den Sozialwissenschaften untersuchten

Phänomenen lässt sich die Annahme gleicher Abstände zwischen den Skalenabstufungen in der Regel weder nachweisen noch widerlegen. Wenn keine guten Gründe dagegen sprechen (also wenn es keine Hinweise auf die Ungleichheit der Abstände gibt), ist die Betrachtung als Intervallskala in der Praxis akzeptabel. Zwei Aspekte müssen beim Einsatz von Rating-Skalen beachtet werden. Der erste betrifft die Anzahl der Abstufungen: Je mehr Ausprägungen eine Rating-Skala besitzt, desto besser lässt sich damit zwischen unterschiedlichen Einschätzungen differenzieren, desto mehr Information erhalten wir durch die Messung. Andererseits darf die Fähigkeit der einschätzenden Person zur Differenzierung zwischen den einzelnen Abstufungen nicht überschätzt werden. In der Praxis haben sich Rating-Skalen mit fünf bis sieben Ausprägungen bewährt. Der zweite Aspekt betrifft die Verwendung einer geraden oder ungeraden Zahl von Abstufungen. Das Vorliegen einer Mittelkategorie bei ungerade abgestuften Skalen kann sinnvoll sein, wenn man demjenigen, der seine Einstellung auf der Skala ausdrücken soll, die Möglichkeit geben will, eine neutrale Position einzunehmen. In anderen Fällen will man aber ausschließen, dass sich Beurteiler in ein „Unentschieden" flüchten, hier ist die Verwendung einer geradzahligen Skala sinnvoll. Es sollte von Fall zu Fall entschieden werden, ob eine Mittelkategorie angemessen ist oder nicht.

## 5.3.2 Indirekte Verfahren

Im Gegensatz zu den direkten Verfahren, in denen eine Person einem Objekt eine bestimmte Ausprägung eines Attributs zuordnet, wird bei den indirekten Verfahren ein Skalenwert aus einer Reihe von Einschätzungen gebildet, die sich nicht direkt auf die zu untersuchende Eigenschaft beziehen. Für die Skalenkonstruktion steht eine Reihe unterschiedlicher Modelle und Verfahren zur Verfügung.

### 5.3.3 Die Likert-Skala

Bei Persönlichkeitsvariablen, die als latente, also nicht direkt messbare Eigenschaften einer Person einzuordnen sind, ist es nicht möglich, einfache Rating-Skalen zur Messung zu verwenden. Hier versucht man, mehrere Items additiv so zusammenzufassen, dass die resultierende Variable die zu untersuchende latente Eigenschaft möglichst gut repräsentiert. Ein leicht zu realisierendes Skalierungsverfahren zur Messung derartiger Variablen ist die *Likert-Skala* (LIKERT 1932). Das *Verfahren der summierten Einschätzungen* geht von der Annahme aus, dass sich eine Einstellung (oder eine andere Persönlichkeitsvariable) in einer Reihe manifester, also direkt messbarer Verhaltensweisen oder Meinungen äußert. Die Ausprägung der latenten Persönlichkeitsvariable variiert mit den Ausprägungen dieser Indikatoren. Da die Testpersonen ihre Antworten auf Rating-Skalen vornehmen, ist die Likert-Skalierung zu den direkten Verfahren zu zählen.

Um etwa in einer Befragung ein latentes Persönlichkeitsmerkmal (wie Aggressivität, Autoritarismus oder Überredbarkeit) zu erfassen, legt man eine Liste von Statements vor (*Items*). Der Befragte soll angeben, wie stark er diesen Statements zustimmt, z. B. auf einer Skala von 1 bis 5, wobei 1 „trifft überhaupt nicht zu" und 5 „trifft voll und ganz zu" bedeutet. Addiert man die Antworten auf die einzelnen Statements, erhält man einen Indikator, der das latente Merkmal besser wiedergibt als jedes einzelne Statement für sich. Die Anwendbarkeit dieser Skala setzt voraus, dass alle Statements Indikatoren für die *gleiche* latente Variable sind, also eine *eindimensionale* Skala bilden. Um eine optimale Skala zu erhalten, wählt man aus einer möglichst großen Zahl von Statements diejenigen aus, die die zu messende Eigenschaft am besten wiedergeben, die die Personen mit hohen Werten für die zu messende Variable von denjenigen mit niedrigen Werten am besten trennen. Mit den statistischen Verfahren der *Item-Analyse* und der *Faktorenanalyse* kann überprüft werden, ob die gebildete Skala das Kriterium der

Eindimensionalität erfüllt. Verfahren zur Skalierung werden insbesondere in der psychologischen Forschung sehr intensiv diskutiert (siehe dazu z. B. BÜHNER 2006). Grundsätzlich sollte man bei einer Untersuchung, wenn es möglich ist, auf bereits vorhandene und in der Forschungspraxis erprobte Skalen zurückgreifen. Dies sichert einerseits die Vergleichbarkeit der Ergebnisse mit früheren Arbeiten und reduziert andererseits den Aufwand erheblich. Falls für die Forschungsfrage keine geeigneten Skalen existieren, sollte die Auswahl der Items für die Skalenkonstruktion am besten im Rahmen einer Voruntersuchung stattfinden.

### 5.3.4 Das semantische Differential

Das semantische Differential geht auf die Arbeiten von OSGOOD, SUCI und TANNENBAUM (1957) zurück. Die Grundannahme hinter diesem Messverfahren besteht darin, dass sich die Bedeutung eines Objekts anhand eines dreidimensionalen semantischen Raums beschreiben lässt: *Bewertung* (*evaluation*), *Aktivität* (*activity*) und *Stärke* (*potency*). Bei der Anwendung des semantischen Differentials wird einer Reihe von Personen eine Liste mit gegensätzlichen Adjektiven präsentiert, die Konnotationen zu einem Objekt darstellen. Die Beurteiler sollen auf einer mehrstufigen Skala (meist sieben, häufig auch fünf Abstufungen) jeweils angeben, welcher der beiden Pole auf das Objekt zutrifft. Bei der Auswertung wird versucht, aus den Antworten mit Hilfe faktorenanalytischer Techniken die oben angeführten Dimensionen zu rekonstruieren. In vielen Anwendungen ist der theoretische Bezug, die Annahme eines dreidimensionalen semantischen Raums, in den Hintergrund gerückt. Man beschränkt sich darauf, Objekte anhand einer Reihe von Gegensatzpaaren beschreiben zu lassen und die Ergebnisse in der Form anschaulicher *Polaritätenprofile* darzustellen, die einen leichten optischen Vergleich der Beschreibung eines Objekts durch verschiedene Personengruppen oder verschiedener Objekte durch eine Gruppe von Personen ermöglichen.

167

### 5.3.5 Weitere Skalierungsverfahren

Für eine Reihe spezifischer Anforderungen gibt es weitere Verfahren, z. B. die Thurstone-, Guttman- oder Coombs-Skalierung (vgl. HAND 2004, S. 87 f.).

## 5.4 Die Befragung

Messungen im Bereich der sozialwissenschaftlichen Forschung erfordern Instrumente, mit denen menschliches Denken, Fühlen und Handeln erfasst werden kann. Datenerhebungsverfahren bilden das Gerüst für die Durchführung entsprechender Messungen. Das wichtigste Verfahren, um kognitive und emotionale Attribute zu erfassen, ist die Befragung, die im Vordergrund der folgenden Betrachtungen stehen wird. Ihre Grenzen findet die Methode der Befragung beim menschlichen Handeln, das durch die Beobachtung zuverlässiger erfasst werden kann. Diees gilt auch für die Untersuchung der Manifestationen kommunikativen Handelns. Hier kommt die Inhaltsanalyse zum Einsatz.

### 5.4.1 Ziel der Befragung

Mit Hilfe einer Befragung lassen sich alle Aspekte menschlichen Denkens und Handelns erheben, die verbal reproduzierbar sind. Es gibt eine Vielzahl unterschiedlicher Befragungstechniken, unter denen die strukturierte, standardisierte Befragung am häufigsten zum Einsatz kommt.

Das Interesse an der Verteilung von Meinungen, Einstellungen, Wissen sowie geplanten und abgeschlossenen Handlungen von Individuen und Gruppen besteht seitens verschiedener gesellschaftlicher Akteure: Politiker und Parteien, die über die politische Stimmung Bescheid wissen möchten, Unternehmen, die am Konsumverhalten interessiert sind, Medienbetriebe, die Informationen über die Reichweite ihrer Angebote benötigen. Man könnte auch sagen, Bevölkerungsumfragen erfüllen die Funktion der Selbstbeobachtung der Gesellschaft: Massenmedien publizieren die Ergebnisse von Befragungen, um ihren Rezipienten auf diesem Weg Hilfestellung bei der sozialen Orientierung zu geben, um ihnen deutlich zu machen, welche Meinungen in der Gesellschaft akzeptiert oder abgelehnt werden oder welche Verhaltensweisen ihre Mitbürger an den Tag legen. Vor jeder größeren Wahl werden Befragungen unter den Wählern durchgeführt, um das Wahlverhalten zu prognostizieren. Das ZDF veröffentlicht in regelmäßigen Abständen das „Politbarometer", mit dessen Hilfe Aussagen über die Popularität von Politikern, die Wichtigkeit von Themen und die Verteilung der Meinungen zu politischen Streitfragen getroffen werden können. Doch nicht nur im Bereich der Politik ist die Umfrageforschung ein wichtiges Instrument, Umfragen werden auch in anderen Bereichen durchgeführt. Einige Beispiele sollen das illustrieren.

- Soziales: Umfragen zu Wohnsituation, Freizeitverhalten, Arbeitsbedingungen
- Marketing: Konsumforschung, Verbraucheranalyse, Typologie der Wünsche
- Medienforschung: Media-Analyse, Funkanalyse Bayern

Umfrageergebnisse können dazu dienen, wissenschaftliche Theorien durch empirische Resultate zu stützen. Sie werden aber auch dazu verwendet, bestimmten Standpunkten in Streitfragen besonderes Gewicht zu verleihen. So erscheint in der politischen Diskussion die Forderung nach einer bestimmten politischen Maßnahme umso legitimer, je größer der Anteil der Bevölkerung ist, der einer solchen Maßnahme grundsätzlich zustimmt. Häufig beruhen die Umfrageergebnisse, die für derartige Behauptungen über die öffentliche Meinung herangezogen werden, allerdings auf methodisch fragwürdigen Vorgehensweisen. Massenmedien beschränken sich bei der Veröffentlichung von Umfrageergebnissen häufig nur auf das scheinbar Notwendigste: die prozentuale Verteilung der Antworten auf die wichtigsten Fragen. Das Publikum hat keine Möglichkeit, auch nur im Ansatz festzustellen, ob die dargestellten Ergebnisse tatsächlich etwas über die Verteilung von Meinungen oder Verhaltensweisen in der Bevölkerung aussagen oder ob sie auf verzerrten und manipulierten Messungen beruhen. Auch Politiker, die in Umfragen einen Spiegel der öffentlichen Meinung sehen, wären schlecht beraten, wenn sie die Ergebnisse von Befragungen blind akzeptieren würden. Jede publizierte Prozentzahl über „die öffentliche Meinung" ist immer eine Mischung aus der tatsächlichen Meinung und mehr oder weniger großen Verzerrungen, die durch die Methode der Befragung hinzugefügt werden.

## 5.4.2 Befragungsformen im Überblick

Bevor wir uns mit den Problemen der Durchführung einer Befragung beschäftigen, wollen wir zunächst die wichtigsten Befragungsformen und ihre wesentlichen Eigenschaften kennen lernen. Wir teilen dabei die Befragungsarten danach ein, über welches Medium mit der ausgewählten Person kommuniziert wird.

### Das persönlich-mündliche Interview

Bei dieser Befragungsform führt ein Interviewer ein Gespräch mit einer einzelnen Person und stellt ihr eine Reihe von Fragen. Im Allgemeinen sind die Formulierungen und die Reihenfolge der Fragen fest vorgegeben, und bei den Antworten hat der Befragte nur die Möglichkeit, zwischen einigen Antwortvorgaben zu wählen. Man spricht dann von einer *standardisierten Befragung.* Zur Erleichterung der Durchführung und der Weiterverarbeitung werden bei persönlich-mündlichen Interviews inzwischen häufig Computer eingesetzt (CAPI = Computer Aided Personal Interview). Die Fragen werden von einem Monitor abgelesen und die Antworten direkt in den Computer eingegeben. Auf diese Art und Weise werden der Druck der Fragebögen und die gesonderte Erfassung der Antworten eingespart, was einen Zeit- und Kostenvorteil bringt. Auch die Interviewstrukturierung profitiert von der Computerunterstützung, z. B. kann man Fehler bei der Filterführung (vgl. Kap. 5.5.1, S.

183) ausschalten. Persönliche Interviews können im Haushalt der Befragten durchgeführt werden, aber auch an einem öffentlichen Ort. Soll die Befragung im Haushalt stattfinden, dann ist die Auswahl der gewünschten Interviewpartner in der Regel mit erheblichem Aufwand verbunden, der allerdings bei korrekter Durchführung mit einer qualitativ hochwertigen Stichprobe belohnt wird.

## Die telefonische Befragung

Die hohen Kosten, die in einer persönlichen Befragung entstehen, lassen sich deutlich reduzieren, indem man die Interviews telefonisch durchführt. Dabei hat sich seit einigen Jahren die Verwendung des so genannten Computer Aided Telephone Interviews (CATI) durchgesetzt, das – entsprechend dem Einsatz von CAPI – Kosten- und Zeitersparnisse ermöglicht. Die Stärke der telefonischen Befragung liegt vor allem darin, dass sie eine schnelle und vergleichsweise kostengünstige Durchführung standardisierter Interviews ermöglicht. Nachteile liegen darin, dass es für den Befragten leichter ist, das Interview abzubrechen, und dass nicht alle Befragungsformen über das Telefon abgewickelt werden können. So sind z. B. die Möglichkeiten des Interviewers, im Laufe der Befragung Materialien zu präsentieren, auf Tonbeispiele beschränkt. Bei der Verallgemeinerung der Ergebnisse einer Telefonbefragung muss berücksichtigt werden, dass die Grundgesamtheit (vgl. Kap. 3.1, S. 101) immer nur aus Haushalten mit Telefon bzw. deren Mitgliedern bestehen kann. Während man gegen Ende des 20. Jahrhunderts davon ausgehen konnte, dass eine private Telefonnummer mit einem Haushalt korrespondiert, ist die Zuordnung von Grundgesamtheiten und Telefonanschlüssen durch die Verbreitung neuer Telekommunikationsangebote – ISDN, Voice over IP, mobile Telefone – zunehmend komplizierter geworden.

## Die postalische Befragung

Bei der postalischen Befragung erhalten die ausgewählten Personen die Fragebögen mit der Post zugesandt. Der Fragebogen wird vom Befragten selbst ausgefüllt. Ein Nachteil dieser Befragungsform liegt darin, dass der Interviewpartner nur schwer zu motivieren ist, den Fragebogen auszufüllen. Beim Fragebogenaufbau und der Frageformulierung muss besondere Sorgfalt verwendet werden, da der Befragte keine Rückfragen stellen kann, wenn er etwas nicht versteht. In der Regel muss man mit langen Rücklaufzeiten rechnen, die Kontrolle des Fragebogen-Rücklaufs ist schwierig. Aber die schriftliche Befragung hat auch Vorteile: Sie bietet dem Befragten ein hohes Maß an Anonymität. Und sie ist vorteilhaft in Situationen, in denen der Befragte auf Informationen zurückgreifen muss, die er nicht greifbar hat.

## Computergestützte/Online-Befragungen

Lässt man den Befragten den Fragebogen nicht auf Papier, sondern an einem Computer ausfüllen, spricht man von einem Computer Aided Self Administered Interview (CASI). Der Computereinsatz bietet hier vergleichbare Vorteile wie beim Telefon und beim persönlichen Interview (bei dem CASI in jüngster Zeit als Alternative zu CAPI erprobt wird). Größere Verbreitung findet diese Befragungsform seit dem Erfolg des Internets, über das die Verteilung der Fragebögen an die Interviewpartner und die Abwicklung der Befragung erfolgt. Während E-Mail-Umfragen, bei denen die Fragebögen als Text-Dateien zwischen dem Durchführenden und den Interviewten hin- und hergesandt werden, nur wenig Vorteile bieten, ermöglicht die web-basierte Umfrage über HTML-Formulare eine schnelle Erfassung der Daten und präzise Filterführung. Ähnlich wie bei der postalischen Befragung ist die Kontaktqualität des Interviews gering einzuschätzen – der Befragte bleibt anonym und braucht keine sozialen Konsequenzen bei falschen Angaben oder einem Interviewabbruch zu befürchten. Da lediglich zwei von drei deutschen Haushalten über einen Computer mit Internetanschluss verfügen, ist die Durchführung von bevölkerungsrepräsentativen Umfragen nicht möglich. Ein weiteres Problem ist das Fehlen einer Grundlage für die Stichprobenziehung im Internet – hier muss man sich auf Teilpopulationen beschränken, bei denen diese Grundlage vorhanden ist (z. B. bei einer Kundenbefragung, bei der die E-Mail-Adressen der Kunden zur Verfügung stehen), oder die Stichprobe auf einem anderen Weg ziehen (z. B. über das Telefon).

## 5.5 Die Frage als Messinstrument

Fragen tauchen in allen Bereichen des täglichen Lebens auf, in manchen Berufen, z.B. im Journalismus spielt die Fähigkeit, die „richtigen" Fragen zu stellen, allerdings eine besonders große Rolle. Ähnlich wie der Journalist lernen muss, Fragen richtig zu formulieren, muss sich der Sozialforscher mit der Frage als Messinstrument für das Erhebungsverfahren der Befragung auseinandersetzen: Was für unterschiedliche Typen von Fragen gibt es? Welche Art von Informationen kann man mit diesen Fragen erheben? Was muss man bei der Formulierung von Fragen beachten? Von zentraler Bedeutung sind dabei die in Kapitel 5.1.3 behandelten Gütekriterien für die Messung.

### Fragekategorien

Fragen lassen sich nach unterschiedlichen Kriterien klassifizieren. Eine naheliegende Methode besteht darin, Fragen nach der Art des Gegenstandsbereichs, den sie betreffen, einzuordnen. Nach HOLM (1975, S. 32) ergibt sich folgende Einteilung:

- Faktfragen
- Wissensfragen
- Demographische Fragen
- Einschätzungsfragen
- Bewertungsfragen

- Einstellungsfragen
- Handlungsfragen

*Faktfragen* beziehen sich auf nachprüfbare Tatsachen, die dem Befragten ohne weiteres bekannt sind.

Bsp.: „Wie viele Fernsehgeräte gibt es in Ihrem Haushalt?"

*Wissensfragen* sollen ermitteln, ob der Befragte Kenntnis von bestimmten Dingen hat. Derartige Fragen finden sich häufig in Studien, die untersuchen, ob Rezipienten etwas aus den Medien lernen.

Bsp.: „Wie heißt der Generalsekretär der UNO?"

Außer Fragen, die sich auf die Kenntnis von Fakten beziehen, gibt es auch Fragen, die auf so genanntes Strukturwissen abzielen. Dieses Wissen bezieht sich auf komplexe Zusammenhänge, die durch wenige Fakten nicht abzudecken sind.

Bsp.: „Welche Linie verfolgt die SPD in der Umweltpolitik?"

Bei *Einschätzungsfragen* wird der Befragte gebeten, eine persönliche Schätzung über etwas abzugeben, was er nicht genau wissen kann, z. B. weil das entsprechende Ereignis noch gar nicht eingetroffen ist. Zu den Einschätzungsfragen gehören auch die so genannten *Klimafragen*, bei denen erfasst werden soll, wie die Einschätzung von Meinungen oder Einstellungen in der Bevölkerung aussieht.

Bsp.: „Was denken Sie, welches Thema wird gegenwärtig in der deutschen Bevölkerung am häufigsten diskutiert?"

*Bewertungsfragen* erfordern vom Befragten ein Werturteil über ein Objekt.

Bsp.: „Wie beurteilen Sie die Wirtschaftspolitik der Regierung?"

*Einstellungsfragen* haben, wie Bewertungsfragen, eine Wertungskomponente, sind aber komplexer. Einstellungen gegenüber einem Objekt bestehen aus unterschiedlichen Komponenten, die nicht nur eine Gut-schlecht-Dimension ausdrücken. Sie beziehen sich nicht auf eine einfache Bewertung eines Objekts, sondern sollen die Haltung einer Person gegenüber einem Objekt oder einem Sachverhalt möglichst vollständig ausloten.

Bsp.: „Halten Sie Doping im Spitzensport für ethisch vertretbar?"
(als Teil eines Sets mehrerer Fragen zum Thema)
*Handlungsfragen* beziehen sich auf durchgeführte, geplante oder
regelmäßig ausgeübte Handlungen. Man muss beachten, dass hier
entweder nur die – möglicherweise verzerrte – Erinnerung an eine Handlung gemessen wird oder eine Handlungsabsicht, die nicht
in tatsächlichem Verhalten münden muss. Fragen, die sich auf sozial positiv oder negativ sanktioniertes Verhalten beziehen, sind
besonders anfällig für Verzerrungen durch soziale Erwünschtheit
(vgl. Kap. 5.5).
Bsp.: „An wie vielen Tagen sehen Sie in einer durchschnittlichen
Woche fern?"

## Geschlossene und offene Fragen

Eine weitere Klassifikationsmöglichkeit besteht darin, Fragen danach einzuordnen, ob der Befragte seine Antwort frei geben kann
oder nur die Auswahl zwischen vorgegebenen Antwortmöglichkeiten hat. Im letzteren Fall werden die Antwortmöglichkeiten explizit
angegeben, um Missverständnisse zu vermeiden und sicherzustel-
len, dass man keine Antworten erhält, die aus dem Rahmen fallen.
Man spricht von *geschlossenen* Fragen. Die Zahl der Antwortkategorien, die der Forscher vorgibt, ist im Prinzip beliebig groß.
Man muss aber bedenken, dass zu viele Kategorien die Auswahl
für den Befragten erschweren und bei der Durchführung der Befragung schwer zu handhaben sind. Daher wird man im Allgemeinen
nur wenige Antwortvorgaben wählen. Dies gilt insbesondere für
Telefonbefragungen, in denen der Befragte keine optische Unterstützung zur Verfügung hat. Im Gegensatz zu den *geschlossenen*
spricht man von *offenen* Fragen, wenn die Antwortmöglichkeiten
des Befragten nicht von vornherein eingeschränkt werden.
Der Vorteil geschlossener Fragen liegt darin, dass der Forscher von
vornherein festlegen kann, welche Antworten überhaupt möglich
sind. Eine derartige Vorstrukturierung ist nützlich, wenn man Vor-

annahmen über die potentiellen Antworten treffen kann. Das ist z. B. immer dann gegeben, wenn die Antworten in Form von Bewertungsskalen (vgl. Kap. 5.3.1) gegeben werden sollen. Auch die Vorgabe einer Rangordnung impliziert in jedem Fall eine Vorstrukturierung der Antworten durch den Forscher. Geschlossene Fragen haben weiterhin den Vorteil, dass sie in der Auswertung leichter zu handhaben sind.

Offene Fragen sollten verwendet werden, wenn man keine klare Vorstellung davon hat, welche Antworten auftreten können, und die Bandbreite der Reaktionen auf die Frage explorativ erkundet werden soll. Offene Fragen sind aber auch als Auflockerungselemente im Fragebogen wichtig. Sie geben dem Befragten das Gefühl, nicht einfach ausgefragt zu werden, sondern die eigene Meinung äußern und ausformulieren zu können. Dies ist vor allem dann wichtig, wenn die Population aus einer Bevölkerungsgruppe besteht, die gewohnt ist, ihre Ansichten frei zu formulieren (Politiker, Journalisten etc.).

Der Vorteil offener Fragen wird mit einem erhöhten Verarbeitungsaufwand erkauft. Will man offene Fragen zusammen mit den anderen Fragen auswerten, müssen sie vor der Weiterverarbeitung einer Inhaltsanalyse (vgl. Kap. 5.8) unterzogen werden.

Als Ergebnis einer Befragung erhält man für jede befragte Person eine Reihe von Antworten, die in numerischer oder Textform vorliegen. Die numerische Information, die man als Antwort auf eine Frage erhält, stellt in der späteren Auswertung eine Merkmalsausprägung der entsprechenden Variablen dar. Beim Zusammenstellen der Fragen und der Antwortmöglichkeiten sollte man sich frühzeitig Gedanken machen, in welcher Art und Weise man den Fragebogen auswerten möchte, welche statistischen Methoden zum Einsatz kommen sollen und welches Skalenniveau die Variablen dafür haben müssen. In Kapitel [Skalierungsverfahren] ist eine Reihe von Techniken beschrieben, mit deren Hilfe man einfache und komplexe Sachverhalte messen kann.

Häufig benötigt man Informationen über bestimmte Sachverhalte, die nicht durch eine einzige Frage erfasst werden können. Dies ist z. B. bei Einstellungsfragen (vgl. S. 174) der Fall. Üblicherweise werden die entsprechenden Fragen dann in der Form von Itemlisten angeordnet. Item ist dabei die Bezeichnung für eine gestellte Frage, ein zu bewertendes Objekt oder ein Statement, für das man Zustimmung oder Ablehnung erfragt.

### Frageformulierung

Die Fragen, die in einer Umfrage gestellt werden, sind Messinstrumente, die Aspekte sozialer Realität messen sollen. Dazu müssen diese Instrumente möglichst gut die Anforderungen an eine Messung (vgl. Kap. 5.1.3) erfüllen. Die Forderung nach einer zuverlässigen Messung setzt voraus, dass die Fragen *verständlich* sind. Das heißt, die Fragen müssen von allen Befragten eindeutig interpretierbar sein. Wir müssen uns also Gedanken darüber machen, wer die Befragten sind, welche Sprache sie verwenden, mit welchen Formulierungen sie vielleicht Schwierigkeiten haben könnten. Bei bevölkerungsrepräsentativen Umfragen ist die Bandbreite des Sprachniveaus beträchtlich. Um für alle verständlich zu sein, müssen sich die Fragen an einer eher einfachen Sprachverwendung orientieren. In der Praxis heißt das:

- kurze Wörter
- Vermeidung von Fremdwörtern
- konkrete Begriffe anstatt abstrakter Formulierungen
- kurze Sätze (etwa acht bis zehn Wörter)
- Sätze mit einfacher syntaktischer Struktur; keine Verschachtelungen, Passivkonstruktionen, doppelte Verneinungen etc.

Bei der Frageformulierung sollte man zwei Regeln befolgen:

- Vor der eigentlichen Befragung einen *Pretest* durchführen, in dem die Verständlichkeit der Fragen an einer kleinen Gruppe von Personen überprüft wird.

- Bewährte Frageformulierungen für „Standardfragen" übernehmen.

Die Orientierung am „kleinsten gemeinsamen Nenner" hat einen Nachteil: Zu einfache Frageformulierungen können Befragte, die komplexere Sprache gewöhnt sind, verärgern. Die Ideallösung bei der Frageformulierung ist daher nicht die „einfachste" Formulierung, sondern diejenige, die gerade noch einfach genug ist, um von allen Mitgliedern der Zielpopulation verstanden zu werden.

Das Problem der Verständlichkeit hat einen weiteren Aspekt: Die Fragen sollen von allen Befragten *in gleicher Art und Weise* interpretiert werden. Um diesem Kriterium zu genügen, sollte man in der Frage möglichst Begriffe mit eindeutigen *Denotationen* verwenden, bzw. solche Begriffe vermeiden, die mit vielen *Konnotationen* befrachtet sind. Begriffe, die Assoziationen bei den Befragten hervorrufen, können zu systematischen Verzerrungen führen, denn derartige Assoziationen können individuell verschieden, aber auch gruppen- oder schichtspezifisch sein. Ist es nicht möglich, eine Frage so zu formulieren, dass eine gleichartige Interpretation durch alle Befragten gewährleistet ist, dann muss man sie so ergänzen, dass dem Befragten ein *eindeutiger Bezugsrahmen* mitgeliefert wird, der ihm eine Hilfestellung bei der Interpretation der Frage liefert.

Kein Messinstrument ist in der Lage, völlig fehlerfreie Ergebnisse zu liefern. Wir gehen davon aus, dass sich das Ergebnis einer Messung mit Hilfe einer Frage aus zwei Komponenten zusammensetzt: dem *wahren Wert* der gemessenen Größe und dem *Messfehler*. Im Kontext der Befragungsforschung spricht man auch von der *Eigendimension* und der *Fremddimension* einer Frage. Bei den Messfehlern können wir zwei Typen unterscheiden: Zufallsfehler und systematische Fehler. Zufallsfehler sind statistisch kalkulierbar: Sie können, da sie bei jeder Frage erneut zufällig auftreten, die vom Forscher angestellten Beobachtungen über den Zusammenhang von Variablen nicht beeinträchtigen. Systematische Fehler dagegen verzerren die Ergebnisse einer Umfrage. Diese Fehler entstehen dann, wenn die Antworten der Befragten nicht allein von der gestellten Frage abhängig sind, sondern von anderen, nicht kontrollierten Bedingungen (man spricht hier auch vom *Response Set* oder *Response Bias*). Wenn systematische Fehler nicht an eine einzelne Frage gebunden sind, sondern eine Gruppe von Fragen betreffen, dann wird man Zusammenhänge zwischen den entsprechenden Variablen feststellen, die nur darauf beruhen, dass sie vom gleichen systematischen Fehler verursacht wurden.

*Suggestivfragen*

Von einer Suggestivfrage spricht man, wenn durch die Formulierung der Frage dem Befragten eine Antwortrichtung nahegelegt wird – z. B., um sich damit einer scheinbar dominanten Sichtweise anzuschließen. Das Auftreten von *Suggestivfragen* in einem Fragebogen kann drei Ursachen haben: erstens kann es sich um einen Fehler bei der Frageformulierung handeln, zweitens um ein Mittel der Manipulation, drittens um eine bewusst verwendete Fragetechnik. Nur im dritten Fall sind Suggestivfragen legitim, wobei die entsprechenden Antworten mit Umsicht zu interpretieren sind.

Die Suggestivwirkung einer Fragestellung kann vermieden werden, indem möglichst wenig Information in der Frage enthalten ist, die den Befragten beeinflussen könnte. Häufig ist es aber notwendig, dem Befragten Informationen über den Gegenstand der Frage zu geben, weil man nicht davon ausgehen kann, dass alle Befragten ausreichendes Wissen darüber besitzen. In diesem Fall muss man versuchen, die Zusatzinformationen ausgewogen zu gestalten. Suggestionseffekte können nicht nur bei einzelnen Fragen auftreten, sondern auch in Fragesequenzen, wenn eine früher gestellte Frage eine bestimmte Richtung für die Beantwortung späterer Fragen vorgibt.

*Fehler der zentralen Tendenz*

Bei der Bewertung von Objekten vermeiden Befragte extreme Bewertungen. Sie neigen dazu, sich auf eine neutrale Mittelposition auf einer Bewertungsskala zurückzuziehen, insbesondere wenn die

Skala nur eine positive, negative und neutrale Haltung zulässt. Dies kann man durch eine feinere Abstufung der Skala vermeiden oder indem man durch Weglassen der Mittelkategorie den Befragten zwingt, sich für eine positive oder negative Tendenz zu entscheiden.

*Milde-Fehler*
Viele Personen scheuen sich davor, allzu harte Urteile abzugeben, und neigen zur positiven Seite einer Bewertungsskala.

*Fehler, die mit dem Aufbau der Urteilsskala zusammenzuhängen*
Die beiden wichtigsten Fehler auf diesem Gebiet:

- Sollen für eine Reihe von Objekten bezüglich einer Eigenschaft Beurteilungen vorgenommen werden, dann besteht eine Tendenz, Objekte, die auf der Liste direkt hintereinander aufgeführt sind, ähnlicher zu beurteilen, als solche, die weiter auseinanderliegen.
- Beim Ankreuzen einer Skala besteht die Tendenz, Kategorien, die links liegen, eher anzukreuzen, als solche, die rechts liegen. Legt man in einer Befragung eine Liste mit Bewertungen vor, dann sollte man darauf achten, dass abwechselnd negative und positive Bewertungen auf der linken Seite stehen.

*Soziale Erwünschtheit*
Die Durchführung eines Interviews beinhaltet immer eine soziale Situation, die „quasi-öffentlich" ist. Der Befragte sieht sich selbst in einer Rolle, deren Idealtypus er gerne entsprechen würde. Er wird daher auch Antworten geben, die dieser Rolle entsprechen, und sich von sozial negativ sanktionierten bzw. mit seiner Rolle nicht zu vereinbarenden Meinungen distanzieren. Um Verzerrungen aufgrund sozialer Erwünschtheit auszugleichen, muss man entweder auf die Verwendung indirekter oder projektiver Fragestellungen zurückgreifen oder geeignete indirekte Skalierungsverfahren verwenden (vgl. Kap. 5.3).

Die meisten Fragen, die wir in einer Befragung stellen, sind *direkter* Natur. Wir erkundigen uns dabei einfach nach einem bestimmten Sachverhalt oder einer Einschätzung. Es gibt aber auch Sachverhalte, die durch direkte Fragen nur unzureichend erfassbar sind. Dies betrifft insbesondere Bereiche, die eine sehr ausgeprägte Bewertung durch die Gesellschaft erfahren: Hier tritt, wie wir gesehen haben, das Problem der sozialen Erwünschtheit auf. Die Befragten antworten so, dass die von ihnen wiedergegebene Meinung oder das angegebene Verhalten die allgemein akzeptierten Normen und Werte widerspiegelt. Um diese Abwehrhaltung zu umgehen, verwendet man *indirekte* oder *projektive* Fragestellungen. Der Befragte ist nicht gezwungen, „Farbe zu bekennen", er gibt seine Einstellung preis, ohne sie direkt ausdrücken zu müssen.

Eine der Techniken der projektiven Fragestellung ist die Frage nach dem *allgemeinen Verhalten*. Der Befragte wird gebeten, seine Einschätzung abzugeben, wie sich eine größere Gruppe von Personen, der er angehört, verhält bzw. welche Meinung sie hat. Die Fragestellung nach dem allgemeinen Verhalten nutzt die Tatsache aus, dass viele Personen innere Sicherheit für einen Standpunkt aus der Annahme gewinnen, dass ihre Meinung von der Mehrheit geteilt wird. Allerdings ist es nicht zulässig, Antworten, die man auf derartige Fragen erhält, ohne weiteres als die Meinung des Befragten zu interpretieren. Möglicherweise hat der Befragte eine negative Einstellung gegenüber der Gruppe, deren Meinung er einschätzen soll (auch wenn er ihr selbst angehört), und will deren Verhaltensweise seiner eigenen als negatives Beispiel gegenüberstellen.

Andere Möglichkeiten der projektiven Fragestellung sind der experimentellen Psychologie entlehnt: *Assoziations-* und *Satzergänzungstests*. Man versucht mit diesen Frageformen eine spontane Reaktion des Befragten hervorzurufen, so dass er keine Chance hat, sich über die soziale Erwünschtheit seiner Meinung Gedanken zu machen. Eine andere Technik ist die der *anekdotenhaften Einkleidung*. Hier werden Widerstände des Befragten, eine nicht akzeptierte Meinung preiszugeben, dadurch umgangen, dass es ihm ermöglicht wird, in eine andere Rolle zu schlüpfen. Ganz auf verbale Präsentation verzichtet die *bildhafte Darstellung*. Diese Technik eignet sich sehr gut für die Befragung von Kindern, da diese auf komplexere verbale Fragestellungen nur wenig zuverlässige Antworten geben.

## 5.5.1 Der Fragebogenaufbau

Der Befragte wird eine Befragung in gewisser Hinsicht wie ein Gespräch interpretieren: als einen kontinuierlichen, strukturierten Dialog, als Fluss von Fragen und Antworten. Dieser Interpretation muss bei der Fragebogenkonstruktion Rechnung getragen werden. Fragen dürfen nicht zufällig hintereinanderstehen, der Fragebogen sollte in Gesprächsabschnitte gegliedert sein, und in jedem dieser Abschnitte sollte man sich an eine bestimmte Abfolge von Fragen unterschiedlicher Typen halten.

Bei der Platzierung von Gesprächsabschnitten im Fragebogen sollte man folgende Reihenfolge einhalten: Der Beginn einer Befragung gilt der Einführung in die Befragungssituation, der Festlegung der Rollen von Frager und Befragtem. Der Befragte soll dabei das Gefühl erhalten, dass seine Meinung wichtig ist und sein Gegenüber sich für seine Ansichten interessiert. Er darf auch nicht den Eindruck bekommen, dass ihn die Situation überfordert. Die Fragen im ersten Abschnitt sollten leicht zu beantworten und nicht zu persönlich sein. Man nennt solche Fragen auch *Eisbrecherfragen*. Eisbrecherfragen haben häufig nichts mit dem eigentlichen Ziel der Befragung zu tun und beziehen sich auf aktuelle, wenig kontroverse Themen, bei denen man allgemeines Interesse voraussetzen kann. Am besten sind Fragen, die langsam auf das eigentliche Thema hinführen.

Im Mittelteil des Fragebogens sollten die Fragen stehen, die für die Studie von zentralem Interesse sind. Diese Fragenkomplexe umfassen häufig längere zusammengehörende Itemlisten zu einem Thema. Es ist wichtig, dass der Befragte zu diesem Zeitpunkt des Interviews mit der Situation vertraut und von den vorhergehenden Fragen weder müdet noch misstrauisch geworden ist.

Am Schluss des Fragebogens werden die soziodemographischen

Fragen platziert. Es ist leicht zu vermitteln, dass man diese Fragen „nur für die Statistik" braucht, dadurch wird die Schwelle der Bereitschaft zur Beantwortung von Fragen, die manchmal kritisch sein können (z. B. zum persönlichen Einkommen), herabgesetzt.

Bei der Platzierung von Fragen innerhalb von Gesprächsabschnitten sollte man sich an folgende Reihenfolge halten: Zunächst spontane Haltungen, Bewertungen, Gefühle oder Erlebnisse erfassen. Es ist wichtig, dass spontane Äußerungen zu einem bestimmten Objektbereich nicht durch Vorfragen beeinflusst werden. Danach sollten Fragen zum Informationshintergrund gestellt werden. Zum Schluss stehen Fragen, die Meinungen und Einstellungen zu dem behandelten Gebiet betreffen.

### Fragesequenzen

**Trichtern**  Viele Sachverhalte können nicht durch Einzelfragen erfasst werden. Wenn wir uns z. B. dafür interessieren, welches Mediennutzungsverhalten die Befragten aufweisen, könnten wir damit beginnen, sie danach zu fragen, welche Medien sie in welchem Umfang nutzen, und dann mit der Erhebung spezifischer Nutzungsweisen einzelner Medien fortfahren. Eine andere Strategie wäre es, zunächst nach der Nutzung der Einzelmedien zu fragen und mit einer Frage zum Stellenwert der Medien in der Gesamtnutzung abzuschließen. Man spricht hier von *Trichtern*; beide Trichter-Richtungen (Allgemein → Spezifisch und Spezifisch → Allgemein) haben Vor- und Nachteile. Die Richtung „Allgemein → Spezifisch" sensibilisiert den Befragten für den Gesamtzusammenhang bei der Beantwortung spezifischer Fragen. Die umgekehrte Richtung ermöglicht es ihm, nach der Reflexion über Einzelaspekte eines Gebiets, besser über den gesamten Bereich Auskunft zu geben.

**Filterführung**  Von großer Bedeutung für die Ökonomie der Fragebogenkonstruktion ist die *Filterführung*. Es ist bei vielen Problemstellungen überflüssig, allen Personen alle Fragen zu stellen. Wenn wir danach fragen, ob eine Person zumindest gelegentlich fernsieht, und sie diese Frage mit „nein" beantwortet, dann ist es sinnlos, sie weiter zu fragen, wie viele Stunden sie pro Woche den Fernseher nutzt. Es ist sogar schädlich, denn der Befragte könnte anfangen, daran zu zweifeln, dass der Interviewer ihm überhaupt zuhört. Daher setzt man *Filter* ein, die dafür sorgen, dass nur Fragen gestellt werden, deren Beantwortung sinnvoll ist. Ein großer Vorteil von computerunterstützten Befragungen liegt darin, die Filterführung zu automatisieren und damit Fehler eliminieren zu können.

Wie bei der Frageformulierung lassen sich auch beim Aufbau des Fragebogens Fehler machen. Eine Hauptfehlerquelle liegt darin, über den Fragetext Informationen an den Befragten weiterzugeben, die später abgefragt werden sollen (z. B. wenn man Namen von Personen in Fragen nennt und später offen nach deren Bekanntheit fragt). Insbesondere bei schriftlichen (papier-basierten) Befragungen ist zu beachten, dass der Befragte den Fragebogen zunächst komplett lesen kann, bevor er mit der Beantwortung beginnt: Hier führt jede für die Beantwortung von Fragen relevante Information, die irgendwo im Fragetext steht, zu einer möglichen Verzerrung der Ergebnisse.

### Formale Kriterien

Ob ein Fragebogen als Messinstrument taugt, hängt nicht zuletzt davon ab, ob er auch äußerlich adäquat gestaltet ist. Die formale Gestaltung ist insbesondere dann von vorrangiger Bedeutung, wenn der Befragte den Fragebogen – oder Teile davon – selbst ausfüllen muss, was z. B. bei Online-Befragungen der Fall ist. Aber auch, wenn die Befragung mündlich durchgeführt wird, hilft ein übersichtlich gestalteter Fragebogen, Fehler zu vermeiden.

Ein Fragebogen besteht aus drei Komponenten: *Anweisungen* für den Interviewer (z. B. Filteranweisungen, die nicht für die Rezeption durch den Befragten bestimmt sind), den *Fragen* selbst und den *Vorgaben* für die Antwortkategorien. Die einzelnen Komponenten des Fragebogens sollten deutlich voneinander abgesetzt sein, damit der Interviewer keine Mühe hat, Anweisungen von Fragen zu trennen und den Filteranweisungen zu folgen.

Bei manchen Studien werden Fragen durch optische oder akustische Materialien ergänzt (man spricht hier auch von *Vorlagenfragen*). Bei der Erhebung des Bekanntheitsgrads und der Reichweiten von Radioprogrammen oder Printmedien ist es üblich, dass die Namen der untersuchten Medien nicht vorgelesen werden, sondern dass dem Befragten Kärtchen überreicht werden, auf denen die Namen stehen. Auf diese Art und Weise wird das Interview belebt und interaktiv gestaltet. Lange Fragesequenzen werden aufgelockert. Auch die Länge des Fragebogens gehört zu den formalen Erwägungen. Sie hängt primär vom Untersuchungsgegenstand ab, aber auch von der Überlegung, dass ein Befragter mit der Zeit ermüdet, überfordert oder gelangweilt sein kann oder sich anderen Tätigkeiten zuwenden will.

## 5.6 Die Situation der Befragung

Die Durchführung einer sozialwissenschaftlichen Befragung stellt für den Befragten immer eine Situation dar, die sich von der Alltagssituation unterscheidet. Je nach gewählter Befragungsform variieren die Rahmenbedingungen: Bei einem mündlich-persönlichen Interview entsteht eine Situation, in der die Beteiligten die Bedingungen ihrer Interaktion zunächst aushandeln müssen, eine Online-Befragung ähnelt dagegen eher dem Ausfüllen eines Formulars. Auf jeden Fall wird der Befragte, wenn er zur Teilnahme an einer Befragung aufgefordert wird, selbst einige Fragen stellen – und der Forscher bzw. der Interviewer muss darauf gute Antworten parat haben:

1. Was ist der Zweck der Befragung, wer ist der Auftraggeber? Hier sollte man dem Befragten so viele Informationen wie möglich zur Verfügung stellen, ohne dass das Ziel der Studie beeinträchtigt

wird. Dies kann z. B. der Fall sein, wenn die Fragestellung zu detailliert angegeben wird, so dass der Befragte beginnt, sich während der Befragung darüber Gedanken zu machen, in welchem Zusammenhang die Fragen mit dem Befragungsziel stehen. Bei universitärer Forschung gebietet es die Ethik, deutlich zu machen, ob eine Befragung rein wissenschaftlichen Zwecken dient oder im Rahmen eines kommerziellen Forschungsprojekts durchgeführt wird.

2. Was habe ich davon, meine Zeit für diese Befragung zu opfern? Dem Befragten muss verdeutlicht werden, worin der positive Nutzen seiner Beteiligung besteht. Bei nichtkommerzieller Forschung ist es häufig ausreichend, an den Altruismus des Interviewpartners zu appellieren. Bei kommerziellen und insbesondere bei längeren Befragungen kommen häufig materielle Anreize zum Einsatz, so genannte „Incentives": Diese können die Form kleiner (Geld-)Geschenke haben oder in der Teilnahme an einem Gewinnspiel bestehen. Die Verwendung von Incentives ist nicht unumstritten, da sie zwar in der Regel die Teilnahmebereitschaft – und damit die Ausschöpfung – erhöhen, unter Umständen aber eine generelle Verzerrung der Antworten verursachen können. Darüber hinaus bedeutet der Einsatz von Incentives zumeist eine Beeinträchtigung der Anonymität des Befragten.

3. Was passiert mit meinen Antworten? In den letzten Jahren ist leider die Tendenz zu beobachten, dass Pseudo-Umfragen mit Marketingaktionen verknüpft werden. Dementsprechend gibt es zunehmend Befürchtungen über den Missbrauch von Daten, die im Rahmen von Umfragen erhoben werden. Zu Beginn einer Befragung muss daher deutlich gemacht werden, dass eine Verarbeitung und Weitergabe der Daten nur in anonymisiertem Zustand erfolgt und dass persönliche Angaben vertraulich behandelt werden. Bei universitärer Forschung hilft hier die Legitimation durch die Institution der Hochschule, man sollte aber auf Transparenz bedacht sein und einen Ansprechpartner für Rückfragen und weiter gehende Informationen nennen.

# 5.7 Die Beobachtung

Interessiert sich der Forscher weniger für kognitive und affektive Prozesse, sondern für die Handlungen von Individuen und Gruppen, stellt die Beobachtung das bevorzugte Erhebungsinstrument dar. Auch im alltäglichen Leben ist die Beobachtung ein wichtiges Instrument zur Orientierung, diese Alltagsform ist allerdings sowohl bewussten als auch unbewussten Auswahlprozessen unterworfen. Man unterscheidet dabei die *selektive Zuwendung, selektive Wahrnehmung* und *selektive Erinnerung.* Ein zentrales Merkmal wissenschaftlicher Beobachtung, die auf ein bestimmtes Forschungsziel gerichtet ist, besteht in der Kontrolle dieser Auswahlprozesse.

## Gegenstand der Beobachtung

Beobachtet wird das Verhalten von Individuen, die Bedingungen dieses Verhaltens oder sein Ergebnis. Die Beobachtung kann dabei sowohl statisch als auch dynamisch orientiert sein. Statische Aspekte des Verhaltens sind Häufigkeit oder Auftreten von Verhaltensmustern. Bei der Beobachtung der dynamischen Struktur von Verhaltensprozessen wird das zeitliche Nacheinander einzelner Verhaltensmuster festgehalten. Im Gegensatz zur Befragung lassen sich durch die Beobachtung nur manifeste Aspekte des Verhaltens erfassen, aber keine latenten Dimensionen – wie Motive oder Ziele – die zur Erklärung des Verhaltens beitragen können.

## Formen der Beobachtung

Zunächst lässt sich zwischen strukturierter und nicht-strukturierter Beobachtung unterscheiden. Die strukturierte Beobachtung gibt dem Beobachter ein strenges Schema vor, das zwischen den für die Untersuchung relevanten und irrelevanten Verhaltensaspekten unterscheidet. Dabei ergibt sich als Nachteil, dass unvorhergesehene Ereignisse oder Verhaltensweisen nicht erfasst werden können.

Zweitens wird zwischen teilnehmender und nicht-teilnehmender Beobachtung unterschieden. Voraussetzung für eine teilnehmende Beobachtung ist, dass die zu beobachtende Gruppe von Individuen für den Beobachter zugänglich ist und dass für ihn eine – möglichst – natürliche Rolle vorhanden ist. Auch muss sichergestellt sein, dass der teilnehmende Beobachter seine Beobachtungen zeitnah protokollieren kann. Der Vorteil liegt bei dieser Form der Beobachtung darin, dass der Beobachter Verständnis für die Akteure entwickeln kann und so in die Lage versetzt wird, auch latente Merkmale zu erfassen. Die teilnehmende Beobachtung eignet sich eher für explorative, weniger für hypothesenprüfende Studien.

Die Beobachtung kann entweder offen oder verdeckt erfolgen. Bei der offenen Beobachtung haben die beobachteten Individuen Kenntnis von der Anwesenheit und der Rolle des Beobachters. Bei der verdeckten Beobachtung können sie zwar Kenntnis davon haben, dass der Beobachtende als Person anwesend ist, sind aber nicht über seine Rolle als Beobachter informiert. Oft sprechen ethische Gründe gegen eine verdeckte Beobachtung, in Einzelfällen ist die verdeckte Beobachtung aber notwendig, um den angestrebten Forschungszweck zu erreichen. Die verdeckte Beobachtung ist im Gegensatz zur offenen Beobachtung nicht reaktiv. Neben den ethisch-moralischen Bedenken ist mit der verdeckten Beobachtung auch ein technisches Problem verbunden: Der Beobachter muss einen Teil seiner Aufmerksamkeit darauf verwenden, seine Beobachtungstätigkeit zu verbergen und kann daher nicht seine ungeteilte Aufmerksamkeit den beobachteten Individuen widmen. Das Problem der Reaktivität der offenen Beobachtung schwächt sich ab, wenn die Beobachtung sich über einen längeren Zeitraum erstreckt. Die Beobachteten gewöhnen sich dann an die Anwesenheit des Beobachters. Voraussetzung dafür ist, dass die Beobachteten in einer in Bezug auf den Beobachter als sanktionsfrei empfundenen Situation sind.

Neben der Feldbeobachtung, d. h. neben der Beobachtung „vor

Ort", ist auch die Beobachtung in einer Laborsituation möglich. Die Laborbeobachtung ist meist Teil eines experimentellen Ansatzes. Der Vorteil der Laborbeobachtung liegt in der Möglichkeit, Stimuli kontrolliert zu setzen. Was die Problematik der Validität von Laborbeobachtungen angeht, sei hier auf Kap. 4 verwiesen.

## Das Beobachtungsschema

Die Durchführung einer wissenschaftlichen Beobachtung erfordert in der Regel – insbesondere im Fall der strukturierten Beobachtung – ein Beobachtungsschema. Dieses soll die Selektionsprozesse auf das Forschungziel hin ausrichten, indem es die Aufmerksamkeit des Beobachters auf für dieses Forschungsziel relevante Aspekte des Verhaltens der Beobachteten lenkt. Darüber hinaus erleichtert ein ausgearbeitetes Beobachtungsschema die zeitgleiche Protokollierung der Beobachtungen. Ein Beobachtungsschema enthält für jede Untersuchungseinheit (in der Regel eine Person) eine Reihe von Beobachtungsdimensionen. Jede dieser Beobachtungsdimensionen ist ein bestimmter Aspekt des Verhaltens einer Untersuchungseinheit. Für jede Beobachtungsdimension enthält das Beobachtungsschema mehrere Beobachtungskategorien. Hierunter versteht man die Merkmalsausprägungen des in einer Beobachtungsdimension erfassten Verhaltensaspekts.

Das Beobachtungsschema soll den Kriterien der Eindimensionalität, Ausschließlichkeit und Vollständigkeit genügen. Eindimensionalität bedeutet in diesem Zusammenhang, dass jede Beobachtungsdimension genau einem Aspekt des beobachtbaren Verhaltens entspricht. Ausschließlichkeit ist eine Forderung an die einer Beobachtungsdimension zugeordneten Beobachtungskategorien. Jedes beobachtete Ereignis darf nur einer Beobachtungskategorie zugeordnet werden können. Die Forderung nach Vollständigkeit des Kategorienkatalogs zu einer Beobachtungsdimension bedeutet, dass alle möglichen Ausprägungen des entsprechenden Verhaltensaspekts einer Beobachtungskategorie zugeordnet werden können.

Neben diesen formalen Kriterien muss ein Beobachtungsschema auch einer Reihe von inhaltlichen Anforderungen gerecht werden. Die Verhaltensaspekte, denen Dimensionen des Beobachtungsschemas entsprechen, müssen objektiv beobachtbar sein. Die einzelnen Beobachtungskategorien sollen deutlich formuliert sein. Die Zahl der Kategorien zu einer Beobachtungsdimension darf nicht zu groß sein, um ein sicheres und schnelles Arbeiten mit dem Beobachtungsschema zu ermöglichen. Für nicht eindeutig zuzuordnende Fälle ist eine Residualkategorie vorzusehen.

Bei der Konstruktion eines Beobachtungsschemas gibt es zwei Ansätze. Beim empirischen Ansatz wird im Rahmen einer explorativen Vorstudie versucht, die möglichen Ausprägungen der einzelnen Verhaltensaspekte zu erfassen. Aus den in der Vorstudie aufgetretenen Ausprägungen wird dann der Katalog der Beobachtungskategorien aufgestellt. Beim rationalen Ansatz wird versucht, die möglichen Ausprägungen der einzelnen Verhaltensaspekte analytisch zu erfassen. In der Praxis kommen diese beiden Konstruktionsprizipien meist gemischt zur Anwendung. Die in einer empirischen Vorstudie gewonnenen Beobachtungskategorien werden bei der Gestaltung des endgültigen Beobachtungsschemas aufgrund von analytischen Überlegungen ergänzt.

Trotz der Aufmerksamkeitslenkung des Beobachters bei der wissenschaftlichen Beobachtung bleibt dieses Erhebungsverfahren auf die subjektive Wahrnehmung des Beobachters angewiesen. Insofern ist in Frage zu stellen, inwieweit die Beobachtung als Erhebungsinstument reliabel sein kann. Wer dieses Erhebungsverfahren wählt, sollte sich darüber bewusst sein, dass verschiedene Beobachter identisches Verhalten nicht unbedingt gleich bewerten.

## 5.8 Die Inhaltsanalyse

Ein zentraler Gegenstand der Kommunikationswissenschaft sind die Kommunikationsinhalte. Das Instrument, das in der quanti-

tativen Kommunikationsforschung die dominierende Rolle bei der Untersuchung dieser Inhalte spielt, ist die Inhaltsanalyse:
„Die Inhaltsanalyse ist eine empirische Methode zur systematischen und intersubjektiv nachvollziehbaren Beschreibung inhaltlicher und formaler Merkmale von Mitteilungen." (FRÜH 2004) Gegenstand der Inhaltsanalyse können sämtliche Kommunikationsinhalte sein, auf semantischer, syntaktischer und formaler Ebene.

## Das Kategoriensystem

Zur zentralen Logik der systematischen Inhaltsanalyse gehört es, Medieninhalte in formale, syntaktische und semantische Kategorien zu zerlegen und diese möglichst zuverlässig numerisch zu erfassen. Die Kategorien stellen die Messinstrumente dar und müssen dementsprechend die Anforderungen nach Isomorphie, Reliabilität und Validität erfüllen. Die Konstruktion der Kategorien sollte zunächst theoriegeleitet erfolgen und sich an den für die Untersuchung formulierten Hypothesen orientieren. Die Kategorien sind Operationalisierungen der in den theoretischen Annahmen auftretenden Konstrukte. Insofern steht am Beginn der Kategorienkonstruktion die Überlegung zur Validität der verwendeten Kategorien. Außerdem muss die Kategorie weitere Anforderungen an ein Messinstrument erfüllen. Grundvoraussetzungen sind, dass eine Kategorie erschöpfend ist, also sämtliche Ausprägungen des zu untersuchenden Phänomens abdeckt und eindeutige Zuordnungen ermöglicht. Dies umfasst auch die Anforderung der Eindimensionalität.

Kategorien lassen sich einerseits nach dem verwendeten Skalenniveau einordnen, andererseits nach dem Gegenstand der Messung: formale (Satzlängen, Bildgrößen, Dauer einer Einstellung), syntaktische und semantische Aspekte. Dabei lässt sich ein Kontinuum von „manifesten" Inhalten zu „latenten" Inhalten definieren: Für manifeste Inhalte lassen sich ohne große Probleme reliable Messinstrumente definieren. Latente Inhalte – z. B. Bedeutungen, Ziele und Absichten des Autors eines Textes – sind dagegen vom Verstehen des Rezipienten abhängig: Hier lässt sich nur durch ausführliche Codierungsanweisungen Übereinstimmung unter mehreren Codierern erreichen.

Die Gesamtheit der verwendeten Kategorien bildet ein Kategoriensystem, das so umfassend sein muss, dass mit seiner Hilfe die Forschungsfrage behandelt werden kann, das aber nicht umfassender sein und keine Redundanzen und Überschneidungen der Kategorien beinhalten sollte.

Das Kategoriensystem ist die formale Anleitung für den Codierer, die von ihm bearbeiteten Inhalte in Kategorien umzusetzen. Codierer benötigen darüber hinaus eine intensive Schulung, um den Umgang mit dem Kategoriensystem zu erlernen. Außerdem sollte ein Codebuch zur Verfügung stehen, um die Codierentscheidungen zu erläutern und durch Schlüsselbeispiele zu illustrieren.

Ein wesentlicher Schritt bei der Durchführung der Inhaltsanalyse ist der Pretest, bei dem die Qualität des Kategoriensystems getestet werden kann. In der Regel werden die Ergebnisse des Pretests benutzt, um das Kategoriensystem zu modifizieren und gegebenenfalls zu erweitern (empiriegeleitete Kategorienbildung).

## Strukturierung des Untersuchungsmaterials

Bei der Konzeption einer Inhaltsanalyse muss festgelegt werden, auf welcher Ebene die Analyse zu erfolgen hat. Eine Einteilung in Analyseeinheiten kann nach verschiedenen Kriterien erfolgen. Hier sind theoretische ebenso wie forschungspragmatische Aspekte entscheidend. So lässt sich für eine Tageszeitung der Artikel als Analyseeinheit festhalten, man könnte aber auch den einzelnen Satz oder die gesamte Ausgabe einer Zeitung als Analyseeinheit betrachten. Ebenso kann man den Inhalt eines Fernsehprogramms auf der Ebene der Sendungen analysieren, wenn es z B. darum geht, die Verteilung von Genres festzuhalten; man kann aber auch Einstellung als Analyseeinheiten festhalten – z. B. um die Präsenz bestimmter Akteure präzise messen zu können. Jede Analyseeinheit wird in der statistischen Analyse durch einen Datensatz repräsentiert. Neben der Analyseeinheit ist noch die Auswahleinheit zu definieren (die bestimmt, auf welcher Ebene eine Stichprobe für die Analyse gezogen wird) und evtl. die Kontexteinheit, die herangezogen werden muss, wenn eine kontextfreie Codierung auf der Ebene der Analyseeinheiten nicht möglich ist.

## Reliabilitätstest

Die Logik der Inhaltsanalyse verlangt, dass die zu untersuchenden inhaltlichen Merkmale eindeutig festgehalten werden können. Der menschliche Codierer dient sozusagen nur als intelligentes Werkzeug, um die Codieranweisungen umzusetzen. Insbesondere bei den eher latenten Kategorien lässt sich aber ein gewisser Interpretationsspielraum nicht ausschließen. Um systematische Verzerrungen durch den Einsatz mehrerer Codierer auszugleichen, ist die Durchführung von Reliabilitätstests sinnvoll, die überprüfen, wie gut die Übereinstimmung zwischen den Codierern ist. Stellt man im Rahmen eines Pretests mangelnde Reliabilität fest, sollte man die betreffende Kategorie überarbeiten oder die Codiererschulung verbessern. Auch im Rahmen der Hauptuntersuchung ist die Durchführung von Reliabilitätstest und die Veröffentlichung ihrer Ergebnisse sinnvoll. Bei der Berechnung von Reliabilitätskoeffizienten (vgl. KRIPPENDORFF 2003) sollte man berücksichtigen, dass, je nach Skalenniveau, unterschiedliche Koeffizienten sinnvoll sein können.

## Computergestützte Inhaltsanalyse

Die Reduktion des menschlichen Codierers auf einen Erfüllungsgehilfen des Forschers, der das Kategoriensystem möglichst fehlerfrei umsetzt, scheint die Möglichkeit nahezulegen, auf die menschliche Mitarbeit zugunsten eines ausreichend leistungsfähigen Computerprogramms zu verzichten. Versuche in dieser Richtung gehen auf die 1950er Jahre zurück, trotz erheblicher Fortschritte beschränken sich aber computergestützte Inhaltsanalysen auch heute weitgehend auf die Auszählung einzelner Wörter oder Wortgruppen oder die Codierung von Themen auf der Basis des Auftretens von Schlüsselwörtern (vgl. KLINGEMANN 1984, POPPING 2000). Neben der Erfassung rein formaler Aspekte können Softwareprogramme heute zwar Teilaufgaben im Bereich komplexerer Codierungen übernehmen (vgl. ROBERTS 1997), den menschlichen Codierer können sie allerdings nur bei relativ trivialen Fragestellungen ersetzen. Angesichts der Informationsfülle kommt der automatisierten Codierung trotzdem eine zunehmende Bedeutung zu, z. B. in der Funktion von „Live Monitoring"-Systemen, die im größeren Kontext publizierte Inhalte zeitnah auf das Auftreten bestimmter Begriffe und Themen untersuchen können.

# Literatur

### Verwendete Literatur

BÜHNER, Markus (2006) Einführung in die Test- und Fragebogenkonstruktion. 2. Aufl., München: Pearson.

DIEHL, Jörg M. und Heinz U. KOHR (1991) Deskriptive Statistik. 9. Aufl., Frankfurt a. M.: Dietmar Klotz.

GIGERENZER, Gerd (1981) Messung und Modellbildung in der Psychologie. München: Reinhardt/UTB.

HAND, David J. (2004) Measurement Theory and Practice. London: Arnold.

HOLM, Kurt (1975) Die Befragung, Band 1. München: Franke.

KERLINGER, Fred N. (1964) Foundations of Behavioral Research. London: Holt, Rinehart & Winston.

KLINGEMANN, Hans-Dieter (Hrsg.) (1984) Computerunterstützte Inhaltsanalyse in der empirischen Sozialforschung. Anleitung zum praktischen Gebrauch. Frankfurt a. M.: Campus.

KRIPPENDORFF, Klaus (2003) Content Analysis. An Introduction to its Methodology. London: Sage.

LIKERT, Rensis (1932) A technique for the measurement of attitudes. In: Archives of Psychology 140, S. 1–55.

OSGOOD, Charles S., George J. SUCI und Percy H. TANNENBAUM (1957) The Measurement of Meaning. Urbana: University of Illinois Press.

POPPING, Roel (2000) Computer-Assisted Text Analysis. London: Sage.

ROBERTS, Carl W. (Hrsg.) (1997) Text Analysis for the Social Sciences: Methods for Drawing Statistical Inferences from Texts and Transcripts. Mahwah: Lawrence Erlbaum.

SCHEUCH, Erwin K. und Helmut ZEHNPFENNIG (1974) Skalierungsverfahren in der Sozialforschung. In: KÖNIG, Rene (Hrsg.) Handbuch der empirischen Sozialforschung, 2. Aufl., Band 3. Stuttgart: Enke/dtv., S. 97–203.

SIXTL, Friedrich (1982) Meßmethoden der Psychologie. Theoretische Grundlagen und Probleme. 2. Aufl., Weinheim/Basel: Beltz.

STEVENS, Stanley S. (1951) Mathematics, measurement and psychophysics. In: STEVENS, S. S. (Hrsg.) Handbook of Experimental Psychology. New York: Wiley.

ZENTRUM FÜR UMFRAGEN, METHODEN UND ANALYSEN (Hrsg.) (1983) Handbuch sozialwissenschaftlicher Skalen. Bonn: Informationszentrum Sozialwissenschaften.

ZENTRUM FÜR UMFRAGEN, METHODEN UND ANALYSEN (Hrsg.) (2006) ZUMA-Informationssystem. Elektronisches Handbuch sozialwissenschaftlicher Erhebungsinstrumente, Version 10.0, 2006 (www.gesis.org/Methodenberatung/ZIS/zis.htm).

## Weitere Literatur

DILLMAN, Don A. (1999) Mail and Internet Surveys. The Tailored Design Method. New York: John Wiley & Sons.

EICHHORN, Wolfgang (2004) Online-Befragung. Methodische Grundlagen, Problemfelder, praktische Durchführung. (wolfgang-eichhorn.com/cc/onlinebefragung.php).

FRÜH, Werner (2004): Inhaltsanalyse. Theorie und Praxis. 5. Aufl., Konstanz: UTB.

HÜFKEN, Volker (2000) Methoden in Telefonumfragen. Wiesbaden: Westdeutscher Verlag.

MAYER, Horst O. (2003): Interview und schriftliche Befragung. München: Oldenbourg.

RUST, John und Susan GOLOMBOK (1989) Modern Psychometrics. London: Routledge.

SCHNELL, Rainer, Paul B. HILL und Elke ESSER (2005) Methoden der empirischen Sozialforschung. 7. Aufl., München: Oldenbourg.

# 6 Datendarstellung

Der erste wichtige Schritt bei der Datenanalyse ist die effiziente Organisation der erhobenen Daten. Dazu sollten im Vorfeld der Erhebung die Untersuchungseinheiten und die auszuwertenden Merkmale mit den möglichen Merkmalsausprägungen festgelegt werden.

**Beispiel 6.1: Jugendstudie**
In der Jugendstudie aus Beispiel 1.3, S. 14 wurden Daten zu verschiedensten Aspekten der Mediennutzung von Jugendlichen erhoben. Hier sind die Untersuchungseinheiten die befragten Personen. Die Merkmale entsprechen den verschiedenen Fragen (z. B. das Alter des Befragten, die wöchentliche Nutzungsdauer von TV oder die Frage „Halten Sie TV für informativ?"). Die vor der Realisierung der Studie möglichen Merkmalsausprägungen sind eine (zweistellige) Zahl für das Alter, eine Zahl zwischen 0 und 168 für die wöchentliche Fernsehdauer in Stunden und die Antwortkategorien „ja", „nein" und „keine Angabe" zu der Frage, ob man TV für informativ hält.

Die Daten werden dann in Form einer Datenmatrix angeordnet. Die Zeilen der Matrix entsprechen den Untersuchungseinheiten und die Spalten den Merkmalen. Alle gängigen Statistik-Programmpakete arbeiten mit einer solchen Datenstruktur. Es ist generell sinnvoll, in der ersten Spalte eine Kenn-Nummer einzufügen, die eine eindeutige Zuordnung der jeweiligen Zeile zu den Untersuchungseinheiten ermöglicht.

**Beispiel 6.2: Datenmatrix zur Jugendstudie**

Aus dem Datensatz zur Jugendstudie (siehe Beispiel 1.3, S. 14) haben wir im Folgenden einen Ausschnitt entnommen, nämlich die ersten zehn Zeilen (dies entspricht den ersten zehn Personen) und daraus die Variablen Alter, wöchentliche TV-Nutzungsdauer in Stunden und die Antwort auf die Frage „Halten Sie TV für informativ?". Die beobachteten Merkmalsausprägungen sind

- eine Zahl für das Alter des befragten Jugendlichen, das zwischen 12 und 21 Jahren variiert,
- eine Zahl für die wöchentliche Fernsehdauer in Stunden bzw.
- „0" für „nein" „1" für „ja" und „−1" für keine Angabe bei der Beantwortung der Frage, ob man TV für informativ hält.

Damit ergibt sich der folgende Ausschnitt der Datenmatrix:

| Kenn-Nummer | Alter | TV-Nutzungsdauer (Stunden pro Woche) | TV informativ | $\cdots$ |
|:---:|:---:|:---:|:---:|:---:|
| 1 | 20 | 23,0 | 1 | $\cdots$ |
| 2 | 19 | 23,0 | 1 | $\cdots$ |
| 3 | 14 | 28,0 | 1 | $\cdots$ |
| 4 | 13 | 8,0 | 1 | $\cdots$ |
| 5 | 19 | 18,0 | 1 | $\cdots$ |
| 6 | 15 | 18,0 | 1 | $\cdots$ |
| 7 | 16 | 8,0 | 0 | $\cdots$ |
| 8 | 15 | 21,0 | 1 | $\cdots$ |
| 9 | 16 | 23,0 | 1 | $\cdots$ |
| 10 | 13 | 6,5 | 1 | $\cdots$ |
| $\vdots$ | $\vdots$ | $\vdots$ | $\vdots$ | $\ddots$ |

# 6.1 Häufigkeitsverteilungen

## 6.1.1 Absolute Häufigkeiten

Der erste Schritt, Strukturen in einer Datenmatrix zu erkennen, ist auszuzählen, wie häufig einzelne Merkmalsausprägungen in den beobachteten Daten vertreten sind. Man zählt also in der Datenmatrix die Anzahl der Untersuchungseinheiten mit einer bestimmten Ausprägung und stellt die so ermittelten Häufigkeiten in einer Tabelle zusammen. Eine Zusammenstellung dieser Häufigkeiten wird daher auch *Häufigkeitsverteilung* bezüglich des untersuchten Merkmals genannt. Die absolute Häufigkeit ist bei vielen verschiedenen Ausprägungen immer noch nicht besonders übersichtlich. Um eine übersichtliche Darstellung zu erhalten, müssen Merkmalsausprägungen sinnvoll zusammengefasst werden.

### Relative Häufigkeit

Ist man nicht an der absoluten Zahl, sondern nur an dem Anteil des Auftretens einer Merkmalsausprägung interessiert, können die absoluten Häufigkeiten durch die Anzahl der Beobachtungen geteilt werden. Dann ist der Merkmalsausprägung der Anteil der Beobachtungen gegenübergestellt, den diese Merkmalsausprägung in der Datenmatrix hat. Wird dieser Anteil mit 100 multipliziert, dann steht der Merkmalsausprägung der Anteil *in Prozent* gegenüber. Diese Anteile werden auch als *relative* Häufigkeiten bezeichnet.

Wenn die Merkmalsausprägungen sinnvoll geordnet werden können, ist es auch interessant, jeder Merkmalsausprägung die Anzahl oder den Anteil der Beobachtungen gegenüberzustellen, die in der Anordnung der Merkmalsausprägungen auf einem kleineren oder dem gleichen Platz wie die Merkmalsausprägungen stehen. Die absoluten oder relativen Häufigkeiten werden nach der Anordnung der Merkmalsausprägungen aufsummiert. Diese aufsummierten Häufigkeiten heißen *kumulierte* absolute oder kumulierte relative Häufigkeiten.

### Beispiel 6.3: Bücher lesen

In der Medienstudie (siehe Beispiel 1.1, S. 13) wurden für die Freizeitbeschäftigung „Bücher lesen" folgende Häufigkeiten beobachtet:

| Kategorien | Anzahl | Anteil | kumuliert | |
|---|---|---|---|---|
| nie | 550 | 19 % | 550 | 19 % |
| weniger als einmal pro Monat | 892 | 30 % | 1442 | 49 % |
| mind. einmal pro Monat | 375 | 13 % | 1817 | 62 % |
| mind. einmal pro Woche | 589 | 20 % | 2406 | 82 % |
| täglich | 539 | 18 % | 2945 | 100 % |

Aus der Tabelle kann man z. B. ablesen, dass von den befragten 2.945 Jugendlichen 20 % angeben, mindestens einmal pro Woche (aber nicht täglich) Bücher zu lesen und dass 62 % mindestens einmal pro Monat oder seltener Bücher lesen.

## 6.2 Statistische Kennwerte

*Statistische Kennwerte*, auch Maßzahlen genannt, dienen der summarischen Beschreibung einer Verteilung. Sie sollen bestimmte charakteristische Eigenschaften einer Verteilung beschreiben.

*Lagemaßzahlen* oder *Lagemaße* geben Aufschluss über die Verteilung eines Merkmals. Mit Lagemaßzahlen lassen sich Fragen beantworten wie:

- Wo liegt die Mehrzahl der beobachteten Werte?
- Welche Merkmalsausprägung ist typisch für die beobachteten Werte?
- Welcher Wert teilt die beobachteten Werte in zwei gleiche Hälften?

| Lageparameter | Skalenniveau des Merkmals | | |
|---|---|---|---|
| | nominal | ordinal | metrisch |
| Modus | + | + | + |
| Quantil, Median | − | + | + |
| Arithmetisches Mittel | − | − | + |

**Abb. 6.1:** Anwendung von Lageparametern. Ein Plus-Zeichen bedeutet, dass die Lagemaßzahl sinnvoll ist und ein Minus-Zeichen, dass die Lagemaßzahl nicht sinnvoll ist.

- Was ist der kleinste oder größte beobachtete Wert?

*Streuungsmaßzahlen* beschreiben ein anderes Phänomen. Sie fassen zusammen, wie groß die Schwankungsbreite der Untersuchungs-einheiten im Hinblick auf das zu untersuchende Merkmal ist. Die Streuungs- oder Dispersionsmaße geben Antworten auf Fragen wie:

- Über welchen Bereich erstrecken sich die Daten?
- Wie groß ist die Schwankung der beobachteten Werte?

### 6.2.1 Lagemaßzahlen

Hier werden die drei am häufigsten verwendeten Lagemaßzahlen beschrieben, nämlich der *Modus*, das *Quantil* (mit dem Spezialfall *Median*) und das *arithmetische Mittel*. Abb. 6.1 soll bereits einen ersten Überblick geben, bei welcher Merkmalsart welche Lagemaße sinnvoll verwendbar sind.

### Der Modus

Existiert ein Messwert, auf den mehr Untersuchungseinheiten entfallen als auf jeden anderen Messwert, dann nennt man diesen *Modus* oder auch Modalwert. Der Modus ist also der *häufigste Wert*.

- Oft ist der Modus nicht eindeutig, da mehrere Messwerte die gleiche Häufigkeit besitzen. Jeder dieser Werte wäre dann ein häufigster Wert. Besitzen alle Messwerte die gleiche Häufigkeit, dann existiert kein häufigster Wert.

- Der Modus ist durch die Häufigkeiten bestimmt. Er verändert sich daher nicht, wenn die beobachteten Werte umbenannt oder umgerechnet werden. Er kann schon dann sinnvoll bestimmt werden, wenn die Merkmalsausprägungen nur auf einer Nominalskala gemessen wurden.

In Beispiel 6.3 ist der häufigste Wert mit 892 Antworten „seltener als einmal pro Monat".

## Der Median

Bei ordinal und metrisch skalierten Merkmalen ist es naheliegend, die Daten der Größe nach zu ordnen, um einen ersten Überblick zu erhalten. Wir bezeichnen die geordneten Daten zum Merkmal $\mathcal{X}$ mit $x^{(1)}, x^{(2)}, \ldots, x^{(n)}$. Dabei ist $x^{(1)} \leq x^{(2)} \leq \ldots \leq x^{(n)}$. Der Median $x_{med}$ ist dann der mittlere Wert der geordneten Daten. Falls $n$ ungerade ist, liegt die Beobachtung $x^{\left(\frac{n+1}{2}\right)}$ genau in der Mitte und definiert $x_{med} = x^{\left(\frac{n+1}{2}\right)}$. Falls $n$ gerade ist, ist die Mitte der geordneten Daten zwischen $x^{\left(\frac{n}{2}\right)}$ und $x^{\left(\frac{n}{2}+1\right)}$. Man definiert dann $x_{med} = \frac{1}{2}\left(x^{\left(\frac{n}{2}\right)} + x^{\left(\frac{n}{2}+1\right)}\right)$.

Der Median hat die Eigenschaft, dass mindestens 50 % der Daten kleiner oder gleich $x_{med}$ und mindestens 50 % der Daten größer oder gleich $x_{med}$ sind. Neben dieser sehr anschaulichen Interpretation hat der Median die vorteilhafte Eigenschaft, nicht von extremen Werten (Ausreißern) in den Daten abhängig zu sein. Erhöht man beispielsweise die größte Beobachtung $x^{(n)}$ um den Faktor 10, so bleibt der Median unverändert. Daher sagt man, dass der Median ein gegen Ausreißer *robustes* Lagemaß ist.

**Beispiel 6.4: Median für die Fernsehdauer**

Gegeben ist die täglichen Fernsehdauer von sieben Jugendlichen in Stunden.

| $x_1$ | $x_2$ | $x_3$ | $x_4$ | $x_5$ | $x_6$ | $x_7$ |
|-------|-------|-------|-------|-------|-------|-------|
| 4     | 0     | 2     | 7     | 12    | 0     | 3     |

Die geordneten Daten sind:

| $x^{(1)}$ | $x^{(2)}$ | $x^{(3)}$ | $x^{(4)}$ | $x^{(5)}$ | $x^{(6)}$ | $x^{(7)}$ |
|-----------|-----------|-----------|-----------|-----------|-----------|-----------|
| 0         | 0         | 2         | 3         | 4         | 7         | 12        |

Der Median ist $x^{(\frac{7+1}{2})} = x^{(4)} = 3$.

Falls eine Beobachtung $x_8 = 6$ hinzukommt, ergeben sich die geordneten Daten zu

| $x^{(1)}$ | $x^{(2)}$ | $x^{(3)}$ | $x^{(4)}$ | $x^{(5)}$ | $x^{(6)}$ | $x^{(7)}$ | $x^{(8)}$ |
|-----------|-----------|-----------|-----------|-----------|-----------|-----------|-----------|
| 0         | 0         | 2         | 3         | 4         | 6         | 7         | 12        |

Der Median ist $\frac{1}{2}(x^{(\frac{8}{2})} + x^{(\frac{8}{2}+1)}) = \frac{1}{2}(x^{(4)} + x^{(5)}) = 3,5$. Die Interpretation lautet: Die Hälfte der Jugendlichen sieht $3,5$ Stunden oder weniger pro Tag fern und die andere Hälfte sieht $3,5$ Stunden oder mehr pro Tag fern. Ersetzt man bei den Daten den Wert „12" etwa durch den Wert „24", so bleibt der Median mit $3,5$ offensichtlich unverändert.

## Das Quantil (Perzentil)

Die Idee, Eigenschaften einer Verteilung durch einen Wert zu beschreiben, der so gewählt ist, dass ein vorgegebener Anteil der Merkmalsausprägungen kleiner oder gleich diesem Wert ist, kann von der Hälfte der Beobachtungen auf andere Anteile verallgemeinert werden.

Wenn die beobachteten Werte wenigstens auf einer Ordinalskala gemessen sind, können Werte $\tilde{x}_p$ bestimmt werden, so dass ein Anteil $p$ der beobachteten Werte kleiner oder höchstens gleich $\tilde{x}_p$ ist. Gleichzeitig soll der Anteil $1-p$ der beobachteten Werte größer oder gleich $\tilde{x}_p$ sein.

Ein solcher Wert wird das $p$-Quantil oder $p$-Perzentil der beobachteten Daten genannt. Dabei wird der Anteil $p$ oft als Prozentsatz ausgedrückt. Die Sprechweise „5-Prozent-Quantil" ist weiter verbreitet als die Sprechweise „0,05-Quantil".

Das $p$-Quantil wird entsprechend der Vorgehensweise beim Median bestimmt. Ist $np$ keine ganze Zahl, so ist $\tilde{x}_p = x^{(i)}$. Dabei bezeichnet $i$ die kleinste ganze Zahl, die größer als $np$ ist. Ist $np$ eine ganze Zahl, so kann als Quantil im Prinzip jede Zahl zwischen $x^{(np)}$ und $x^{(np+1)}$ gewählt werden. Eine hier verwendete Möglichkeit ist $\frac{1}{2}\left(x^{(np)} + x^{(np+1)}\right)$. In der Literatur gibt es einige weitere Vorschläge zur Definition des Quantils. Da sich keine Standardvariante durchgesetzt hat, variieren die Angaben zu den Quantilen auch in den Standardeinstellungen von verschiedenen Programmpaketen. Allerdings kann z. B. in den Paketen SAS und SPSS die Variante vom Benutzer gewählt werden. Für größere Datensätze sind die Unterschiede zwischen den einzelnen Varianten in der Regel irrelevant, so dass hier auf eine ausführliche Beschreibung verzichtet wird.

### Quartile

Spezielle häufig verwendete Quantile sind das 25 %- und das 75 %-Quantil. Diese werden auch als das untere bzw. obere Quartil bezeichnet. Der schon besprochene Median ist das 50 %-Quantil.

### Beispiel 6.5: Quantile für die Fernsehdauer

Wir betrachten die geordneten Daten aus Beispiel 6.4:

| $x^{(1)}$ | $x^{(2)}$ | $x^{(3)}$ | $x^{(4)}$ | $x^{(5)}$ | $x^{(6)}$ | $x^{(7)}$ | $x^{(8)}$ |
|-----------|-----------|-----------|-----------|-----------|-----------|-----------|-----------|
| 0 | 0 | 2 | 3 | 4 | 6 | 7 | 12 |
|  |  | ↑ |  |  | ↑ | ↑ |  |
|  |  | $\tilde{x}_{0,25}$ |  |  | $\tilde{x}_{0,75}$ | $\tilde{x}_{0.9}$ |  |

Für das 25 %-Quantil ist $np = 8 \cdot 0,25 = 2$. Daher ist $\tilde{x}_{0,25} = \frac{1}{2}\left(x^{(2)} + x^{(3)}\right) = 1$. Für das 75 %-Quantil ist $np = 8 \cdot 0,75 = 6$. Daher ist $\tilde{x}_{0,75} = \frac{1}{2}\left(x^{(6)} + x^{(7)}\right) = 6,5$. Für das 90 %-Perzentil ist $np = 8 \cdot 0,9 = 7,2$. Damit ist $i = 8$ die kleinste ganze Zahl größer als $7,2$ und $\tilde{x}_{0,9} = x^{(8)} = 12$.

---

### Median und Quantil

Gegeben seien die Daten $x_1, x_2, \ldots, x_n$. Diese werden aufsteigend angeordnet und dann mit $x^{(1)}, x^{(2)}, \ldots, x^{(n)}$ bezeichnet. Der Median $x_{med}$ ist definiert durch

$$x_{med} := \begin{cases} x^{\left(\frac{n+1}{2}\right)} & \text{, falls } n \text{ ungerade} \\ \frac{1}{2}\left(x^{\left(\frac{n}{2}\right)} + x^{\left(\frac{n}{2}+1\right)}\right) & \text{, falls } n \text{ gerade} \end{cases}$$

Der Median ist robust gegen Ausreißer und teilt die Daten in zwei gleich große Teile.

Das $p$-Quantil $\tilde{x}_p$ ist definiert durch

$$\tilde{x}_p := \begin{cases} x^{(i)} & \text{, falls } np \text{ nicht ganzzahlig} \\ & \text{mit der kleinsten ganzen} \\ & \text{Zahl } i > np \\ \frac{1}{2}\left(x^{(np)} + x^{(np+1)}\right) & \text{, falls } np \text{ ganzzahlig} \end{cases}$$

Das Quantil teilt die Daten in einen unteren Teil mit Anteil $p$ und einen oberen Teil mit Anteil $1 - p$. Wichtige Quantile sind das 25 %- und das 75 %-Quantil, die so genannten Quartile. Das 50 %-Quantil ist genau der Median, d. h. $\tilde{x}_{0.5} = x_{med}$.

205

## Fünf explorative Maßzahlen

Zwei weitere aus den geordneten beobachteten Werten leicht zu ermittelnde Maßzahlen sind der kleinste beobachtete Wert $x^{(1)}$ und der größte beobachtete Wert $x^{(n)}$. Die fünf Maßzahlen

- kleinster beobachteter Wert $x^{(1)}$
- unteres Quartil $\tilde{x}_{0,25}$
- Median $x_{med}$
- oberes Quartil $\tilde{x}_{0,75}$ und
- größter beobachteter Wert $x^{(n)}$

enthalten zusammengenommen schon viele Informationen über ein Untersuchungsmerkmal. Diese fünf Maßzahlen sind eine in der explorativen Datenanalyse gebräuchliche Form der Zusammenfassung wichtiger Eigenschaften eines Untersuchungsmerkmals, das mindestens auf einer ordinalen Skala gemessen wurde.

## Der Mittelwert (arithmetisches Mittel)

Das arithmetische Mittel, das oft auch einfach nur als Mittelwert bezeichnet wird, ist die durch die Anzahl der beobachteten Werte geteilte Summe der beobachteten Werte.

$$\bar{x} = \frac{1}{n} \sum_{i=1}^{n} x_i$$

Das arithmetische Mittel beantwortet die Frage, wie groß die Merkmalsausprägung für jede Untersuchungseinheit wäre, wenn die betrachtete Größe genau gleichmäßig auf die Untersuchungseinheiten verteilt wäre. Die Voraussetzung zur Bestimmung des *arithmetischen Mittels* $\bar{x}$ ist, dass das betrachtete Merkmal metrisch skaliert ist.

Aus der Formel erkennt man, dass es genügt, die Summe der Merkmale und die Anzahl der Untersuchungseinheiten zu kennen, um $\bar{x}$ zu berechnen.

**Beispiel 6.6: Ausgaben für Internetnutzung**

Zur Berechnung der durchschnittlichen Ausgaben (Ausgaben pro Kopf) für die Internetnutzung ist es nicht nötig, für jeden Einwohner einzeln die Ausgaben zu erheben. Wenn es möglich ist, die Gesamtausgaben der Bevölkerung zu erheben, erhält man durch Division durch die Einwohnerzahl die Ausgaben pro Kopf. Diese entspricht dem arithmetischen Mittel der Ausgaben in der Bevölkerung.

Das arithmetische Mittel hat die Eigenschaft, dass die Summe der quadrierten Abstände der beobachteten Werte vom arithmetischen Mittel kleiner ist als für alle anderen Werte, wie z. B. Modus und Median.

**Ausreißer**

Zum arithmetischen Mittel ist noch anzumerken, dass es im Gegensatz zu Modus und Median gegenüber *Ausreißern* sehr empfindlich ist. Ausreißer sind vereinzelte, sehr kleine oder große Werte unter den beobachteten Werten; solche Werte können durch Messfehler entstehen oder untypische Beobachtungen sein.

Wenn ein Ausreißer durch einen Messfehler entstanden ist, ist ein großer Beitrag zu einem Lagemaß unerwünscht. Wenn der Ausreißer eine untypische Beobachtung ist, dann ist es interessant, diese untypische Beobachtung weiter zu betrachten.

Ob ein großer Beitrag zu einer Maßzahl, die die typische Lage der beobachteten Werte beschreiben soll, dann wünschenswert ist, ist nicht allgemein zu entscheiden.

**Beispiel 6.7: Ausreißer bei der Fernsehdauer**

Für die Daten zum Fernsehen aus Beispiel 6.4 ergibt sich

$$\bar{x} = \frac{1}{n} \sum_{i=1}^{n} x_i = \frac{1}{8} \left(0+0+2+3+4+6+7+12\right) = \frac{1}{8} \, 34 = 4.25$$

Die durchschnittliche Fernsehdauer beträgt also 4.25 Stunden. Wird der letzte Wert „12" durch „24" ersetzt, ergibt sich $\bar{x} = \frac{1}{8}\, 46 = 5.75$ Stunden. Hier wird die starke Ausreißerempfindlichkeit des Mittelwerts deutlich.

---

**Der Mittelwert (arithmetisches Mittel)**

Gegeben sind die metrisch skalierten Daten $x_1, \ldots, x_n$. Der Mittelwert ist gegeben durch

$$\bar{x} = \frac{1}{n} \sum_{i=1}^{n} x_i$$

Der Mittelwert lässt sich ohne Kenntnis der Einzelwerte aufgrund der Summe $\sum_{i=1}^{n} x_i$ bestimmen. Er ist gegenüber Ausreißern nicht robust.

---

Der Mittelwert ist das mit Abstand am häufigsten verwendete Lagemaß. Manchmal wird bei statistischen Analysen kritisiert, dass durch die Reduktion der Daten auf Mittelwerte Information verlorengeht. Dies veranschaulicht das folgende Zitat:

„Ich stehe Statistiken etwas skeptisch gegenüber. Denn laut Statistik haben ein Millionär und ein armer Kerl jeder eine halbe Million."
Franklin Delano Roosevelt (32. Präsident der USA; 1882–1945)

Daher ist es wichtig, neben dem Mittelwert andere Maßzahlen und Grafiken einer Verteilung zu präsentieren. Statistiken sind also keineswegs auf die Angabe von Mittelwerten beschränkt.

## 6.2.2 Streuungsmaßzahlen

Lagemaße allein reichen noch nicht aus, um eine Verteilung vollständig zu beschreiben. Man braucht zumindest noch die Kenntnis, wie stark die Ausprägungen in der Verteilung streuen. Die Intensität, mit der die einzelnen Werte schwanken, lässt sich durch Streuungsmaße beschreiben. Je enger die Werte zusammenliegen, desto geringer ist die Streuung. Je weiter die Werte auseinanderliegen, desto größer ist die Streuung.

### Die Spannweite

Die einfachste Beschreibung der Streuung einer Datengesamtheit besteht in der Angabe ihrer *Spannweite*. Unter der *Spannweite* oder dem *Range R* einer Datenmenge versteht man die Differenz zwischen ihrem größten und ihrem kleinsten Wert:

$$R = x^{(n)} - x^{(1)}$$

### Der Quartilsabstand

Maßzahlen können generell durch ihre Abhängigkeit von einzelnen Ausreißern ihre Aussagekraft verlieren. Die Beeinflussung von $R$ durch extreme Werte liegt auf der Hand. Daher möchte man oftmals nur wissen, in welchem Bereich die mittleren 50 % der Werte streuen. Diese Frage lässt sich mit Hilfe der Quartile beantworten, die relativ robust gegenüber Ausreißern sind. Das dazugehörige Streuungsmaß wird der *Quartilsabstand $d_Q$* genannt und ist die Differenz des oberen und des unteren Quartils:

$$d_Q = \tilde{x}_{0,75} - \tilde{x}_{0,25}$$

### Streubereich

Die Bildung der Differenzen von Quantilen ist nicht sinnvoll, falls $\mathcal{X}$ ein ordinal skaliertes Merkmal ist. Für solche Merkmale ist ein Streubereich eine geeignete Streuungsmaßzahl.

Zentraler 90 %-Bereich: $\qquad\qquad\qquad [\tilde{x}_{0,05}; \tilde{x}_{0,95}]$

Zentraler 50 %-Bereich(Quartilsbereich): $\quad [\tilde{x}_{0,25}; \tilde{x}_{0,75}]$

## Mittlere Abweichung von einer Lagemaßzahl

Eine weitere Idee, Streuung zu messen, besteht in der Angabe von Maßen, die den Abstand der Messwerte $x_i$ von einer Lagemaßzahl berücksichtigen.

Die durchschnittliche Differenz aller Messwerte von einem Lagemaß ist allerdings nicht sinnvoll als Streuungsmaß zu verwenden, weil sich wegen der unterschiedlichen Vorzeichen große Differenzen ebenso gegenseitig aufheben wie kleine.

Anstelle der Differenz verwendet man daher zur Konstruktion einer Maßzahl für die Streuung den *absoluten* oder den *quadratischen* Abstand der Messwerte von einer Lagemaßzahl $a$.

$$DAA_a = \frac{1}{n} \sum_{i=1}^{n} |x_i - a|$$

Der *durchschnittliche absolute Abstand* $DAA_a$ von einer Lagemaßzahl $a$ wird für den Median $x_{med}$ am kleinsten. Deshalb ist es sinnvoll, $DAA_{x_{med}}$ zu verwenden. Trotz der klaren Interpretierbarkeit wird der $DAA$ aber kaum verwendet.

Stattdessen werden als Lagemaße am häufigsten die Standardabweichung und die empirische Varianz verwendet. Die *empirische Varianz* ist als durchschnittliche quadratische Abweichung vom arithmetischen Mittel definiert. Die empirische Varianz ist das Analogon zu der in Kapitel 2 behandelten Varianz von Zufallsgrößen.

$$s^2 = \frac{1}{n-1} \sum_{i=1}^{n} (x_i - \bar{x})^2$$

Bei der Berechnung der quadratischen Abweichungen wurde auch die Maßeinheit quadriert. Daher ist die empirische Varianz eine nicht auf den ersten Blick anschauliche Größe. Man gibt deshalb meist die *Standardabweichung* $s$ an. Die Standardabweichung ist die positive Wurzel aus der empirischen Varianz und hat die gleiche Maßeinheit wie $\mathcal{X}$:

$$s = \sqrt{s^2}$$

---

### Streuungsmaßzahlen

Gegeben sind die metrisch skalierten Daten $x_1, \ldots, x_n$.
Die Spannweite ist

$$R = x^{(n)} - x^{(1)}$$

Der Quartilsabstand ist gegeben durch die Differenz der Quartile:

$$d_Q = \tilde{x}_{0,75} - \tilde{x}_{0,25}$$

Die empirische Varianz ist

$$s^2 = \frac{1}{n-1} \sum_{i=1}^{n} (x_i - \bar{x})^2.$$

Die Standardabweichung ist

$$s = \sqrt{s^2}.$$

Der Variationskoeffizient ist

$$v = \frac{s}{\bar{x}}.$$

Der Variationskoeffizient ist nur für positive Merkmale sinnvoll anwendbar.

---

## Der Variationskoeffizient

Häufig möchte man die Streuung eines Merkmals im Verhältnis zu dem entsprechenden Mittelwert betrachten. Daher definiert man den *Variationskoeffizienten* als $v = \frac{s}{\bar{x}}$. Dieser ist nur für positive Merkmale sinnvoll und misst die relative Streuung zum Mittelwert.

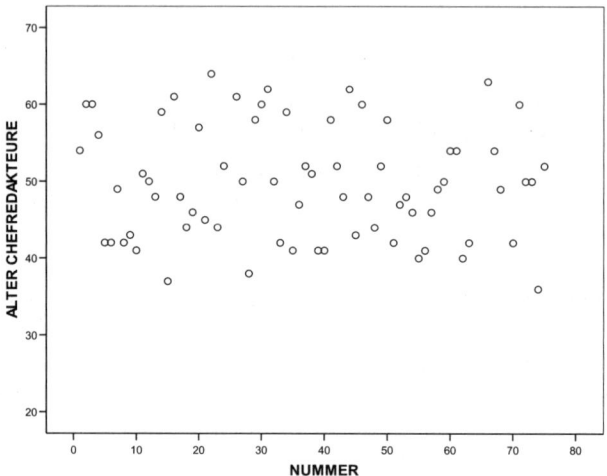

**Abb. 6.2:** Alter der Chefredakteure

Dies ermöglicht es, Merkmale unterschiedlicher Größenordnung bezüglich ihrer Streuung zu vergleichen.

## 6.3 Grafische Darstellungen

Es gibt sehr viele Möglichkeiten, Daten grafisch darzustellen. Vielfach sind Grafiken gut dazu geeignet, die wesentlichen Muster, die in den Daten vorhanden sind, sichtbar zu machen. Allerdings beinhalten die vielfältigen Varianten auch die Möglichkeit der Manipulation und Verfälschung. In diesem Abschnitt werden nur eindimensionale Grafiken gezeigt. Die Darstellung höherdimensionaler Daten folgt im nächsten Kapitel.

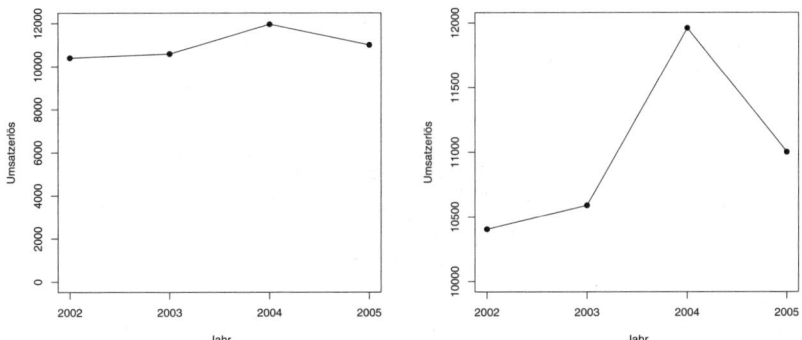

**Abb. 6.3:** BMW Umsatzerlöse Deutschland mit geeigneter (links) und ungeeigneter Skala (rechts)

## 6.3.1 Direkte Darstellung der einzelnen Datenpunkte

Die einfachste Möglichkeit der grafischen Darstellung ist die Zuordnung der einzelnen Daten zu Punkten in einem Koordinatensystem. In Abb. 6.2 ist die Variable „Alter des Chefredakteurs" aus der Zeitungsstudie (Beispiel 1.2, S. 13) dargestellt. Dabei entspricht die $x$-Koordinate der Nummer der Beobachtung und die $y$-Koordinate dem Alter des jeweiligen Chefredakteurs. Man spricht hier von dem Prinzip der *Längentreue*, d. h., die Längen im Bild entsprechen den Werten der Variablen.

Ein weiteres Beispiel für diesen Typus von Darstellungen ist im linken Teil von Abb. 6.3 gegeben. Hier sind die Untersuchungseinheiten die Jahre und das Merkmal ist der Umsatzerlös eines Unternehmens. Da hier die Daten eine natürliche Reihenfolge haben, ist es sinnvoll, die Daten durch eine Linie zu verbinden. In Abb. Im rechten Teil von Abb. 6.3 sind die gleichen Daten mit einer anderen Wahl des Darstellungsbereichs abgebildet. Man sieht, dass durch eine andere Wahl des Nullpunkts und der Skala ein wesentlich anderes Bild der Dynamik des Unternehmens entsteht. Die wesentlichen Kriterien bei dieser einfachen Darstellung sind

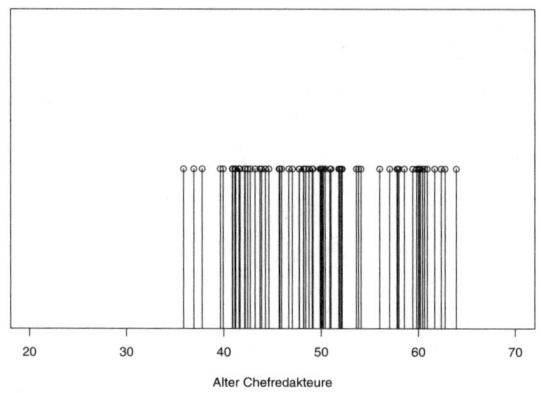

20      30      40      50      60      70

Alter Chefredakteure

**Abb. 6.4:** Nadelplot zum Alter der Chefredakteure

- die Wahl der Skala und
- die Wahl des Bereichs.

Diese sind jeweils nach inhaltlichen Kriterien zu bestimmen. Gibt es für das Merkmal einen natürlichen Nullpunkt, so sollte dieser möglichst in der Darstellung zu sehen sein. Die Wahl der Skala erfolgt nach inhaltlichen Kriterien für das entsprechende Merkmal.

### 6.3.2 Der Boxplot

Da in Abb. 6.2 die Reihenfolge der Punkte keine Bedeutung hat, kann man die Daten auch eindimensional in einem so genannten Nadelplot auf einer Linie darstellen. In Abb. 6.4 ist das Alter der Chefredakteure aus der Zeitungsstudie (Beispiel 1.2, S. 13) auf diese Weise dargestellt. Insbesondere bei größeren Datensätzen ist diese Darstellung aufgrund von Überlagerungen der Punkte nicht sehr hilfreich. Eine übersichtlichere Art der Darstellung ermöglicht der *Boxplot.*

Der Kern des Boxplots ist ein Kasten, der den Bereich vom 25 %-Quantil bis zum 75 %-Quantil abdeckt. In diesem Kasten ist der

Median durch einen Querstrich hervorgehoben. Der Kasten repräsentiert den zentralen 50 %-Streubereich, die Länge des Kastens gibt den Quartilsabstand an.

Man erhält den einfachen Boxplot, wenn man nun Maximum und Minimum der Daten markiert und mit dem Rand des Kastens verbindet. Die Verbindungen zu Maximum und Minimum werden auch Schnurrhaare („whiskers") genannt. Daher wird die Darstellung auch „Box and Whiskers-Plot" genannt. Die fünf explorativen Maßzahlen aus Abschn. 6.2.1 sind so in einem Schaubild übersichtlich dargestellt. In Abb. 6.5 ist der Boxplot des Alters der Chefredakteure aus der Zeitungsstudie dargestellt.

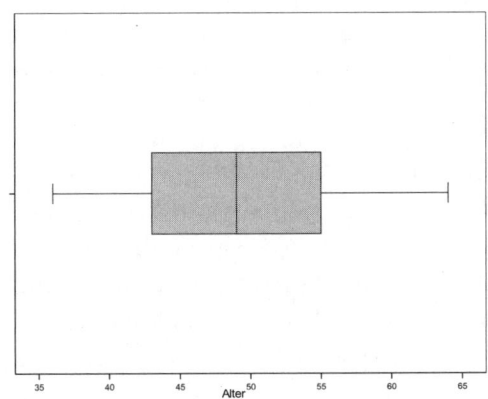

**Abb. 6.5:** Boxplot zum Alter der Chefredakteure. In der Grafik lassen sich die fünf explorativen Maßzahlen ablesen: $x^{(1)} = 36$, $\tilde{x}_{0,25} = 43$, $x_{med} = 49$, $\tilde{x}_{0,75} = 55$, $x^{(n)} = 55$.

Um extreme Werte und Ausreißer besonders hervorzuheben, wird der Boxplot meist noch modifiziert. Dazu werden zwei Grenzen bestimmt:

- eine enge Grenze, die um 1,5 Quartilsabstände von den Grenzen des Kastens entfernt ist, und

- eine weite Grenze, die um 3 Quartilsabstände von den Grenzen des Kastens entfernt ist.

Alle Werte außerhalb der engen Grenzen werden einzeln markiert, wobei Werte außerhalb der weiten Grenzen besonders hervorgehoben werden.

Von den Werten innerhalb der engen Grenzen werden Maximum und Minimum bestimmt, die wie im einfachen Boxplot dargestellt werden. Die Wahl der engen und weiten Grenzen ist nicht einheitlich. Manchmal wird auch nur eine Grenze gewählt. In Abb. 6.6 ist der Boxplot zu dem Merkmal „Anzahl der gerauchten Zigaretten pro Tag" aus der Medienstudie dargestellt. Dort ist ein Ausreißer (60 Zigaretten pro Tag) mit einem Stern gekennzeichnet und zwei weitere extreme Werte sind durch Kreise dargestellt.

Zu beachten ist beim Boxplot, dass er sich stark an der Lage der Datenpunkte orientiert. Die Größe der Box und damit deren Fläche zeigt den Streubereich der Daten. Je kleiner die Fläche, desto dichter liegen die Daten. Dies steht im Gegensatz zu anderen, im Folgenden erläuterten Darstellungen, bei denen die Fläche den Anteilen der Daten entspricht. Dies ist möglicherweise der Grund dafür, dass Boxplots in den Medien kaum Verwendung finden. Zudem erfordert es einige Übung, Boxplots adäquat zu interpretieren.

Eine andere Darstellungsweise des Schwankungsbereichs der Daten ist die Darstellung des Mittelwerts und des Bereichs von zwei Standardabweichungen. Für symmetrische Daten, deren Verteilungsstrukur ähnlich einer Normalverteilung ist, ist dies sinnvoll. In allen anderen Fällen enthält der Boxplot deutlich mehr Information und ist im Zweifel vorzuziehen.

### 6.3.3 Darstellung von Häufigkeiten

Als grafische Darstellungsmöglichkeit der absoluten oder relativen Häufigkeitsverteilung sind das *Stab-*, *Säulen-*, *Balken-* und das *Kreisdiagramm* geeignet (siehe Abb. 6.7). Hierbei werden die Stäbe (bzw. Säulen oder Balken) so gewählt, dass ihre Längen die Häu-

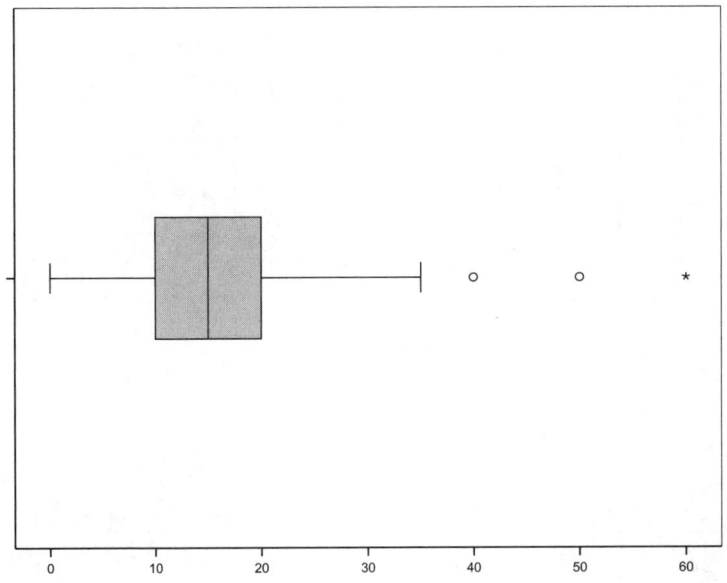

**Abb. 6.6:** Boxplot zum Zigarettenkonsum pro Tag der Befragten aus der Medienstudie

figkeiten repräsentieren. Ihre Länge ist zur jeweiligen Häufigkeit proportional, d. h., es handelt sich im eine *längentreue* Darstellung. Bei einem Kreisdiagramm dagegen repräsentiert ein Kreis die Gesamtheit. Hierbei repräsentieren einzelne Kreissegmente die Häufigkeiten derart, dass sich ihre Winkel und damit ihre Flächen proportional zur jeweiligen Häufigkeit verhalten. Dieses Prinzip heißt *Prinzip der Winkel- oder Flächentreue.*

### 6.3.4 Darstellung von kumulierten Häufigkeiten

Als grafische Darstellung der kumulierten Häufigkeiten dient die *Treppenkurve.* Die Bildung von kumulierten Häufigkeiten und damit auch die Darstellung der Treppenkurve sind nur sinnvoll bei ordinal oder metrisch skalierten Merkmalen. Die (normierte) ku-

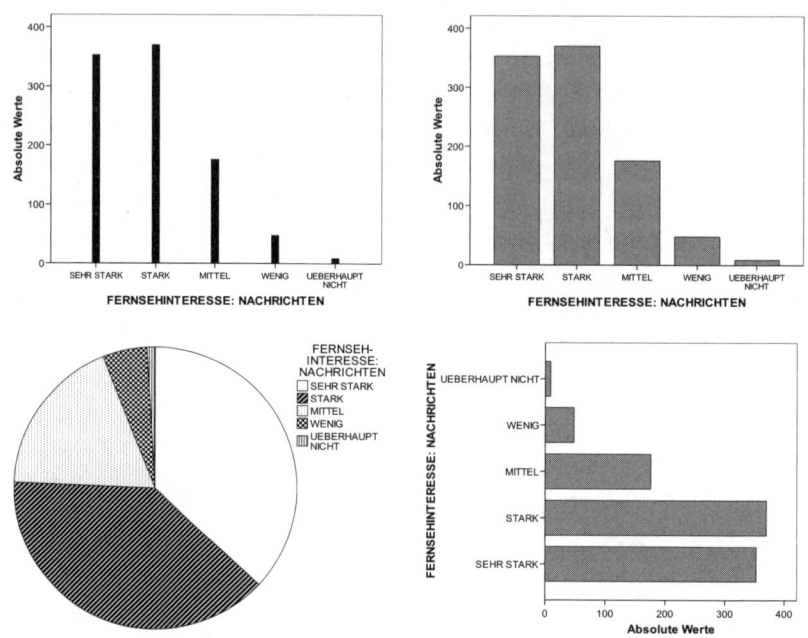

**Abb. 6.7:** Stab-, Säulen-, Kreis- und Balkendiagramm für das Fernsehinteresse für Nachrichten in Ostdeutschland

mulierte Häufigkeitsverteilung oder auch *(empirische) Verteilungsfunktion* lässt sich wie folgt beschreiben: $F(x)$ = „Relative Häufigkeit derjenigen Werte unter den $x_1, \ldots, x_n$, die kleiner oder gleich $x$ sind." Aus dieser Definition folgt, dass die empirische Verteilungsfunktion eine steigende Treppenkurve ist, deren Werte zwischen Null und Eins liegen und die an den Stellen $x_i$ (Sprungstellen) Sprünge der Höhe $f_i$ besitzt. Sie entspricht in der Wahrscheinlichkeitsrechnung genau der (theoretischen) Verteilungsfunktion.

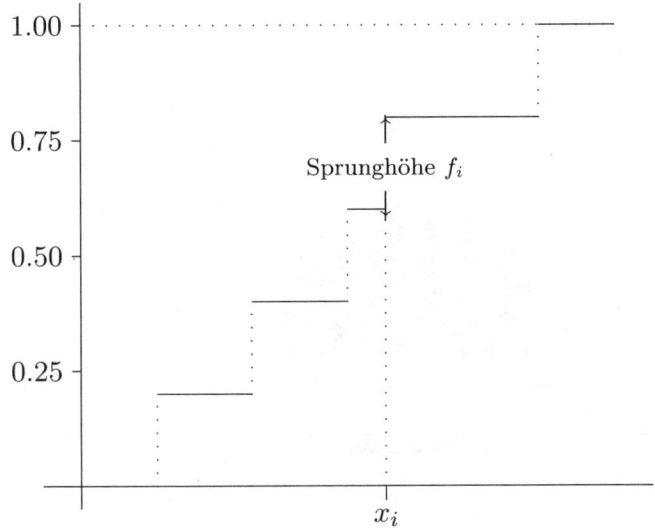

Schematische Darstellung der empirischen Verteilungsfunktion

Eine andere Art der Darstellung von ordinalen Merkmalen ist das gestapelte Balkendiagramm. Hier werden Rechtecke in der Reihenfolge der Merkmalsausprägungen übereinander„gestapelt." Die Flächen der einzelnen Rechtecke entsprechen den relativen Häufigkeiten. Die Trennlinien sind durch die jeweiligen kumulierten Häufigkeiten gegeben. Als Beispiel ist in Abb. 6.8 ein Stapeldiagramm für das Merkmal „Fernsehinteresse für Nachrichten" in Ostdeuschland aus der Medienstudie zu sehen.

## 6.3.5 Histogramm

Für die Erstellung eines Histogramms werden die beobachteten Werte gruppiert. Das bedeutet, dass die Merkmalsausprägungen in Klassen eingeteilt werden.
Dann werden über den Klassen Rechtecke gezeichnet, deren Flächeninhalte den Klassenbesetzungszahlen entsprechen.

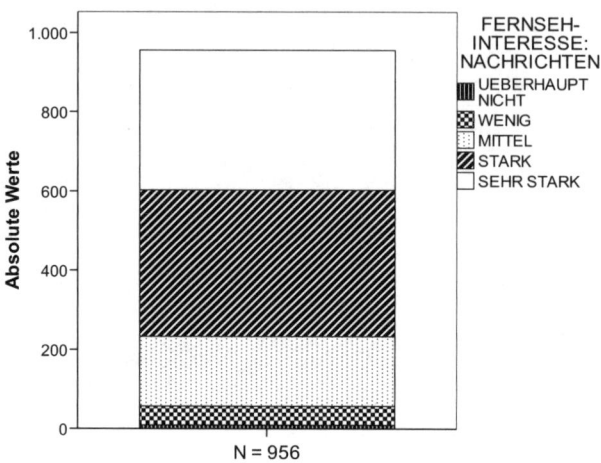

**Abb. 6.8:** Stapeldiagramm für das Fernsehinteresse für Nachrichten in Ostdeutschland

In diesem Fall wird die Fläche als Maßstab der Häufigkeit eingesetzt. Die Höhe des Rechtecks über dem Intervall $C_i$ ist die Dichte $f_i/b_i$. Diese Dichte ergibt sich aus der Überlegung, dass die Fläche des Rechtecks über einer Klasse, berechnet als Produkt von Klassenbreite $b_i$ und Höhe $h_i$, gleich der normierten Häufigkeit $f_i$ dieser Klasse sein soll.

$$b_i \cdot h_i = f_i$$

Meist werden die Klassenbreiten $b_i$ gleich groß gewählt. Dann sind die Höhen proportional zur Anzahl der Fälle in der jeweiligen Kategorie. Daher wird die Anzahl der Fälle häufig als Achsenbeschriftung bei Histogrammen mit gleichen Klassenbreiten gewählt. Als Beispiel ist in Abb. 6.9 ein Histogramm zum Alter der Chefredakteure aus der Zeitungsstudie zu sehen.

**Stängel-und-Blätter-Schaubild** Bei der Darstellung der Daten durch das Histogramm musste man einen Informationsverlust in

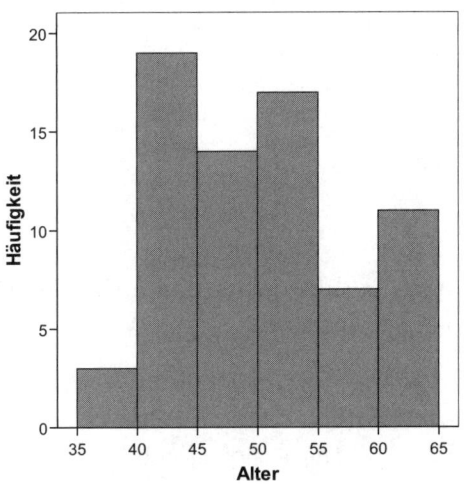

**Abb. 6.9:** Histogramm zum Alter der Chefredakteure

Kauf nehmen, der durch das Gruppieren entstanden ist. An dieser Stelle soll ein neues Schaubild vorgestellt werden, das trotz gruppierter Darstellung keinen Informationsverlust besitzt. Es handelt sich um das so genannte *Stängel-und-Blätter-Schaubild* oder Stamm-und-Blätter-Schaubild (engl. stem-and-leaf-plot), das von dem Statistiker John Wilder Tukey erfunden wurde. Das Vorgehen ist in Bsp. 6.8 dargestellt.

### Beispiel 6.8: Stängel-und-Blätter-Diagramm
In Abb. 6.10 ist die Altersverteilung der Chefredakteure in der Zeitungsstudie (Beispiel 1.2, S. 13) dargestellt. Hierbei ist das Alter eine zweistellige Zahl. Diese wird so aufgeteilt, dass die erste Ziffer den Stängel (stem) darstellt und die zweite ein Blatt (leaf). Wie man in der Grafik erkennen kann, sind die drei jüngsten Chefredakteuere 36, 37 und 38 Jahre alt. Die Darstellung entspricht einem Histogramm mit der Aufteilung des Alters in Schritten von fünf Jahren.

```
3:678
4:0011111222222233444
4:56667788888999
5:00000011222224444
5:67888899
6:00000112234
```

**Abb. 6.10:** Stängel- und Blattdiagramm für das Alter der Chef-redakteure aus der Medienstudie

Der Vorteil bei dieser Darstellung ist, dass sie einen schnellen Über-blick über die Verteilungsstruktur vermittelt, ohne dass die Infor-mation über die Einzeldaten verloren geht.

## 6.3.6 Vergleich von Verteilungen

Häufig möchte man verschiedene Verteilungen ähnlicher Merkmale miteinander vergleichen. Hierbei hat man zwei intuitiv einsichtige Grundregeln zu beachten:

- Meist unterscheiden sich die Verteilungen bezüglich des Umfangs der Merkmalsausprägungen. Daher sollten bei einem Vergleich prinzipiell die Verteilungen der relativen Häufigkeiten zugrunde gelegt werden. Falls möglich, sollte man ferner für jede Verteilung angeben, auf wie viele Untersuchungseinheiten sie sich bezieht.

- Um zwei Verteilungen direkt miteinander vergleichen zu kön-nen, muss ein übereinstimmender Zeichenmaßstab zugrunde ge-legt werden.

Für den Vergleich der Verteilung eines nominalen Merkmals bieten sich

- nach dem gleichen Muster eingefärbte und passend gedrehte Tor-tendiagramme und

- vergleichende Balkendiagramme der relativen Häufigkeiten

an. Als Beispiel ist in Abb. 6.11 ein Vergleich der relativen Häufigkeiten des Merkmals „berufliche Stellung" aus der Medienstudie zu sehen.

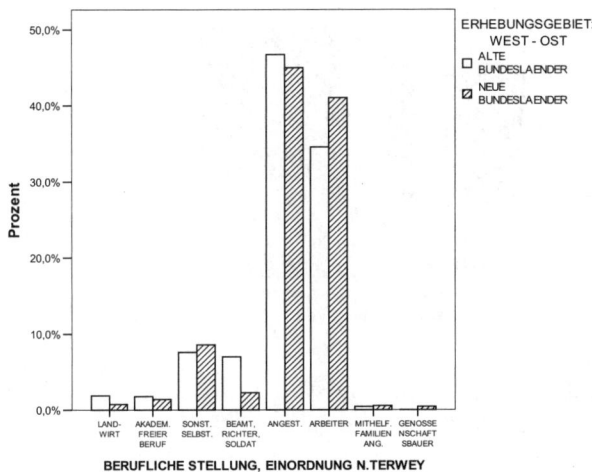

**Abb. 6.11:** Vergleichendes Balkendiagramm (Ost-West) zur beruflichen Stellung

Ist das Merkmal auf einer ordinalen Skala gemessen, dann sind
• gestapelte Säulendiagramme
eine besonders aussagekräftige Darstellungsweise. Dabei sollten die relativen Häufigkeiten verwendet werden. Als Beispiel ist in Abb. 6.12 ein Vergleich der relativen und kumulierten Häufigkeiten des Merkmals „Fernsehinteresse für Nachrichten" aus der Medienstudie zu sehen.
Für auf einer metrischen Skala gemessene beobachtete Werte sind
• nebeneinanderliegende Boxplots mit der gleichen Skala

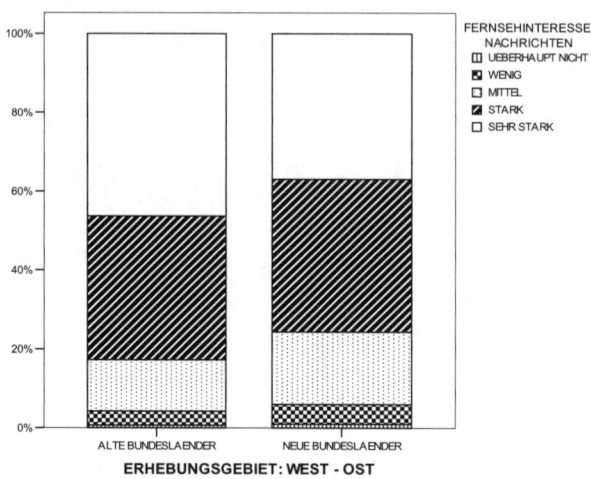

**Abb. 6.12:** Vergleichendes Stapeldiagramm (Ost-West) zum Fernsehinteresse für Nachrichten

eine gute Darstellungsmöglichkeit für einen Vergleich von Verteilungen. In Abb. 6.13 werden die Boxplots für die tägliche Fernsehdauer in Ost- und Westdeutschland einander gegenübergestellt.

Weiter gibt es neuere, computergestützte Möglichkeiten der interaktiven Grafik. Durch Markieren einzelner Punkte oder Bereiche, Verändern der Einstellungen, Drehungen etc. können Zusammenhänge zwischen Merkmalen oder andere Strukturen in den Daten effizienter gefunden werden (siehe z. B. CRAMER et al. 2004).

# Literatur

### Verwendete Literatur

CRAMER, Erhard, Katharina CRAMER, Udo KAMPS und Christian ZUCKERSCHWERDT (2004) Beschreibende Statistik. Interaktive Grafiken. Berlin, Heidelberg: Springer.

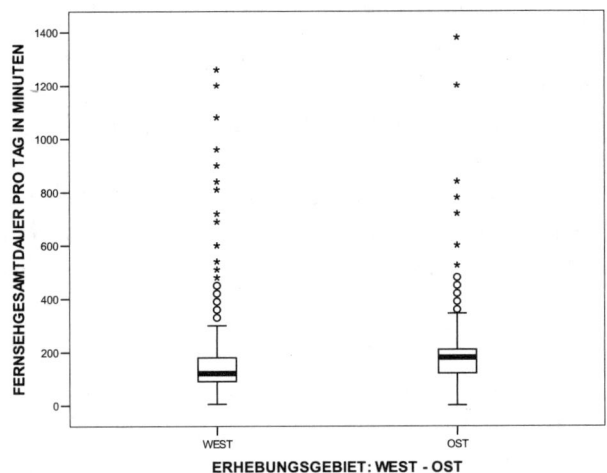

**Abb. 6.13:** Vergleichende Boxplots (Ost-West) zur täglichen Fernsehdauer

## Weitere Literatur

BIEHLER, Rolf (1984) Graphische Darstellungen. Hg. IDM. Occasional Paper. 50. Bielefeld: Institut für Didaktik der Mathematik der Universität Bielefeld.

HOLMES, Nigel (1984) Designer's Guide to Creating Charts & Diagrams. New York: Watson-Guptill Publ.

RIEDWYL, Hans (1987) Graphische Gestaltung von Zahlenmaterial. UTB für Wissenschaft: Uni-Taschenbücher, 440. 3. Aufl., Bern u. Stuttgart: Paul Haupt.

SCHÖN, Willi (1969) Schaubildtechnik. Die Möglichkeiten bildlicher Darstellung von Zahlen- und Sachbeziehungen. Stuttgart: C.E. Poeschel.

SULLIVAN, Peter (1987) Zeitungsgrafiken. Darmstadt: IFRA (INCA-FIEJ Research Assoc.).

TUFTE, Edward R. (2001) The Visual Display of Quantitative Information. 2. Aufl., Cheshire: Graphics Press.

TUFTE, Edward R. (1990) Envisioning Information. Cheshire: Graphics Press.

WAINER, Howard (1984) How to display data badly. In: The American Statistician. Vol. 38. 2, S. 137–147.

WITZLING, Lawrence P. und Robert C. GREENSTREET (1989) Presenting Statistics. A Manager's Guide to the Persuasive Use of Statistics. New York u.a.: John Wiley & Sons.

# 7 Mehrdimensionale Analysen

## 7.1 Einführung

Mit den im Kapitel „Datendarstellung" behandelten Maßzahlen und Diagrammen werden Eigenschaften eines jeden Merkmals gesondert zusammengefasst. Bei den meisten praktischen Fragestellungen interessiert man sich aber für den Zusammenhang zwischen zwei oder mehreren Merkmalen. Man fragt z. B. nach dem Zusammenhang zwischen Einkommen und Medienkonsum, zwischen Alter und Bewertung eines Werbespots, zwischen Ernährung und Gesundheit etc. Weiter können komplexere Strukturen wie z. B. die Erklärung des Medienkonsums durch mehrere Einflussgrößen wie Einkommen, Alter, Geschlecht, Bildung, Nationalität, Religion oder Wohnort von Interesse sein. Analysen zu solchen und anderen mehrdimensionalen Fragestellungen werden in dem umfangreichen Gebiet der multivariaten Statistik behandelt. Eine Darstellung dieser multivariaten Verfahren würde den Rahmen des Buches sprengen. Hierzu sei auf die entsprechende Literatur und die Internetseite des Buches verwiesen. Im Folgenden behandeln wir hauptsächlich Zusammenhänge zwischen zwei und drei Merkmalen.

**Beispiel 7.1: Punkte in Englisch und Mathematik**
Bei Schülern zweier verschiedener Klassen werden jeweils die Punkte (von 0 bis 15) in Englisch und Mathematik in einer Klausur erhoben.

| Schüler | Gruppe 1 | | Gruppe 2 | |
|---|---|---|---|---|
| | Englisch | Mathe | Englisch | Mathe |
| 1 | 14 | 12 | 10 | 8 |
| 2 | 9 | 7 | 8 | 6 |
| 3 | 5 | 3 | 3 | 12 |
| 4 | 3 | 6 | 5 | 10 |
| 5 | 11 | 10 | 14 | 7 |
| 6 | 8 | 4 | 9 | 15 |
| 7 | 10 | 15 | 11 | 4 |
| 8 | 12 | 8 | 12 | 3 |
| Mittelwert | 9,0 | 8,1 | 9,0 | 8,1 |
| Standardabweichung | 3,6 | 4,1 | 3,6 | 4,1 |

In diesem konstruierten Beispiel sind die eindimensionalen Verteilungen der beiden Merkmale „Punkte in der Englisch–Klausur" und „Punkte in der Mathematik–Klausur" in Gruppe 1 und Gruppe 2 gleich. Es besteht jedoch ein deutlicher Unterschied zwischen den Gruppen, wenn man den Zusammenhang zwischen den beiden Merkmalen in Abb. 7.1 betrachtet. In Gruppe 1 haben die Schüler, die im Fach Englisch gut abschneiden, tendenziell auch im Fach Mathematik eine hohe Punktzahl. In Gruppe 2 dagegen schneiden die Schüler mit einer geringen Punktzahl im Fach Englisch im Fach Mathematik eher gut ab.

Die in Abb. 7.1 gewählte Darstellungsform heißt *Streudiagramm* oder engl. *Scatterplot*. Das Streudiagramm ist gut geeignet, sich einen ersten Überblick über den Zusammenhang zwischen zwei metrischen oder ordinalen Merkmalen zu verschaffen.

Erkenntnisse über Zusammenhänge erhält man durch eine mindestens zweidimensionale Betrachtungsweise der Daten. Man spricht auch von der gemeinsamen Verteilung der entsprechenden Merkmale. Es sollen damit Fragen bezüglich der Merkmale $X$ und $Y$ beantwortet werden wie z. B.:

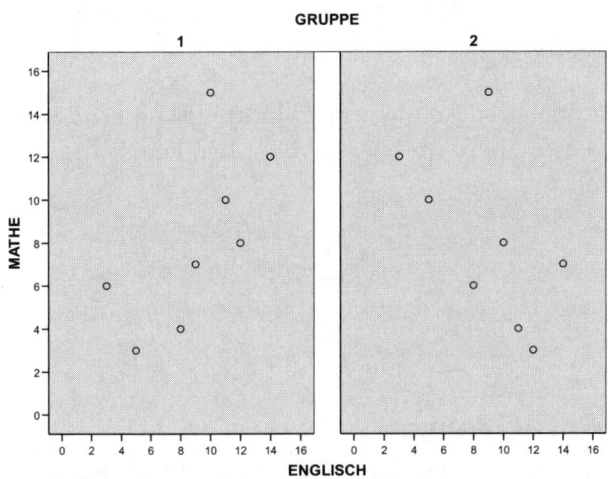

**Abb. 7.1:** Streudiagramme (Scatterplots) der Daten aus Beispiel 7.1. Die $x$-Achse entspricht den Punkten im Fach Englisch und die $y$-Achse den Punkten im Fach Mathematik. Das linke Streudiagramm ist für Gruppe 1, das rechte für Gruppe 2.

- Hängen $\mathcal{X}$ und $\mathcal{Y}$ voneinander ab?
- In welcher Form hängen $\mathcal{X}$ und $\mathcal{Y}$ voneinander ab?
- Wenn es einen Zusammenhang zwischen $\mathcal{X}$ und $\mathcal{Y}$ gibt: Wie stark ist dieser Zusammenhang?

Der Zusammenhang zwischen zwei Merkmalen wird abhängig vom Skalenniveau wie folgt beschrieben:

- bei metrischen Untersuchungsmerkmalen durch den *Korrelationskoeffizienten* von BRAVAIS-PEARSON und durch *Regressionsmodelle*,
- bei ordinalen Merkmalen durch den *Rangkorrelationskoeffizienten* von SPEARMAN,
- bei nominalen Untersuchungsmerkmalen durch *Kontingenztabellen* und den *Kontingenzkoeffizienten*

## 7.2 Zusammenhang zwischen metrischen Merkmalen

An den Untersuchungseinheiten (Merkmalsträgern) werden zwei metrische Merkmale $\mathcal{X}$ und $\mathcal{Y}$ erhoben. Die Daten liegen in folgender Form vor:

| Nummer | $\mathcal{X}$ | $\mathcal{Y}$ |
|--------|------|------|
| 1 | $x_1$ | $y_1$ |
| $\vdots$ | $\vdots$ | $\vdots$ |
| $n$ | $x_n$ | $y_n$ |

### 7.2.1 Streudiagramme

Ein Streudiagramm bildet den Zusammenhang zwischen zwei quantitativen Merkmalen durch eine Punktwolke ab. Die Ausprägungen des ersten Merkmals werden auf der $x$-Achse (waagerechte Achse), die des zweiten Merkmales auf der $y$-Achse (senkrechte Achse) abgetragen. Durch jedes Paar $(x_i, y_i)$ wird so ein Punkt festgelegt, der die Merkmalsausprägung des zweidimensionalen Untersuchungsmerkmals $(\mathcal{X}, \mathcal{Y})$ an der Untersuchungseinheit $i$ repräsentiert.

Das Streudiagramm liefert im ersten Schritt einer Datenanalyse nicht nur einen Eindruck über den Zusammenhang der Daten, sondern gibt auch Hinweise auf besondere Datenpunkte, die außerhalb der Masse der Daten liegen. In Abb. 7.2 sind die verkaufte Auflage 2002 (Montag – Freitag) und die Zahl der Beschäftigten aus der Zeitungsstudie (siehe Beispiel 1.2, S. 13) dargestellt. Man erkennt hier einen Zusammenhang zwischen Auflage und Zahl der Beschäftigten in der erwarteten Richtung: Zeitungen mit größerer Auflage haben tendenziell mehr Beschäftigte.

Bei Streudiagrammen ist auf die Skalierung der Achsen inklusive der Wahl der Nullpunkts zu achten. Weiter ist zu entscheiden, welches Merkmal auf der $x$-Achse und welches auf der $y$-Achse abgetragen wird. Grundsätzlich sollte auf der $x$-Achse das beeinflussende Merkmal stehen. Auf der $y$-Achse wird das abhängige Merkmal

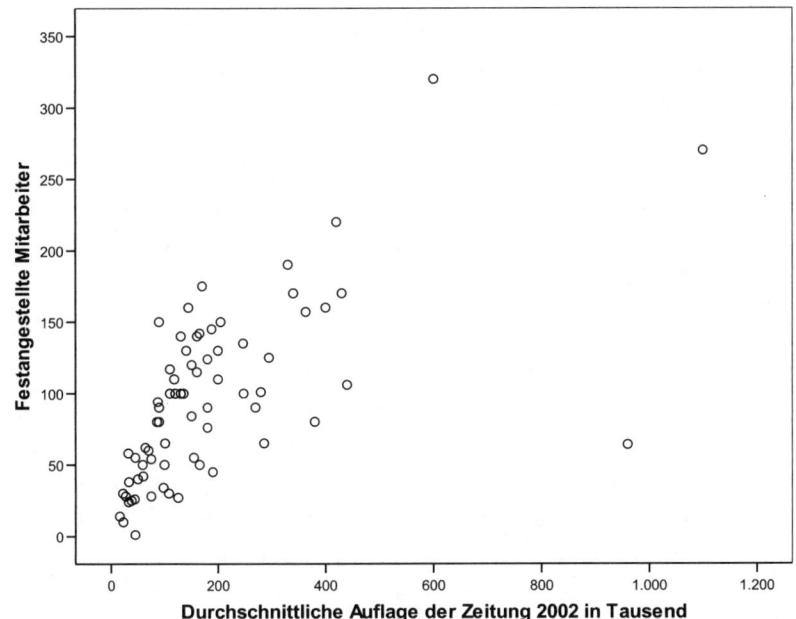

**Abb. 7.2:** Streudiagramm – Auflage der Zeitung ($x$-Achse) und Anzahl der Beschäftigten ($y$-Achse) aus den im Jahr 2002 befragten Redaktionen der Zeitungsstudie

(Zielmerkmal) abgetragen. Wenn man also herausstellen will, dass die Auflage Arbeitsplätze schafft, wird man das Diagramm in Form von Abb. 7.2 darstellen. Will man dagegen herausstellen, dass die Beschäftigten durch ihre Arbeit verkaufte Auflage generieren, so wird man als $x$-Achse die Zahl der Beschäftigten wählen.

### 7.2.2 Korrelation

Um ein Maß für den Zusammenhang zwischen zwei Merkmalen zu erhalten, berechnet man zunächst die Kovarianz.

---

**Kovarianz**

Gegeben sind Datenpaare $(x_i, y_i), i = 1, \ldots, n$ von zwei metrischen Merkmalen $\mathcal{X}$ und $\mathcal{Y}$.

$$s_{XY} = \frac{1}{n-1} \sum_{i=1}^{n} (x_i - \bar{x})(y_i - \bar{y}) \qquad (7.1)$$

Die Größe $s_{XY}$ heißt *Kovarianz* zwischen $\mathcal{X}$ und $\mathcal{Y}$.

---

Zur Erklärung der Formel betrachten wir die Abweichungen der einzelnen Werte zu dem jeweiligen Mittelwert. Werte mit $x_i - \bar{x} > 0$ sind größer als der Durchschnitt, Werte mit $x_i - \bar{x} < 0$ sind kleiner als der Durchschnitt. Ist bei einer Beobachtung $i$ sowohl der Wert $x_i$ als auch der Wert $y_i$ größer als der jeweilige Durchschnitt, so ist der entsprechende Term $(x_i - \bar{x})(y_i - \bar{y})$ in der obigen Formel (7.1) positiv. Falls $x_i$ und $y_i$ beide kleiner sind als der jeweilige Durchschnitt, so ist $(x_i - \bar{x})(y_i - \bar{y})$ ebenfalls positiv. Nur bei Werten mit unterschiedlicher Tendenz in $\mathcal{X}$ und $\mathcal{Y}$ (also z. B. $x_i < \bar{x}$ und $y_i > \bar{y}$) ist also der entsprechende Summand in Formel (7.1) negativ. Damit deutet eine positive Kovarianz auf einen Zusammenhang der Struktur „je größer x desto größer y" hin. Die Kovarianz hängt sowohl vom Zusammenhang der Merkmale als auch von der Standardabweichung der Merkmale ab. Um ein Maß zu erhalten, das nur den Zusammenhang misst, normiert man die Kovarianz mit den Standardabweichungen von $\mathcal{X}$ und $\mathcal{Y}$. Man erhält daraus den Korrelationskoeffizienten nach PEARSON.

---

**Korrelationskoeffizient**

Gegeben sind Datenpaare $(x_i, y_i), i = 1, \ldots, n$ von zwei metrischen Merkmalen $\mathcal{X}$ und $\mathcal{Y}$.

$$r_{XY} = \frac{s_{XY}}{s_X s_Y} = \frac{\frac{1}{n-1} \sum_{i=1}^n (x_i - \bar{x})(y_i - \bar{y})}{\sqrt{\frac{1}{n-1} \sum_{i=1}^n (x_i - \bar{x})^2} \sqrt{\frac{1}{n-1} \sum_{i=1}^n (y_i - \bar{y})^2}}$$

Die Größe $r_{XY}$ heißt *Korrelationskoeffizient* zwischen $\mathcal{X}$ und $\mathcal{Y}$. Der Korrelationskoeffizient kann Werte zwischen $-1$ und $1$ annehmen. Er ist ein Maß für den linearen Zusammenhang der Merkmale. Die beiden Merkmale $\mathcal{X}$ und $\mathcal{Y}$ heißen

- *positiv korreliert*, falls $r_{XY} > 0$ ist,
- *unkorreliert*, falls $r_{XY} = 0$ ist, und
- *negativ korreliert*, falls $r_{XY} < 0$ ist.

Der Korrelationskoeffizient $r_{XY}$ ist unempfindlich gegen Skalenänderungen der beiden Merkmale $\mathcal{X}$ und $\mathcal{Y}$.

Liegen die Punkte auf einer Geraden, so gilt $r_{XY} = 1$, falls die Gerade eine positive Steigung hat, und $r_{XY} = -1$ bei negativer Steigung der Geraden.

---

### Beispiel 7.2: Punkte in Englisch und Mathematik

Für die Daten aus Beispiel 7.1 ergibt sich für die erste Gruppe ein Korrelationskoeffizient von

$$r_{XY} = \frac{S_{XY}}{S_X S_Y} = \frac{9,57}{3,6 \cdot 4,1} = 0,65$$

und entsprechend für die Gruppe 2

$$r_{XY} = \frac{-8,29}{3,6 \cdot 4,1} = -0,56.$$

Der positive Wert für Gruppe 1 spiegelt den positiven Zusammenhang der Leistungen in Englisch und Mathematik wider, während der negative Wert in Gruppe 2 zeigt, dass die Leistungen in Englisch und Mathematik sich gegensätzlich verhalten.

## Bewertung des Korrelationskoeffizienten

In Abb. 7.3 sind einige Beispiele zu Streudiagrammen mit den zugehörigen Werten der Korrelation dargestellt. Die ersten beiden Grafiken zeigen einen starken positiven bzw. negativen linearen Zusammenhang ($r = 0,9$ bzw. $r = -0,8$), die beiden Grafiken in der zweiten Zeile stellen einen mittleren Zusammenhang ($r = 0,5$ bzw. $r = -0,4$) dar. In Zeile 3 ist ein eher schwacher Zusammenhang ($r = 0,2$ bzw $r = -0,1$) dargestellt. In Zeile 4 sind zwei Streudiagramme mit der Korrelation r=0 zu finden, was bedeutet, dass kein linearer Zusammenhang vorliegt. Während im linken Streudiagramm die Merkmale keinerlei Struktur aufweisen, ist im rechten Streudiagramm ein deutlicher „U–förmiger"Zusammenhang zu erkennen. Dies zeigt, dass komplexe, nicht lineare Zusammenhänge zwischen Merkmalen durch den Korrelationskoeffizienten nach Pearson unter Umständen nicht aufgedeckt werden.

Grundsätzlich hängt die Bewertung der Größe des Korrelationskoeffizienten stark von der Fragestellung ab. Eine abgesicherte kleine Korrelation von $0,05$ von Aktienkursveränderungen eines Monats mit einem zu Monatsbeginn bekannten Merkmal würde Millionengewinne ermöglichen, während eine Korrelation von $0,7$ zwischen zwei Arten der Messung ein und derselben Größe eher als gering einzustufen ist. In vielen Bereichen der empirischen Sozialforschung führen Schwierigkeiten bei der genauen Messung von Merkmalen dazu, dass nur geringe Korrelationen beobachtet werden.

Neben der Berechnung der Korrelation sollte immer die grafische Betrachtung der Daten mit Hilfe eines Streudiagramms erfolgen. Zusätzliche Möglichkeiten der Interpretation liefert die lineare Regression, die im folgenden Abschnitt behandelt wird.

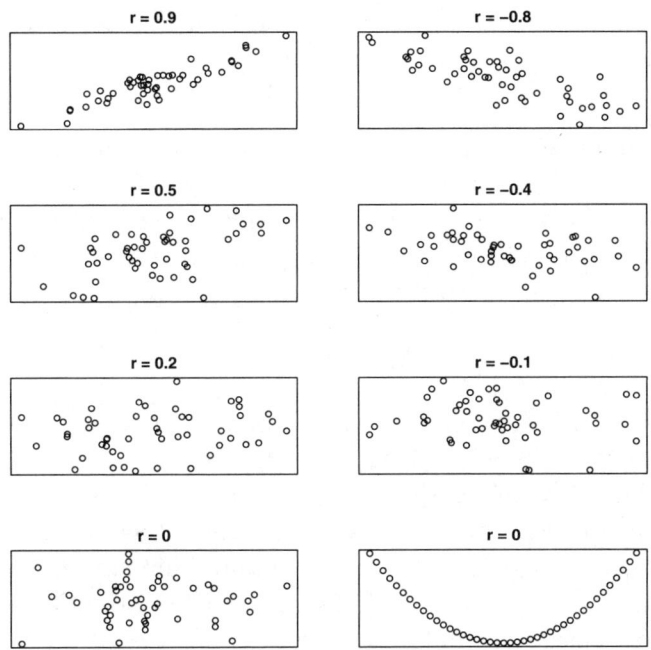

**Abb. 7.3:** Beispiele für Streudiagramme mit verschiedenen Werten der Korrelation $r$

## 7.2.3 Lineare Regression

Ziel der linearen Regression ist es, ein Merkmal $\mathcal{Y}$ durch mindestens ein anderes Merkmal $\mathcal{X}$ gut zu erklären oder zu prognostizieren. Im Gegensatz zur Beschreibung eines Zusammenhangs durch den Korrelationskoeffizienten geht es bei der Regression um einen gerichteten Zusammenhang. Ein solcher Zusammenhang wird allgemein durch eine Funktion

$$\mathcal{Y} = f(\mathcal{X})$$

beschrieben. Eine besonders einfache und gut interpretierbare Funktion hat die Form

$$\mathcal{Y} = a + b\mathcal{X}.$$

Der Zusammenhang zwischen den beiden Merkmalen wird also durch eine Gerade mit Achsenabschnitt $a$ und Steigung $b$ beschrieben. In der Regel werden die Datenpunkte allerdings nicht genau auf einer Geraden liegen. Das Modell der linearen Regression wird daher um einen so genannten Störterm ergänzt:

$$\mathcal{Y} = a + b\mathcal{X} + \epsilon$$

Dabei ist $\epsilon$ eine Zufallsgröße, die die Schwankung um den Erwartungswert von $\mathcal{Y}$ bei gegebenem $\mathcal{X}$ repräsentiert. Im Fall des Zusammenhangs zwischen Mitarbeiterzahl und Auflage einer Zeitung aus Beispiel 7.2 könnte man davon ausgehen, dass die Mitarbeiterzahl mit der Auflage linear ansteigt. Darüber hinaus gibt es andere, nicht erfasste Einflüsse auf die Mitarbeiterzahl, die dann in dem Störterm $\epsilon$ enthalten sind.

### Die Methode der kleinsten Quadrate

Geht man von Datenpunkten $(x_i, y_i)$ aus, stellt sich nun die Aufgabe, eine möglichst gut „passende" Gerade durch die Punktwolke zu legen. Diese Gerade nennt man *Regressionsgerade*; die Gleichung $\mathcal{Y} = a + b\mathcal{X}$ wird *Regressionsgleichung* genannt.

Um eine geeignete Gerade zu finden, betrachtet man die Abstände der Datenpunkte von der Geraden in Richtung der $y$-Achse (siehe Abb. 7.4).

Die Wahl von Abständen parallel zur $y$-Achse hat einen besonderen Grund. Ziel der Regression ist es, die beste Erklärung für den Wert $y_i$ bei einem gegebenen Wert $x_i$ zu finden. Daher soll der Wert auf der Regressionsgeraden, der mit $\hat{y}_i$ bezeichnet wird, möglichst nah an $y_i$ liegen. Der Abstand zwischen $y_i$ und $\hat{y}_i$ wird als Residuum

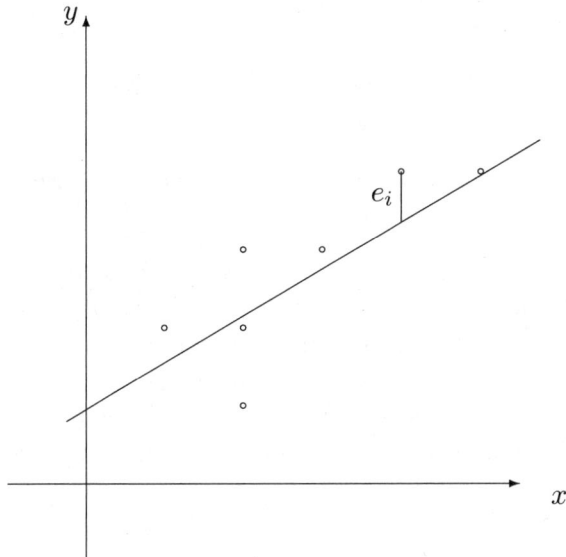

**Abb. 7.4:** Darstellung des Abstands $e_i$ eines Datenpunkts von der Regressionsgeraden. Da der Abstand in Richtung der y-Achse gewählt wird, gilt $y_i = a + bx_i + e_i$. Die Regressionsgerade wird so gewählt, dass $\sum_{i=1}^{n} e_i^2$ minimal wird.

$e_i$ bezeichnet.

$$\hat{y}_i = a + b \cdot x_i \qquad (7.2)$$
$$e_i = y_i - \hat{y}_i \qquad (7.3)$$

Die Regressionsgerade wird nun so gewählt, dass die Summe der quadratischen Residuen minimal wird. Dieses Kriterium lässt sich wie folgt formulieren:

$$Q(a;b) = \sum_{i=1}^{n} e_i^2 = \sum_{i=1}^{n} (y_i - \hat{y}_i)^2$$

$$= \sum_{i=1}^{n} (y_i - a - b \cdot x_i)^2 \to \min \qquad (7.4)$$

Man spricht von der Methode der kleinsten Quadrate (KQ-Methode, engl. LS für 'least squares'). Die Paare $(x_1; y_1), \ldots, (x_n; y_n)$ sind beobachtete, feste Werte. Zu minimieren ist also die Funktion $Q(a, b)$ der beiden unbekannten Parameter $a$ und $b$.

Aus der Bedingung (7.4) erhält man mit Hilfe elementarer Analysis folgende Lösungen für die Parameter $a$ und $b$ der Regressionsgeraden:

$$b = \frac{s_{XY}}{s_X^2} \qquad (7.5)$$

$$a = \bar{y} - b\bar{x} \qquad (7.6)$$

In der Gleichung (7.5) taucht die Kovarianz $s_{XY}$ der beiden Merkmale auf. Man erkennt, dass das Vorzeichen des Regressionskoeffizienten $b$ genau mit dem Vorzeichen der Kovarianz und damit auch mit dem Vorzeichen der Korrelation $r_{X,Y}$ übereinstimmt. Weiter folgt aus der Bestimmungsgleichung (7.6) für $a$, dass die Regressionsgerade durch den Punkt $(\bar{x}, \bar{y})$ geht.

### Beispiel 7.3: Mitarbeiterzahl und Auflage

In der Zeitungsstudie betrachten wir weiter den Zusammenhang zwischen den Merkmalen „Anzahl der festangestellten Mitarbeiter (FAM)" und „verkaufte Auflage der Zeitung in Tausend von Montag – Freitag (AT)". Wir nehmen zur Illustration den Standpunkt „Auflage ermöglicht Arbeitsplätze" und berechnen die Regressionsgerade mit der Zielgröße FAM. Mit

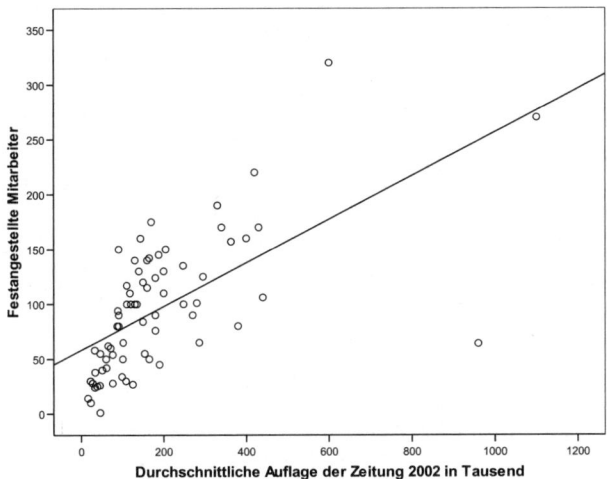

**Abb. 7.5:** Auflage der Zeitung ($x$-Achse) und Anzahl der Beschäftigten ($y$-Achse) aus den befragten Redaktionen der Zeitungsstudie

Hilfe der Formeln (7.5) und (7.6) erhält man die Regressionsgleichung:

$$FAM = 58,2 + 0,20 \cdot AT$$

Aus Abb. 7.5 ist zu erkennen, wie die nach der KQ-Methode berechnete Gerade an die Daten angepasst wird. Es gibt insbesondere bei den größeren Zeitungen erhebliche Abweichungen von der Regressionsgeraden, auf die wir noch zurückkommen.

Zur Interpretation des Regressionskoeffizienten $b$ betrachten wir Abb. 7.6. Aus dem Steigungsdreieck ist zu erkennen, dass bei einer Änderung von $\mathcal{X}$ um eine Einheit der entsprechende $\mathcal{Y}$-Wert auf der Regressionsgeraden um $b$ Einheiten steigt. Also kann der approximative lineare Zusammenhang ganz allgemein wie folgt in-

$$\hat{y} = a + b \cdot x$$

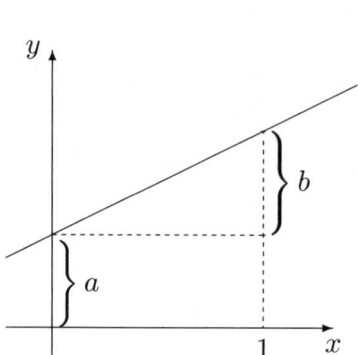

**Abb. 7.6:** Regression von $\mathcal{Y}$ bezüglich $\mathcal{X}$

terpretiert werden: Steigt das Merkmal $\mathcal{X}$ um eine Einheit, so steigt das Merkmal $\mathcal{Y}$ im Durchschnitt um $b$ Einheiten.

**Einfache lineare Regression**

Gegeben ist ein Zielmerkmal $\mathcal{Y}$, das durch das Merkmal $\mathcal{X}$ erklärt werden soll. Man geht dabei von einem annähernd linearen Zusammenhang aus:

$$\mathcal{Y} = a + b\mathcal{X} + \epsilon \qquad (7.7)$$

Aus den Daten erhält man die Parameter der Regressionsgeraden nach der KQ-Methode:

$$b = \frac{s_{XY}}{s_X^2} \qquad (7.8)$$

$$a = \bar{y} - b\bar{x} \qquad (7.9)$$

Bei der Interpretation der Regressionsgeraden steht der Steigungsparameter $b$ im Zentrum: Steigt das Merkmal $\mathcal{X}$ um eine Einheit, so steigt das Merkmal $\mathcal{Y}$ im Durchschnitt um $b$ Einheiten.

## Streuungszerlegung und Güte der Anpassung

Ziel der Regression ist es, das Merkmal $\mathcal{Y}$ möglichst gut durch $\mathcal{X}$ zu erklären. Dazu betrachten wir die Regressionsgleichung als Zerlegung der $y_i$ in zwei Komponenten $\hat{y}_i$ und $e_i$:

$$y_i = a + b \cdot x_i + e_i = \hat{y}_i + e_i \qquad (7.10)$$

Dabei ist $\hat{y}_i$ der Wert auf der Regressionsgeraden, der durch $x_i$ und die Regressionskoeffizienten $a$ und $b$ festgelegt ist. Man spricht von dem Anteil von $y_i$, der durch die Regression erklärt wird. Das Residuum $e_i$ ist die zufällige Schwankung um die Regressionsgerade, die durch die Regression nicht erklärt wird. Man kann die Zerlegung (7.10) auch auf die zugehörigen Streuungen übertragen. Aus den Eigenschaften der KQ-Methode lässt sich folgende wichtige

Beziehung, die als Streuungszerlegung bezeichnet wird, herleiten:

$$\frac{1}{n-1} \sum_{i=1}^{n} (y_i - \bar{y})^2 = \frac{1}{n-1} \sum_{i=1}^{n} (\hat{y}_i - \bar{y})^2 + \frac{1}{n-1} \sum_{i=1}^{n} (y_i - \hat{y}_i)^2$$

$$S_Y^2 = S_{\hat{Y}}^2 + S_e^2$$

Die Varianz des abhängigen Merkmales $\mathcal{Y}$ wird also in zwei Bestandteile zerlegt:

- Die Varianz von $\hat{Y}$, bezeichnet mit $S_{\hat{Y}}^2$, ist die durch $\mathcal{X}$ erklärte Varianz
- Die Varianz des unerklärten Restes $\epsilon$ wird mit $S_e^2$ bezeichnet.

Aus der Streuungszerlegung berechnet man den Anteil der erklärten Varianz

$$r^2 = \frac{s_{\hat{Y}}^2}{s_Y^2}.$$

Diese Größe wird *Bestimmtheitsmaß* oder auch einfach „r-Quadrat" der Regression genannt. Es ist das wichtigste Maß für die Güte der Anpassung der Regressionsgeraden an die Daten. Das Bestimmtheitsmaß ist genau das Quadrat des Korrelationskoeffizienten nach PEARSON, d. h. es gilt $r^2 = r_{XY}^2$.

Als weiterer Wert zur Charakterisierung der Anpassungsgüte der Regressionsgeraden betrachtet man die geschätzte Standardabweichung des Störterms $\epsilon$:

$$s_e = \sqrt{\frac{1}{n-2} \sum_{i=1}^{n} e_i^2}$$

Es ist ein Maß für die durchschnittliche Abweichung der Werte von Regressionsgeraden und wird entsprechend interpretiert. Die Division durch $n-2$ führt nur bei kleinen Stichproben zu wesentlich anderen Werten als die Division durch $n$ und hat ähnliche technische Gründe wie die Division durch $n-1$ bei der Varianzberechnung.

## Modellanpassung bei der linearen Regression

Gegeben sei die lineare Regression

$$\mathcal{Y} = a + b\mathcal{X} + \epsilon$$

mit den Schätzungen von $a$ und $b$ nach der KQ-Methode. Die Größe

$$r^2 = \frac{s_{\hat{Y}}^2}{s_Y^2}$$

heißt *Bestimmtheitsmaß* der Regression von $\mathcal{Y}$ bezüglich $\mathcal{X}$. Das Bestimmtheitsmaß $r^2$ liegt zwischen 0 und 1 und gibt an, wie groß der Anteil der Varianz von $\mathcal{Y}$ ist, der durch einen linearen Zusammenhang zwischen $\mathcal{X}$ und $\mathcal{Y}$ erklärt werden kann. $r^2$ ist genau das Quadrat des Korrelationskoeffizienten $r_{xy}$.

Die Größe

$$s_e = \sqrt{\frac{1}{n-2} \sum_{i=1}^{n} e_i^2}$$

ist ein Maß für die durchschnittliche Abweichung der Werte von der Regressionsgeraden.

Die Richtung und Stärke des Zusammenhangs wird durch den Steigungsparameter $b$ charakterisiert.

### Beispiel 7.4: Auflage und Mitarbeiter

Im Fall von Beispiel 7.2 erhält man für das Bestimmtheitsmaß einen Wert von $r^2 = 0,39$, was die nicht besonders gute Anpassung der Geraden an die Daten zeigt, siehe Abb. 7.5. Für $s_e$ erhält man den Wert 48. Die Standardabweichung des Abstands der Beobachtungen von der Regressionsgeraden liegt also bei ca. 48 Mitarbeitern. Die schlechte Anpassung der Regressionsgeraden ist zu einem wesentlichen Teil durch die drei Zeitungen mit sehr hohen Auflagen begründet. Betrachtet man

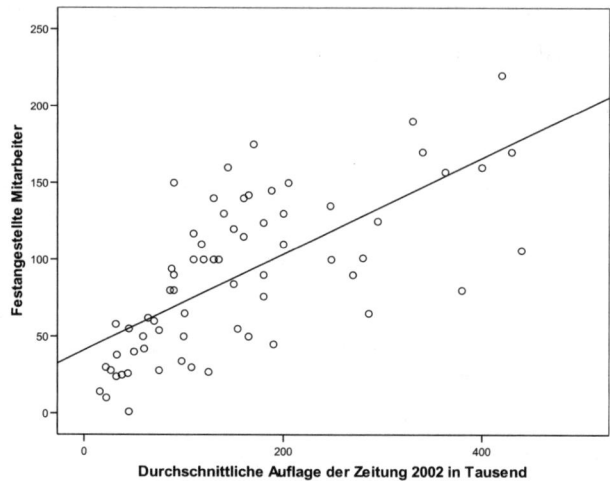

**Abb. 7.7:** Auflage der Zeitung ($x$-Achse) und Anzahl der Beschäftigten ($y$-Achse) aus den befragten Redaktionen ohne die drei auflagenstärksten Zeitungen

in der Analyse die Daten ohne diese drei Zeitungen, ergibt sich eine deutlich bessere Anpassung, siehe Abb. 7.7. Man erhält hier $r^2 = 0,47$ und $s_e = 37$.

## 7.2.4 Partielle Korrelation und multiple Regression

Grundsätzlich ist bei der Interpretation von Korrelationen Vorsicht geboten.

**Beispiel 7.5: Festangestellte und freie Mitarbeiter**
Mit Hilfe der Daten aus der Zeitungsstudie (siehe Beispiel 1.2, S. 13) soll die Frage geklärt werden, ob eine große Zahl freier Mitarbeiter bei den Zeitungen tendenziell zu einer Verringerung der Anzahl der festangestellten Mitarbeiter führt. Dazu berechnen wir die Korrelation der Merkmale FAM „Anzahl der

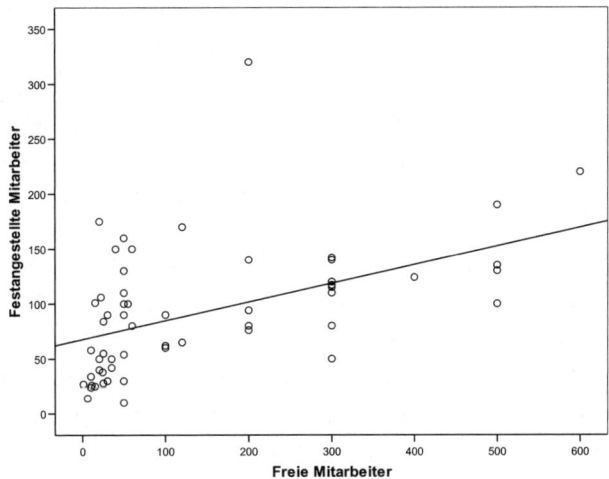

**Abb. 7.8:** Regression der Anzahl der festangestellten Mitarbeiter auf die Zahl der freien Mitarbeiter in der Zeitungsstudie

festangestellten Mitarbeiter" und FM „Anzahl der freien Mitarbeiter" und führen eine lineare Regression mit der Zielgröße FAM und der Einflussgröße FM durch. Als Korrelation ergibt sich $r_{xy} = 0,49$ und die Regressionsgleichung lautet:

$$FAM = 67 + 0,17 \cdot FM$$

Das entsprechende Streudiagramm ist in Abb. 7.8 zu sehen.

Das Ergebnis scheint die Behauptung zu entkräften. Mit der Zahl der freien Mitarbeiter steigt also auch die Anzahl der festen Mitarbeiter. Diese Korrelation lässt sich aber durch die Auflagen der Zeitung erklären. Zeitungen mit höherer Auflage haben sowohl viele freie als auch viele festangestellte Mitarbeiter. Man spricht auch von einer Scheinkorrelation.

Wir haben es hier mit einem typischen Fall einer Korrelation zu tun, die durch eine dritte Variable $\mathcal{Z}$ (in dem obigen Beispiel die Auflage der Zeitung) verursacht wird. Für diese Phänomene gibt es zahlreiche Beispiele. Sie tauchen typischerweise bei nicht–experimentellen Daten auf. Beobachtet man bei Jugendlichen, die sich häufig Filme mit Gewaltdarstellungen ansehen, eine erhöhte Gewaltbereitschaft, so kann dies daran liegen, dass beide Variablen durch andere Größen wie z. B. Vernachlässigung etc. beeinflusst werden. Daher kann aus der Korrelation nicht auf eine Kausalbeziehung geschlossen werden. Das bekannteste Beispiel für eine Scheinkorrelation ist der Zusammenhang zwischen der Zahl der Geburten und der Zahl von Störchen in Niedersachsen in den Jahren 1971–1979. Sowohl die Geburten als auch die Storchenpopulation hatten im Untersuchungszeitraum einen rückläufigen Trend, was zu einer hohen Korrelation von $r = 0,89$ führte. Man bezeichnet Variablen, die solche Scheinkorrelationen hervorrufen, als Stör- oder Confoundervariablen. In einem Experiment wird der Einfluss von solchen Störvariablen durch die Versuchsbedingungen minimiert. Erweiterungen des einfachen linearen Regressionsmodells erlauben es, solche Störvariablen „herauszurechnen", wenn diese in den Daten vorliegen.

Wir interessieren uns also ganz allgemein für den Zusammenhang zwischen den Merkmalen $\mathcal{X}$ und $\mathcal{Y}$, der möglicherweise durch eine Variable $\mathcal{Z}$ gestört ist. Idealerweise würde man gerne die Korrelation von $\mathcal{X}$, $\mathcal{Y}$ bei festem $\mathcal{Z}$ bestimmen. In einem Experiment könnte man die Größe $\mathcal{Z}$ festhalten. Dies ist aber insbesondere bei Beobachtungsdaten oft nicht möglich. In diesem Fall berechnet man jeweils eine Regression von $\mathcal{X}$ und $\mathcal{Y}$ auf das Merkmal $\mathcal{Z}$ und bestimmt die zugehörigen Residuen. Diese spiegeln jeweils die um den Einfluss von $\mathcal{Z}$ bereinigten Merkmale wider. Anschließend berechnet man die Korrelation zwischen den jeweiligen Residuen.

## Partieller Korrelationskoeffizient

Gegeben sind drei Untersuchungsmerkmale $\mathcal{X}$, $\mathcal{Y}$ und $\mathcal{Z}$ mit den Regressionsgleichungen:

$$\mathcal{X} = \hat{\mathcal{X}} + \mathcal{E}$$
$$= a + b\mathcal{Z} + \mathcal{E}$$
$$\mathcal{Y} = \hat{\mathcal{Y}} + \mathcal{F}$$
$$= c + d\mathcal{Z} + \mathcal{F}$$

Dann heißt

$$r_{XY|Z} = r_{EF}$$

*partieller Korrelationskoeffizient* zwischen $\mathcal{X}$ und $\mathcal{Y}$ unter $\mathcal{Z}$. Dabei sind $\mathcal{E}$ und $\mathcal{F}$ die Residuen der Regressionen von $\mathcal{X}$ auf $\mathcal{Z}$ bzw. von $\mathcal{Y}$ auf $\mathcal{Z}$ und $r_{EF}$ der Korrelationskoeffizient dieser Residuen. Der partielle Korrelationskoeffizient ist als Korrelation von $\mathcal{X}$ und $\mathcal{Y}$ bei gegebenem $\mathcal{Z}$ zu interpretieren.

Der partielle Korrelationskoeffizient lässt sich auch aus den einfachen Korrelationskoeffizienten der Merkmale $\mathcal{X}$, $\mathcal{Y}$ und $\mathcal{Z}$ berechnen. Es gilt:

$$r_{XY|Z} = \frac{r_{XY} - r_{XZ}r_{YZ}}{\sqrt{1 - r_{XZ}^2}\sqrt{1 - r_{YZ}^2}}$$

Eine andere Herangehensweise, die auf Erweiterung des linearen Regressionsmodells basiert, ist die multiple Regression. Dabei wird das Regressionsmodell wie folgt ergänzt:

$$\mathcal{Y} = a + b_1 \cdot \mathcal{X} + b_2 \cdot \mathcal{Z} + e$$

Durch die Einbeziehung des Einflusses von $\mathcal{Z}$ auf die Variable $\mathcal{Y}$ kann der Parameter $b_1$ jetzt als Einfluss von $\mathcal{X}$ auf $\mathcal{Y}$ bei festem

$\mathcal{Z}$ interpretiert werden. Das Modell kann wie das einfache lineare Modell mit Hilfe der Methode der kleinsten Quadrate geschätzt werden. Die Theorie der multiplen Regression ist sehr komplex. Daher wird hier nur kurz das Modell für den Fall von $p$ Einflussgrößen beschrieben. Eine detaillierte Behandlung des Modells ist z. B. in FAHRMEIR, KNEIB und LANG (2007) zu finden.

---

**Multiples Regressionsmodell**

Gegeben sind ein Zielmerkmal $\mathcal{Y}$ und die Einflussgrößen $\mathcal{X}_1, \ldots, \mathcal{X}_p$. Das multiple Regressionsmodell ist gegeben durch:

$$\mathcal{Y} = a + b_1 \cdot \mathcal{X}_1 + b_2 \cdot \mathcal{X}_2 + \ldots + b_p \cdot \mathcal{X}_p + \epsilon \qquad (7.11)$$

Das Modell kann aus den entsprechenden Daten mit Hilfe der KQ-Methode geschätzt werden. Analog zum linearen Modell ist das Bestimmtheitsmaß $R^2$ ein zentrales Kriterium für die Modellanpassung.

Die Parameter $b_k$ haben folgende Interpretation: Steigt das Merkmal $\mathcal{X}_k$ um eine Einheit und **werden die anderen Einflussgrößen festgehalten**, so steigt $\mathcal{Y}$ im Durchschnitt um $b_k$ Einheiten.

---

**Beispiel 7.6: Festangestellte und freie Mitarbeiter**

Wir interessieren uns für den Zusammenhang zwischen der Anzahl von festangestellten und freien Mitarbeitern von Zeitungen. Dabei soll der Einfluss der Größe der Zeitungen eliminiert werden. Dazu benutzen wir das Merkmal „verkaufte Auflage der Zeitung in Tausend von Montag – Freitag (AT)". Um zur partiellen Korrelation zu kommen, berechnet man jeweils eine Regression von der Anzahl der freien Mitarbeiter und von der Anzahl der festangestellten Mitarbeiter auf die

Auflage. Es ergeben sich folgende Regressionsgleichungen:

$$FM_i = 72 + 0,5 \cdot AT_i + E_i$$
$$FAM_i = 38 + 0,36 \cdot AT_i + F_i$$

Die Abweichung des Ergebnisses von der entsprechenden Gleichung in Beispiel 7.3 ist dadurch zu erklären, dass in dieser Analyse nur Zeitungen berücksichtigt wurden, bei denen die Angaben zu der Mitarbeiterzahl vollständig vorliegen.

Das Residuum $F_i$ beschreibt die Abweichung der festen Mitarbeiterzahl von der bei der entsprechenden Auflage üblichen festen Mitarbeiterzahl. Die Interpretation der Residuen $E_i$ ist analog. Der Scatterplot der Residuen ist in Abb. 7.9 dargestellt. Für die Korrelation der Residuen ergibt sich ein Wert von

$$r_{FAM,FM|AT} = 0,37$$

Die um den Einfluss der Auflage bereinigte Korrelation ist geringer als der Wert des einfachen Korrelationskoeffizienten $r_{FA,FR} = 0,49$, ist aber immer noch positiv. Daher gibt es auch nach Berücksichtigung der Größe der Zeitungen keinen Beleg für die oben aufgestellte Hypothese, dass mehr freie Mitarbeiter zu einer Verringerung der Beschäftigung von festen Mitarbeitern führen.

Als Alternative betrachten wir das multiple Regressionsmodell:

$$FAM = a + b_1 \cdot FM + b_2 \cdot AT + e$$

Die Berechnung der Koeffizienten a, $b_1$ und $b_2$ mit Hilfe der KQ-Methode ergibt:

$$FAM = 31 + 0,092 \cdot FM + 0,32 \cdot AT + e$$

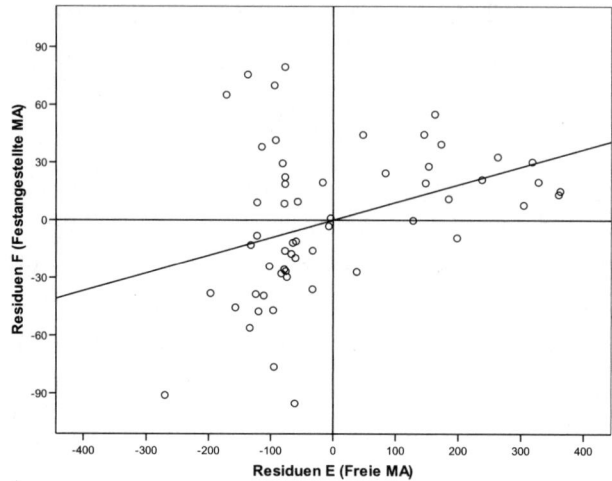

**Abb. 7.9:** Scatterplot der Residuen: freie und festangestellte Mitarbeiter in der Zeitungsstudie

Entsprechend zur Berechnung der partiellen Korrelation bleibt der zur Variable FM gehörige Regressionskoeffizient $b_1$ positiv. Er ist aber geringer als bei der Regression ohne Berücksichtigung der Auflage.

## 7.3 Die Rangkorrelation

Voraussetzung für die Verwendung des gewöhnlichen Korrelationskoeffizienten ist, dass beide Merkmale auf einer Intervallskala gemessen werden. Wenn zumindest ein Merkmal nur ordinal skaliert
ist, d. h. , die Abstände zwischen den Messwerten sind nicht interpretierbar, ist der gewöhnliche Korrelationskoeffizient keine geeignete Maßzahl für den Zusammenhang dieser beiden Merkmale.
Generell arbeitet man bei ordinal skalierten Merkmalen mit der
Reihenfolge der Beobachtungen, da dies genau die Information ist,
die aus dieser Skala abgeleitet werden kann. Man ordnet die Beobachtungen der Größe nach und weist jeder Beobachtung die entsprechende Platzziffer zu. Das zu $\mathcal{X}$ gehörige Rangmerkmal wird
mit $R(\mathcal{X})$ bezeichnet. Dabei entspricht die kleinste Beobachtung
dem Rang 1. Das Merkmal $R(\mathcal{X})$ hat damit die gleiche Ordnung
wie das Ursprungsmerkmal $\mathcal{X}$, d. h. $R(x_i) < R(x_j)$ genau dann,
wenn $x_i < x_j$ gilt.

**Beispiel 7.7: Punkte in Englisch und Mathematik**
Im Einführungsbeispiel 7.1 ergeben sich folgende Rangzahlen
für die Leistungen der Schüler in der ersten Gruppe:

| Nr. | Englisch | Mathe | R(Englisch) | R(Mathe) |
|-----|----------|-------|-------------|----------|
| 1 | 14 | 12 | 8 | 7 |
| 2 | 9 | 7 | 4 | 4 |
| 3 | 5 | 3 | 2 | 1 |
| 4 | 3 | 6 | 1 | 3 |
| 5 | 11 | 10 | 6 | 6 |
| 6 | 8 | 4 | 3 | 2 |
| 7 | 10 | 15 | 5 | 8 |
| 8 | 12 | 8 | 7 | 5 |

Bei der Zuordnung von Rangzahlen kann das Problem auftreten,
dass eine Merkmalsausprägung in den Daten mehrfach vorkommt.

Dieses Problem wird als Problem der *Rangbindungen* bezeichnet. Üblicherweise werden dann den Untersuchungseinheiten mit gleichen Merkmalsausprägungen als Rangzahl das arithmetische Mittel der auf sie entfallenden Rangzahlen zugeordnet.

**Beispiel 7.8: Ränge mit Bindungen**

| Nr. | Englisch | Mathe | R(Englisch) | R(Mathe) |
|-----|----------|-------|-------------|----------|
| 1 | 14 | 12 | 8 | 6,5 |
| 2 | 9 | 12 | 4 | 6,5 |
| 3 | 3 | 3 | 1,5 | 1,5 |
| 4 | 3 | 6 | 1,5 | 3 |
| 5 | 11 | 10 | 6 | 5 |
| 6 | 8 | 3 | 3 | 1,5 |
| 7 | 11 | 15 | 6 | 8 |
| 8 | 11 | 8 | 6 | 4 |

Die Zuordnung der Ränge erfolgt durch Durchschnittsbildung. Beispielsweise teilen sich hier die Schüler Nr. 3 und Nr. 4 die Ränge 1 und 2 im Fach Englisch. Daher erhalten beide die Rangzahl $1,5$.

---

**Rangzahl**

Gegeben ist ein zumindest ordinal skaliertes Merkmal $\mathcal{X}$. Unter der Rangzahl $R(x_i)$ einer Merkmalsausprägung $x_i$ versteht man die Platznummer der Merkmalsausprägung $x_i$ in der geordneten Liste aller Merkmalsausprägungen. Dabei wird der kleinsten Beobachtung der Rang 1 zugeordnet. Bei gleichen Beobachtungen wird üblicherweise der Mittelwert der entsprechenden Ränge gebildet.

---

## Der Rangkorrelationskoeffizient von Spearman

Die Grundidee der Übertragung von Verfahren für metrische Daten auf ordinale Daten ist die Analyse der Ränge. Bei der Korrelation geht man daher einfach zur Korrelation der Ränge über. Man erhält dadurch den Rangkorrelationskoeffizienten.

---

### Rangkorrelationskoeffizient von Spearman

Gegeben sind zwei ordinal skalierte Merkmale $\mathcal{X}$ und $\mathcal{Y}$. Der *Rangkorrelationskoeffizient* von SPEARMAN ist der gewöhnliche Korrelationskoeffizient, angewendet auf die Rangmerkmale.

$$r^S_{XY} = r_{UV} \quad \text{mit } \mathcal{U} = R(\mathcal{X}) \text{ und } \mathcal{V} = R(\mathcal{Y})$$

Der Rangkorrelationskoeffizient misst den monotonen Zusammenhang der Merkmale. Es gilt: $-1 \leq r^S_{XY} \leq +1$

Der Rangkorrelationskoeffizient von SPEARMAN nimmt den Wert 1 an, wenn beide Untersuchungsmerkmale die gleiche Rangfolge haben, d. h. $R(\mathcal{X}) = R(\mathcal{Y})$. Er nimmt den Wert $-1$ an, wenn $\mathcal{X}$ genau die entgegengesetzte Rangfolge zu $\mathcal{Y}$ hat, d. h. $R(\mathcal{X}) = n + 1 - R(\mathcal{Y})$.

Im Gegensatz zum gewöhnlichen Korrelationskoeffizienten ist der Rangkorrelationskoeffizient robust gegen Ausreißer. Er wird daher nicht nur bei ordinal skalierten Merkmalen, sondern auch bei metrischen Merkmalen mit starken Ausreißern verwendet.

---

### Beispiel 7.9: Rangkorrelation der Schulleistungen

Die Annahme einer metrischen Skala bei Schulnoten und auch bei Punktbewertungen ist problematisch. Wenn man nicht die Annahme machen will, dass die Abstände auf der Punkteskala bzw. der Notenskala sinnvoll definiert sind, sollte man auf Methoden für ordinal skalierte Daten zurückgreifen. Für die aus den Punkten in Beispiel 7.7 angegebenen Ränge sollen daher Rangkorrelationskoeffizienten nach SPEARMAN zwischen den

Punkten in den Fächern Englisch und Mathematik berechnet werden. Es ergibt sich ein Rangkorrelationskoeffizient von $0,76$:

$$r_{XY}^S = r_{UV} = \frac{s_{UV}}{\sqrt{s_U^2 \cdot s_V^2}} = \frac{4,57}{\sqrt{6 \cdot 6}} = 0,76$$

Der Rangkorrelationskoeffizient von SPEARMAN zeigt hier einen starken positiven Zusammenhang zwischen den Punkten im Fach Englisch und den Punkten im Fach Mathematik.

**Beispiel 7.10: Ausreißer und Rangkorrelation**
In Beispiel 7.4 zeigte sich, dass die gewöhnliche Korrelation nach PEARSON stark von einzelnen extremen Werten abhängt. Die Korrelation zwischen Mitarbeiterzahl und verkaufter Auflage in der Zeitungsstudie verändert sich durch Weglassen von nur drei Beobachtungen von $r = 0,62$ ($r^2 = 0.39$) auf $r = 0,68$ ($r^2 = 0.47$), siehe 7.4, S. 243. Dagegen ergibt sich bei der Verwendung des Rangkorrelationskoeffizienten praktisch kein Unterschied ($r^S = 0,727$ bei den vollständigen Daten bzw. $r^S = 0,730$ bei dem Datensatz ohne die drei Ausreißer).

# 7.4 Nominale und gruppierte Merkmale

In Kapitel 6 wurde dargelegt, dass die Häufigkeitsverteilungen bei diskreten Merkmalen eine nützliche Basis für eine Datenanalyse bilden. Dies lässt sich auf die simultane Analyse mehrerer Merkmale übertragen. Bei zwei Merkmalen wird dazu ausgezählt, wie häufig jede Merkmalskombination in dem Datensatz vorkommt. Die Häufigkeiten werden dann in Form einer Tabelle dargestellt.

**Beispiel 7.11: Medienstudie**
In der Studie wurde u. a. nach Geschlecht, Alter, Handybesitz und nach dem Interesse für Kunst und Kultur im Fernsehen

gefragt. In der Altersgruppe der 18– bis 29–jährigen ergaben sich für Geschlecht und Handybesitz folgende Häufigkeiten:

| 18–29 Jahre | kein Handy | Handy | Summe |
|---|---|---|---|
| Männer | 22 | 250 | 272 |
| Frauen | 19 | 206 | 225 |
| Summe | 41 | 456 | 497 |

In der Altersgruppe der 45– bis 49–jährigen ist die Situation anders:

| 45–59 Jahre | kein Handy | Handy | Summe |
|---|---|---|---|
| Männer | 73 | 295 | 368 |
| Frauen | 117 | 227 | 344 |
| Summe | 190 | 522 | 712 |

Bei der Frage nach dem Fernsehinteresse für Kunst und Kultur lautet die Häufigkeitstabelle für den gesamten Datensatz:

| | Fernsehinteresse Kultur | | | | | Summe Summe |
|---|---|---|---|---|---|---|
| | gar nicht | wenig | mittel | stark | sehr stark | |
| Männer | 299 | 546 | 365 | 179 | 45 | 1.434 |
| Frauen | 280 | 451 | 429 | 239 | 72 | 1.471 |
| Summe | 579 | 997 | 794 | 418 | 117 | 2.905 |

Wie aus Beispiel 7.11 ersichtlich, zählt man aus, wie oft jede Merkmalskombination in den Daten vorkommt. Die jeweils ermittelten Anzahlen werden in Tabellenform angeordnet. Man spricht von einer Kontingenztabelle, Kontingenztafel oder auch von einer Kreuztabelle. Im Fall von zwei binären Merkmalen spricht man auch von einer Vierfeldertafel.

Bei der Darstellung in Tabellenform geht bis auf die Reihenfolge der Beobachtungen keine Information der ursprünglichen Daten verloren.

Kontingenztabellen werden unübersichtlich, falls es viele Ausprägungen der Merkmale gibt. Daher fasst man häufig mehrere Ausprägungen zu Kategorien zusammen. Hier ist dann zwischen Informationsverlust und übersichtlicher Darstellung abzuwägen. Grundsätzlich sollte man die Kategorien nach inhaltlich sinnvollen Kriterien wählen und weniger nach der aktuellen Datenlage.

---

### Kontingenztabelle

Gegeben sind Daten mit den diskreten Merkmalen $\mathcal{X}$ und $\mathcal{Y}$. Dabei hat $\mathcal{X}$ die möglichen Ausprägungen $A_1, \ldots, A_r$ und $\mathcal{Y}$ die Ausprägungen $B_1, \ldots, B_s$. Die zugehörige zweidimensionale $r \times s$–Kontingenztabelle ist wie folgt definiert:

| $\mathcal{X}$ | $B_1$ | $\cdots$ | $B_j$ | $\cdots$ | $B_s$ | |
|---|---|---|---|---|---|---|
| $A_1$ | $n_{11}$ | $\cdots$ | $n_{1j}$ | $\cdots$ | $n_{1s}$ | $n_{1\bullet}$ |
| $\vdots$ | $\vdots$ | $\ddots$ | $\vdots$ | $\ddots$ | $\vdots$ | $\vdots$ |
| $A_i$ | $n_{i1}$ | $\cdots$ | $n_{ij}$ | $\cdots$ | $n_{is}$ | $n_{i\bullet}$ |
| $\vdots$ | $\vdots$ | $\ddots$ | $\vdots$ | $\ddots$ | $\vdots$ | $\vdots$ |
| $A_r$ | $n_{r1}$ | $\cdots$ | $n_{rj}$ | $\cdots$ | $n_{rs}$ | $n_{r\bullet}$ |
| | $n_{\bullet 1}$ | $\cdots$ | $n_{\bullet j}$ | $\cdots$ | $n_{\bullet s}$ | $n$ |

*($\mathcal{Y}$ spannt über die Spalten $B_1 \cdots B_s$.)*

Dabei ist

$n_{ij}$ : Häufigkeit der Merkmalskombination $(A_i, B_j)$

$n_{i\bullet}$ : Häufigkeit von Merkmal $A_i$

$n_{\bullet j}$ : Häufigkeit von Merkmal $B_j$

$n$ : Gesamtzahl der Untersuchungseinheiten

## 7.4.1 Randverteilung und bedingte Verteilung

Wir betrachten die obige Form der Kontingenztabelle. Die Summe der absoluten Häufigkeiten $n_{1j}$ $(j = 1, \ldots, s)$ aus der ersten, Zeile ergibt die Anzahl der Untersuchungseinheiten mit der Merkmalsausprägung $A_1$ des Untersuchungsmerkmals $\mathcal{X}$.

Allgemein gilt für die $i$-te Zeile der zweidimensionalen Häufigkeitstabelle, dass die Randsumme der $i$-ten Zeile $n_{i\bullet}$ die Anzahl der Untersuchungseinheiten in der Stichprobe ist, die die Ausprägung $A_i$ des Merkmals $\mathcal{X}$ aufweisen.

Die Zeilensummen (bzw. Randhäufigkeiten) $n_{i\bullet}$ beschreiben die eindimensionale Verteilung des Merkmals $\mathcal{X}$.

$$
\begin{array}{c|c}
A_1 & n_{1\bullet} \\
\vdots & \vdots \\
A_i & n_{i\bullet} \\
\vdots & \vdots \\
A_r & n_{r\bullet} \\
\hline
& n
\end{array}
$$

Diese eindimensionale Verteilung heißt *Randverteilung* oder Marginalverteilung von $\mathcal{X}$.

Aus den Spaltensummen der zweidimensionalen Häufigkeitstabelle $n_{\bullet j}$ erhält man in analoger Weise die eindimensionale Randverteilung von $\mathcal{Y}$.

---

### Bedingte Verteilung

Wir betrachten ein zweidimensionales Untersuchungsmerkmal $(\mathcal{X}, \mathcal{Y})$. Unter der *bedingten Verteilung* von $\mathcal{X}$ gegeben $\mathcal{Y} = B_j$ versteht man die Verteilung von $\mathcal{X}$ in der Teilgesamtheit der Untersuchungseinheiten, die die Ausprägung $B_j$ des Merkmals $\mathcal{Y}$ aufweisen.

---

Die bedingte Verteilung von $\mathcal{X}$ gegeben $\mathcal{Y} = B_j$ findet man in der $j$-ten Spalte der zweidimensionalen Häufigkeitsverteilung von $(\mathcal{X}, \mathcal{Y})$.

| X | $B_j$ | |
|---|-------|---|
| $A_1$ | $n_{1j}$ | |
| $\vdots$ | $\vdots$ | |
| $A_r$ | $n_{rj}$ | |
| | $n_{\bullet j}$ | |

Wieder kann die bedingte Verteilung von $\mathcal{Y}$ gegeben $\mathcal{X} = A_i$ in analoger Weise definiert werden.

| $\mathcal{Y}$ | $B_1$ | $\cdots$ | $B_s$ | |
|---|---|---|---|---|
| $A_i$ | $n_{i1}$ | $\vdots$ $\quad n_{is}$ | | $n_{i\bullet}$ |

## Relative Häufigkeiten

Man kann bei einer Kontingenztabelle aus den absoluten Häufigkeiten die relativen Häufigkeiten der zweidimensionalen Merkmalsausprägungen $(A_i, B_j)$ berechnen. Man erhält diese durch

$$f_{ij} := n_{ij}/n.$$

Für die jeweiligen marginalen Verteilungen erhält man entsprechend

$$f_{i\bullet} = n_{i\bullet}/n \text{ bzw. } f_{\bullet j} = n_{\bullet j}/n.$$

## Kontingenztabelle der relativen Häufigkeiten

Gegeben sind kategorielle Daten mit zwei Merkmalen $\mathcal{X}$ und $\mathcal{Y}$.

| $\mathcal{X}$ | $B_1$ | $\cdots$ | $B_j$ | $\cdots$ | $B_s$ | |
|---|---|---|---|---|---|---|
| $A_1$ | $f_{11}$ | $\cdots$ | $f_{1j}$ | $\cdots$ | $f_{1s}$ | $f_{1\bullet}$ |
| $\vdots$ | $\vdots$ | $\ddots$ | $\vdots$ | $\ddots$ | $\vdots$ | $\vdots$ |
| $A_i$ | $f_{i1}$ | $\cdots$ | $f_{ij}$ | $\cdots$ | $f_{is}$ | $f_{i\bullet}$ |
| $\vdots$ | $\vdots$ | $\ddots$ | $\vdots$ | $\ddots$ | $\vdots$ | $\vdots$ |
| $A_r$ | $f_{r1}$ | $\cdots$ | $f_{rj}$ | $\cdots$ | $f_{rs}$ | $f_{r\bullet}$ |
| | $f_{\bullet 1}$ | $\cdots$ | $f_{\bullet j}$ | $\cdots$ | $f_{\bullet s}$ | $1$ |

(Kopfzeile: $\mathcal{Y}$ über $B_1 \cdots B_j \cdots B_s$)

Dabei ist

$f_{ij}$ : relative Häufigkeit der Merkmalskombination $(A_i, B_j)$

$f_{i\bullet}$ : relative Häufigkeit von Merkmal $A_i$

$f_{\bullet j}$ : relative Häufigkeit von Merkmal $B_j$

Ist man an Zusammenhängen zwischen den Merkmalen interessiert, ist es günstig, in der Tabelle nicht die relativen Häufigkeiten über die gesamte Verteilung darzustellen, sondern die relativen Häufigkeiten der bedingten Verteilung anzugeben. Ist man an dem gerichteten Einfluss von $\mathcal{X}$ auf $\mathcal{Y}$ interessiert, so gibt man die bedingten Verteilungen von $\mathcal{Y}$ bei gegebenem $\mathcal{X}$ an. Wir bezeichnen die relativen Häufigkeiten der bedingten Verteilungen von dem Merkmal $\mathcal{Y}$, falls $\mathcal{X}$ den Wert $B_j$ besitzt, mit

$$f(B_j|A_i) := \frac{n_{ij}}{n_{i\bullet}}.$$

Daraus ergibt sich die Tabelle mit den bedingten Verteilungen.

**Kontingenztabelle der bedingten relativen Häufigkeiten**

Gegeben sind kategorielle Daten von zwei Merkmalen $\mathcal{X}$ und $\mathcal{Y}$. Von Interesse ist der Einfluss des Merkmals $\mathcal{X}$ auf die Verteilung von $\mathcal{Y}$.

| $\mathcal{X}$ | $B_1$ | $\cdots$ | $\mathcal{Y}$<br>$B_j$ | $\cdots$ | $B_s$ | |
|---|---|---|---|---|---|---|
| $A_1$ | $f_Y(B_1\|A_1)$ | $\cdots$ | $f_Y(B_j\|A_1)$ | $\cdots$ | $f_Y(B_s\|A_1)$ | 1 |
| $\vdots$ | $\vdots$ | $\ddots$ | $\vdots$ | $\ddots$ | $\vdots$ | $\vdots$ |
| $A_i$ | $f_Y(B_1\|A_i)$ | $\cdots$ | $f_Y(B_j\|A_i)$ | $\cdots$ | $f_Y(B_s\|A_i)$ | 1 |
| $\vdots$ | $\vdots$ | $\ddots$ | $\vdots$ | $\ddots$ | $\vdots$ | $\vdots$ |
| $A_r$ | $f_Y(B_1\|A_r)$ | $\cdots$ | $f_Y(B_j\|A_r)$ | $\cdots$ | $f_Y(B_s\|A_r)$ | 1 |
| Gesamt | $f_{\bullet 1}$ | $\cdots$ | $f_{\bullet j}$ | $\cdots$ | $f_{\bullet s}$ | 1 |

Entsprechend kann die Kontingenztabelle der bedingten Häufigkeiten des Merkmals $\mathcal{X}$ bei gegebenem $\mathcal{Y}$ gebildet werden.

Die Wahl der Kontingenztabelle hängt vom jeweiligen Problem ab. Da die absoluten Häufigkeiten bei bedingten und gemeinsamen Verteilungen gleich sind, gibt man oft die absoluten Häufigkeiten und zusätzlich eine Form der relativen Häufigkeiten an. In den meisten Fällen ist es günstig, eine Kontingenztabelle mit der bedingten Häufigkeitsverteilung als Darstellung zu verwenden. Als Bedingung wählt man das Merkmal, das in dem jeweiligen Problem eher als das beeinflussendes Merkmal gesehen wird.

### Beispiel 7.12: Geschlecht und Handynutzung

In diesem Fall interessiert man sich für die Handynutzung abhängig vom Geschlecht und gibt die Häufigkeitstabelle mit den auf das Geschlecht bedingten relativen Häufigkeiten an.

| 18-29 Jahre | kein Handy | Handy | Summe |
|---|---|---|---|
| Männer | 22 | 250 | 272 |
| | 8, 1 % | 91, 9 % | 100 % |
| Frauen | 19 | 206 | 225 |
| | 8, 4 % | 91, 6 % | 100 % |
| Summe | 41 | 456 | 497 |
| | 8, 2 % | 91, 8 % | 100 % |

| 45–59 Jahre | kein Handy | Handy | Summe |
|---|---|---|---|
| Männer | 73 | 295 | 368 |
| | 19, 8 % | 80, 2 % | 100 % |
| Frauen | 117 | 227 | 344 |
| | 34, 0 % | 66, 0 % | 100 % |
| Summe | 190 | 522 | 712 |
| | 26, 7 % | 73, 2 % | 100 % |

Aus den beiden Tabellen erkennt man sofort folgende wesentliche Aussage: Die Anteile der Handybesitzer sind in der ersten Altersgruppe fast identisch (ca. 92 %) und unterscheiden sich in der zweiten Altersgruppe wesentlich (ca. 80 % versus ca. 66 %). Die Darstellungen mit den relativen Häufigkeiten der gemeinsamen Verteilung und der nach dem Handybesitz bedingten Verteilungen sind dagegen weniger hilfreich.

Bedingte relative Häufigkeiten

| 45–59 Jahre | kein Handy | Handy | Summe |
|---|---|---|---|
| Männer | 73 | 295 | 368 |
| | 38, 4 % | 56, 5 % | 51, 7 % |
| Frauen | 117 | 227 | 344 |
| | 61, 6 % | 43, 5 % | 48, 3 % |
| Summe | 190 | 522 | 712 |
| | 100 % | 100 % | 100 % |

Gemeinsame relative Häufigkeiten

| 45–59 Jahre | kein Handy | Handy | Summe |
|:---:|:---:|:---:|:---:|
| Männer | 73 | 295 | 368 |
| | 10, 3 % | 41, 4 % | 51, 7 % |
| Frauen | 117 | 227 | 344 |
| | 16, 4 % | 31, 9 % | 48, 3 % |
| Summe | 190 | 522 | 712 |
| | 26, 7 % | 73, 3 % | 100 % |

Die bedingten relativen Häufigkeiten aus der vorletzten Tabelle und die relativen gemeinsamen Häufigkeiten aus der letzten Kontingenztabelle sind bei der Interpretation der Ergebnisse nicht besonders nützlich. Dass z. B. 61, 6 % der Nicht-Handybesitzer weiblich sind und dass 41, 4 % der Personen männlich sind und ein Handy besitzen, steht nicht im Zentrum des Interesses.

## 7.4.2 Unabhängigkeit von Merkmalen

Das Konzept der Unabhängigkeit von zwei Merkmalen beruht auf der Betrachtung der bedingten Verteilungen. Im Fall des Beispiels 7.12 wird man von der Unabhängigkeit des Handybesitzes vom Geschlecht sprechen, wenn der Anteil der Handybesitzer bei Männern und Frauen gleich ist.

Allgemein sagt man, das Merkmal $\mathcal{Y}$ ist von $\mathcal{X}$ unabhängig, wenn alle bedingten Verteilungen von $\mathcal{Y}$ gegeben $\mathcal{X} = A_i$ übereinstimmen. Sie stimmen dann auch mit der Randverteilung von $\mathcal{Y}$ überein. Eine ideale Kontingenztafel mit unabhängigen Merkmalen hat z. B.

| $\mathcal{X}$ | $\mathcal{Y}$ | | | Summe |
|:---:|:---:|:---:|:---:|:---:|
| | $B_1$ | $B_2$ | $B_3$ | |
| $A_1$ | 30 | 40 | 30 | 100 |
| | 30 % | 40 % | 30 % | 100 % |
| $A_2$ | 15 | 20 | 15 | 50 |
| | 30 % | 40 % | 30 % | 100 % |
| Summe | 45 | 60 | 45 | 150 |
| Randhäufigkeiten | 30 % | 40 % | 30 % | 100 % |

Das Kriterium der Übereinstimmung von bedingter und der Randverteilung ist durch die Identität

$$\frac{n_{ij}}{n_{i\bullet}} = \frac{n_{\bullet j}}{n} \tag{7.12}$$

beschrieben. Die für alle Kategorien $i$ und $j$ gültige Gleichung (7.12) lässt sich auf verschiedene Weise umformen.

$$\frac{n_{ij}}{n_{\bullet j}} = \frac{n_{i\bullet}}{n} \tag{7.13}$$

$$n_{ij} = \frac{n_{i\bullet} \cdot n_{\bullet j}}{n} \tag{7.14}$$

$$\frac{n_{ij}}{n} = \frac{n_{i\bullet}}{n} \cdot \frac{n_{\bullet j}}{n} \tag{7.15}$$

Gleichung (7.13) bezeichnet die Unabhängigkeit des Merkmals $\mathcal{X}$ von $\mathcal{Y}$. Die Unabhängigkeit zweier Merkmale ist also symmetrisch, d. h. falls $\mathcal{Y}$ von $\mathcal{X}$ unabhängig ist (7.12), so ist auch $\mathcal{X}$ von $\mathcal{Y}$ unabhängig (7.13). Man spricht daher einfach von der Unabhängigkeit der beiden Merkmale $\mathcal{X}$ und $\mathcal{Y}$. Die obige ideale Kontingenztabelle mit den bedingten Verteilungen von $\mathcal{X}$ gegeben $\mathcal{Y}$ hat folgende Form:

| | $\mathcal{Y}$ | | | |
|---|---|---|---|---|
| | $B_1$ | $B_2$ | $B_3$ | Summe |
| $A_1$ | 30 67 % | 40 67 % | 30 67 % | 100 67 % |
| $A_2$ | 15 33 % | 20 33 % | 15 33 % | 50 33 % |
| Summe | 45 100 % | 60 100 % | 45 100 % | 150 100 % |

Man erkennt, dass die drei bedingten Verteilungen von $\mathcal{X}$ bei gegebenem $\mathcal{Y}$ identisch sind. Die Gleichung (7.15) zeigt, dass sich die relative Häufigkeit der Merkmalskombination als Produkt der beiden relativen Randhäufigkeiten schreiben lässt. Dies entspricht genau dem Kriterium der stochastischen Unabhängigkeit in der Wahrscheinlichkeitsrechnung. Hier ist bei unabhängigen Ereignissen die Wahrscheinlichkeit des Schnittereignisses gleich dem Produkt der Wahrscheinlichkeiten der Einzelereignisse, siehe dazu Formel (2.11), S. 53. Gleichung (7.14) dient dazu, die erwartete Häufigkeit bei der Zelle $ij$ unter der Annahme der Unabhängigkeit anzugeben.

---

**Unabhängigkeit**

Gegeben ist eine Kontingenztabelle zweier Merkmale $\mathcal{X}$ und $\mathcal{Y}$. Die beiden Merkmale heißen unabhängig, falls gilt:

- $n_{ij} = \frac{n_{i\bullet} \cdot n_{\bullet j}}{n}$ für alle $i = 1, \ldots, r$ und für alle $j = 1, \ldots, s$
- Alle bedingten Verteilungen von $\mathcal{X}$ gegeben $\mathcal{Y} = B_j$ für $j = 1, \ldots, s$ stimmen mit der Randverteilung von $\mathcal{X}$ überein.
- Alle bedingten Verteilungen von $\mathcal{Y}$ gegeben $\mathcal{X} = A_i$ für $i = 1, \ldots, r$ stimmen mit der Randverteilung von $\mathcal{Y}$ überein.

Alle drei Bedingungen sind äquivalent, d.h. aus einer Bedingung folgen jeweils die anderen beiden Bedingungen.

---

## Die Quadratische Kontingenz

Gegeben sei eine Kontingenztafel

|        | $B_1$    | $\cdots$ | $B_s$    |           |
|--------|----------|----------|----------|-----------|
| $A_1$  | $n_{11}$ | $\cdots$ | $n_{1s}$ | $n_{1\bullet}$ |
| $\vdots$ | $\vdots$ | $\ddots$ | $\vdots$ | $\vdots$ |
| $A_r$  | $n_{r1}$ | $\cdots$ | $n_{rs}$ | $n_{r\bullet}$ |
|        | $n_{\bullet 1}$ | $\cdots$ | $n_{\bullet s}$ | n |

Sind $\mathcal{X}$ und $\mathcal{Y}$ unabhängig, dann muss das Unabhängigkeitskriterium für jedes $n_{ij}$ erfüllt sein. Der Wert, den $n_{ij}$ im Fall der Unabhängigkeit annehmen müsste, wird mit $e_{ij}$ bezeichnet.

$$e_{ij} = \frac{n_{i\bullet} \cdot n_{\bullet j}}{n}$$

Die (normierte) Abweichung der $n_{ij}$ von den $e_{ij}$ kann zur Konstruktion eines Zusammenhangsmaßes (Assoziationsmaß) verwendet werden. Viele Assoziationsmaße bauen auf der *quadratischen Kontingenz* $\chi^2$ auf.

Der Kontingenzkoeffizient ist so normiert, dass er immer zwischen 0 und 1 liegt. Daher besteht eine gewisse Ähnlichkeit zum Korrelationskoeffizienten. Da es bei zwei nominalen Merkmalen keinen Sinn macht, von einer bestimmten Richtung eines Zusammenhangs zu sprechen, gibt der Kontingenzkoeffizient nur die Stärke des Zusammenhangs an und hat immer ein positives Vorzeichen. Zur Interpretation des Zusammenhangs zwischen nominalen Merkmalen sollten neben dem Kontingenzkoeffizienten auch die entsprechenden bedingten Verteilungen herangezogen werden.

### Quadratische Kontingenz

Unter der *quadratischen Kontingenz* $\chi^2$ zwischen $\mathcal{X}$ und $\mathcal{Y}$ versteht man die Summe der mit den Unabhängkeitszahlen $e_{ij}$ normierten quadratischen Abweichungen der Besetzungszahlen $n_{ij}$ von den Unabhängigkeitszahlen.

$$\chi^2 = \sum_{i=1}^{r} \sum_{j=1}^{s} \frac{(n_{ij} - e_{ij})^2}{e_{ij}} \tag{7.16}$$

Es gilt: $\chi^2 = 0 \Longleftrightarrow n_{ij} = e_{ij}$ für alle $i, j$
Die Maßzahl

$$K = \sqrt{\frac{\chi^2}{(\chi^2 + n) \cdot (t - 1)/t}} \tag{7.17}$$

mit $t = \min(r - 1, s - 1)$ heißt *Kontingenzkoeffizient*.
K ist ein Maß für den Zusammenhang von nominalen Merkmalen.

### Beispiel 7.13: Geschlecht und Kultur im TV

Für die oben bereits angegebene Kontingenztabelle berechnen wir jeweils die Zahlen $e_{ij}$, die unter der Unabhängigkeit zu erwarten sind. Diese werden dann mit den tatsächlichen Besetzungszahlen verglichen.

| | gar nicht | wenig | mittel | stark | sehr stark | Summe |
|---|---|---|---|---|---|---|
| | Fernsehinteresse Kultur | | | | | |
| Männer | 299 | 546 | 365 | 179 | 45 | 1.434 |
| erwartet | 286 | 492 | 392 | 206 | 58 | |
| Frauen | 280 | 451 | 429 | 239 | 72 | 1.471 |
| erwartet | 293 | 505 | 402 | 212 | 59 | |
| Summe | 579 | 997 | 794 | 418 | 117 | 2.905 |

Man erkennt, dass es bei den Frauen mehr an Kultur Interessierte gibt als unter der Unabhängigkeitsannahme erwartet. Bei den Männern sind dagegen die Werte bei den unteren Kategorien stärker besetzt.

Der Wert der quadratischen Kontingenz ist $\chi^2 = 29,2$. Daraus ergibt sich ein Kontingenzkoeffizient von $0,16$, der nur eine schwache Abhängigkeit anzeigt.

Analog zum linearen Regressionsmodell gibt es zur Analyse von Kontingenztabellen die so genannten loglinearen und logistischen Regressionsmodelle. Eine Einführung und anwendungsbezogene Erklärung solcher Modelle ist etwa bei TUTZ (2000) zu finden.

## Literatur

### Verwendete Literatur

FAHRMEIR, Ludwig, Thomas KNEIB und Stefan LANG (2007) *Regression*. Berlin, Heidelberg, New York: Springer.

TUTZ, Gerhard (2000) *Die Analyse kategorialer Daten*. München, Wien: Oldenbourg.

### Weitere Literatur

KREMSER, Peter (1988) Deskriptive Statistik. In: WOLL, Artur (Hg.) *Wirtschaftslexikon*. 3., vollst. überarb. u. erw. Aufl. München u. Wien: R. Oldenbourg, S. 119–123.

MONTGOMERY, Douglas C. und Elizabeth A. PECK (1982) *Introduction to Linear Regression Analysis*. New York: John Wiley & Sons.

RIEDWYL, Hans (1980) *Regressionsgerade und Verwandtes*. Uni-Taschenbücher. 923. Bern u. Stuttgart: Paul Haupt.

SCHNEEWEISS, Hans (1990) *Ökonometrie*. 4. überarb. Auflage. Würzburg u. Wien: Physica.

# 8 Schätzen und Testen

## 8.1 Einführung

In den meisten Wissenschaftsgebieten können neue Erkenntnisse nicht durch Deduktion, also durch Ableitung von bereits bekannten Gesetzmäßigkeiten, bewiesen werden. Hier ist man auf die Induktion, den Rückschluss von einer Teilgesamtheit auf die Allgemeinheit, angewiesen. Die Vorgehensweise der statistischen Inferenz hilft, diesen Rückschluss korrekt vorzunehmen.

In diesem Kapitel beschäftigen wir uns mit Methoden, die es ermöglichen, Ergebnisse einer Stichprobenziehung auf die Grundgesamtheit zu übertragen oder die Ergebnisse eines Experiments als allgemeines Phänomen nachzuweisen.

### Beispiel 8.1: Ist Fernsehen informativ?

Bei der Umfrage über das Medienverhalten Jugendlicher in Deutschland (der Jugendstudie aus Beispiel 1.3, S. 14) wurde unter anderem die Frage "Halten Sie das Fernsehen für informativ?" gestellt. Der Anteil der Befragten, der dies bejaht, betrug $80,4\%$. Es wäre vermessen zu behaupten, dass der Anteil unter der jugendlichen Bevölkerung genau $80,4\%$ beträgt, nur weil dies das Ergebnis einer Stichprobe ist. Dennoch wird man aufgrund dieser Prozentangabe geneigt sein, einer Hypothese zu widersprechen, dass höchstens $10\%$ der in Deutschland lebenden Jugendlichen Fernsehen für ein informatives Medium halten. Damit stellt sich die Frage, wie nahe dieser Stichprobenwert an dem tatsächlichen, jedoch unbekannten Prozentanteil in der Grundgesamtheit liegt. Dieser wäre nur durch eine

Befragung aller in Deutschland lebender Jugendlicher genau bestimmbar (Vollerhebung). Als entscheidende Frage bleibt somit: Mit welchem Nachdruck kann man aufgrund der Kenntnis des Stichprobenresultats Behauptungen über den wahren Prozentwert entgegentreten oder sie bestätigen?
Neben der Definition der Grundgesamtheit ist u. a. auch der Zeitpunkt der Erhebung zu berücksichtigen. Besonders Fragestellungen zu Gewohnheiten und Meinungen sind stets Momentaufnahmen und unterliegen der ständigen Veränderung.

Typischerweise interessieren wir uns also für gewisse Kenngrößen der Grundgesamtheit. Diese sind feste, aber i. A. unbekannte Zahlenwerte. Im obigen Beispiel ist der Anteil der Jugendlichen, die Fernsehen für informativ halten, eine relevante Kenngröße. Die Stichprobe mit ihren Maßzahlen ist unser Werkzeug, um Aussagen über die Kenngrößen der Grundgesamtheit zu machen. Geht man davon aus, dass es sich um eine Zufallsstichprobe handelt, so ist es möglich, unter Benutzung der Wahrscheinlichkeitstheorie auf die Grundgesamtheit zu schließen. Man bezeichnet dies als *statistische Inferenz*. Entsprechendes gilt bei der Durchführung von Experimenten.

### Beispiel 8.2: Experiment

In einer Studie zum Zusammenhang zwischen Informationssuche in Massenmedien und der Nützlichkeit der Informationen führte Charles ATKIN ein Experiment durch: Drei Gruppen von Schülern (Gruppengrößen zwischen 22 und 24) wurde mitgeteilt, dass sie in drei Tagen an einer Diskussion zu nationalen, lokalen oder schulbezogenen Problemen teilnehmen sollten. Die Mediennutzungsgewohnheiten für diesen Zeitraum wurden mit Hilfe eines Fragebogens nachträglich ermittelt. Dabei zeigte sich u.a., dass die Gruppe, die über nationale Probleme diskutieren sollte, häufiger landesweite Nachrichten nutzte (Index-Mittelwert von 3,95) als die anderen beiden Gruppen

(Mittelwert 3,04). Neben der Frage nach der Angemessenheit des experimentellen Designs und der Validität (vgl. Kapitel 4.5) ist die Verallgemeinerungsfähigkeit der Ergebnisse zu diskutieren: Kann man auf der Basis der gemessenen Differenz von 0,91 bei den getesteten Gruppen auf die Existenz eines realen Effekts schließen?

Die zentralen Fragen bei statistischer Inferenz sind:

- Wie kann die Zufälligkeit der Stichprobe berücksichtigt werden?
- Ist das experimentelle Design geeignet, um aus dem Ergebnis allgemeine Schlüsse ziehen zu können?
- Wie geht man bei der Schlussfolgerung auf der Basis von Ergebnissen der Stichprobenziehung oder des Experiments richtig vor?

Die statistische Inferenz setzt sich aus den beiden Methodenteilen *Schätzen* und *Testen* zusammen. Beim Schätzen soll ein Wert (Punktschätzung) oder ein Bereich (Intervallschätzung) für eine bestimmte Kenngröße gefunden werden. Beim Testen wird untersucht, ob eine zuvor festgelegte Hypothese mit Hilfe der erhobenen Daten zugunsten einer Alternativhypothese verworfen werden kann. Typische Beispiele in der Medienforschung sind Fragen nach der Existenz von Unterschieden in der Mediennutzung bei Jungen und Mädchen oder nach Zusammenhängen von Alter und täglicher Fernsehdauer. Zentral ist bei der Anwendung von statistischen Tests der Begriff der *statistischen Signifikanz*, mit dem ein Nachweis bestimmter Hypothesen bezeichnet wird.

Bei Vollerhebungen ist eine statistische Inferenz nicht nötig, da in diesem Fall Hypothesen bezüglich der Grundgesamtheit direkt nach der Auswertung bestätigt oder widerlegt werden können. Bei Vollerhebungen mit einem geringen Rücklauf ist die Korrektheit der Ergebnisse aufgrund einer ungewollten, meist systematischen Auswahl gefährdet. Hierbei ist grundsätzlich von der Anwendung statistischer Inferenzmethoden abzuraten.

Ganz allgemein betrachten wir eine Stichprobe vom Umfang $n$. Das interessierende Merkmal bezeichnen wir mit $\mathcal{X}$ und die entsprechenden Werte der $n$ Untersuchungseinheiten mit $X_1, \ldots, X_n$. Da wir von einer Zufallsstichprobe ausgehen, sind $X_1, \ldots, X_n$ Zufallsgrößen. An diese werden folgende Forderungen gestellt:

- Die Zufallsgrößen müssen stochastisch unabhängig sein (Unabhängigkeitsannahme).
- Die Verteilungen der Zufallsgrößen sind gleich.

Für die Zufallsgrößen gilt demnach: $X_1, X_2, \ldots, X_n$ i.i.d. (siehe S. 80). Entsprechend verwendet man als Symbolik für einen solchen Stichprobentyp ebenfalls die Abkürzung *i.i.d.* und spricht von einer *i.i.d.-Stichprobe*. Die Abkürzungen stehen für die englischen Begriffe „independent" and „identically distributed". Eine solche Stichprobe liegt vor, falls wir aus einer großen Grundgesamtheit eine einfache Zufallsstichprobe ziehen (siehe Kap. 3.5.1, S. 119) oder falls ein bestimmtes Experiment mehrfach unabhängig durchgeführt wird, so dass kein Zusammenhang zwischen den Einzelexperimenten besteht.

## 8.2 Punktschätzung

Die Punktschätzung ist der erste Schritt zur Bestimmung einer Kenngröße der Grundgesamtheit. Typischerweise sind Mittelwerte oder Anteile zu schätzen. Um die Grundideen der statistischen Inferenz bei der Punktschätzung zu verdeutlichen, betrachten wir ein einfaches hypothetisches Beispiel einer kleinen, vollständig bekannten Grundgesamtheit.

**Beispiel 8.3: Ziehung aus kleiner Grundgesamtheit**
Gegeben sei eine Grundgesamtheit aus fünf Elementen. Die Elemente der Grundgesamtheit sind „Haushalte", das interessierende Merkmal ist die „Anzahl der im Haushalt lebenden Kinder".

| Grundgesamtheit | |
|---|---|
| Haushalt | Kinderzahl |
| 1 | 0 |
| 2 | 2 |
| 3 | 1 |
| 4 | 0 |
| 5 | 2 |

Wir interessieren uns für die durchschnittliche Kinderzahl pro Haushalt. Dies ist gerade der Mittelwert $\mu$ der Grundgesamtheit. Er kann leicht berechnet werden:

$$\mu = \frac{0 + 2 + 1 + 0 + 2}{5} = 1$$

Aus 5 Grundgesamtheitselementen können bei zweimaligem Ziehen ohne Zurücklegen genau 10 verschiedene Stichproben zustande kommen. Die möglichen Werte für den Mittelwert der Stichprobe $\bar{X}$ sind der nachfolgenden Tabelle zu entnehmen:

| Mögliche Stichprobe (Haushalte) | Beobachtete Merkmalsausprägungen | Realisation der Statistik $\bar{X}$ |
|---|---|---|
| 1, 2 | 0, 2 | $\bar{x} = 1$ |
| 1, 3 | 0, 1 | $\bar{x} = 0,5$ |
| 1, 4 | 0, 0 | $\bar{x} = 0$ |
| 1, 5 | 0, 2 | $\bar{x} = 1$ |
| 2, 3 | 2, 1 | $\bar{x} = 1,5$ |
| 2, 4 | 2, 0 | $\bar{x} = 1$ |
| 2, 5 | 2, 2 | $\bar{x} = 2$ |
| 3, 4 | 1, 0 | $\bar{x} = 0,5$ |
| 3, 5 | 1, 2 | $\bar{x} = 1,5$ |
| 4, 5 | 0, 2 | $\bar{x} = 1$ |

Insgesamt sind fünf verschiedene Werte für $\bar{X}$ möglich, die sich je nach gezogener Stichprobe unterscheiden. Der minimale Wert ist 0, der maximale Wert beträgt 2. In diesen beiden Fällen hat man „Pech gehabt", während man bei vier anderen Ziehungen mit $\bar{X} = 1$ genau richtig liegt.

Es liegt also nahe, den Mittelwert der Stichprobe als Schätzer für den wahren, aber unbekannten Parameter der Grundgesamtheit zu verwenden. Wie aus der Tabelle hervorgeht, schwankt das Stichprobenmittel abhängig von den gezogenen Elementen. Da wir von einer Zufallsauswahl ausgehen, ist $\bar{X}$ eine Zufallsgröße.

Wir berechnen die Wahrscheinlichkeitsfunktion von $\bar{X}$. Dabei gehen wir von einer einfachen Zufallsstichprobe aus, was bedeutet, dass alle 10 möglichen Ziehungen die gleiche Wahrscheinlichkeit $\frac{1}{10}$ haben. Die Wahrscheinlichkeit für die verschiedenen Werte von $\bar{X}$ ergeben sich wie folgt:

| Möglicher Wert von $\bar{X}$ | Wahrscheinlichkeit | Ziehungen |
|---|---|---|
| $\bar{x} = 0$ | $\dfrac{1}{10}$ | (1,4) |
| $\bar{x} = 0,5$ | $\dfrac{2}{10}$ | (1,3), (3,4) |
| $\bar{x} = 1$ | $\dfrac{4}{10}$ | (1,2), (1,5), (2,4), (4,5) |
| $\bar{x} = 1,5$ | $\dfrac{2}{10}$ | (2,3), (3,5) |
| $\bar{x} = 2$ | $\dfrac{1}{10}$ | (2,5) |

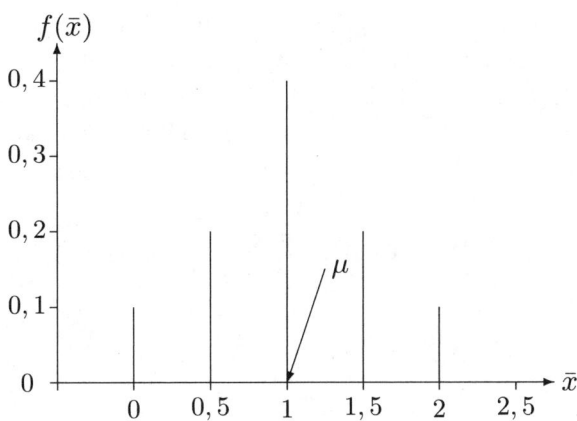

**Abb. 8.1:** Wahrscheinlichkeitsfunktion von $\bar{X}$

Die Wahrscheinlichkeitsfunktion ist in Abb. 8.1 grafisch dargestellt.

Der Erwartungswert von $\bar{X}$ ist

$$E\left(\bar{X}\right) = \frac{1}{10} \cdot 0 + \frac{2}{10} \cdot 0,5 + \frac{4}{10} \cdot 1 + \frac{2}{10} \cdot 1,5 + \frac{1}{10} \cdot 2 = 1.$$

Der geschätzte Mittelwert stimmt in der Regel also nicht mit dem wahren Mittelwert überein, aber wir liegen im Mittel mit unserer Schätzung richtig. Die in dem konkreten Beispiel hergeleiteten Eigenschaften der einfachen Mittelwertschätzung lassen sich auf sehr allgemeine Situationen übertragen.

## 8.2.1 Erwartungswertschätzung

Von Interesse ist der Mittelwert eines Merkmals in der Grundgesamtheit. Dieser kann durch das arithmetische Mittel

$\bar{X} = \frac{1}{n} \cdot \sum_{i=1}^{n} X_i$ der Stichprobe geschätzt werden. $\bar{X}$ ist abhängig von den Zufallsgrößen $X_1, \ldots, X_n$ und daher eine Zufallsgröße, was auch in Beispiel 8.3 erläutert wurde.

Um Eigenschaften dieser Schätzung zu diskutieren, greifen wir auf einige Ergebnisse der Wahrscheinlichkeitstheorie aus Kapitel 2 zurück. Es gilt:

$$E(\bar{X}) \;=\; E\left(\frac{1}{n} \sum_{i=1}^{n} X_i\right) = \mu \qquad (8.1)$$

$$\text{Var}\left(\bar{X}\right) \;=\; \text{Var}\left(\frac{1}{n} \sum_{i=1}^{n} X_i\right) = \frac{\sigma^2}{n} \qquad (8.2)$$

$$\text{STE}\left(\bar{X}\right) \;=\; \sqrt{\text{Var}\left(\bar{X}\right)} = \frac{\sigma}{\sqrt{n}} \qquad (8.3)$$

Dabei ist $\mu$ der Erwartungswert der Größen $X_i$ (für $i = 1, \ldots, n$), welcher dem Mittelwert in der Grundgesamtheit entspricht. Ebenso entspricht $\sigma$ der Standardabweichung des Merkmals in der Grundgesamtheit. Der Schätzer $\bar{X}$ hat also zwei wichtige Eigenschaften: Gleichung (8.1) bedeutet, dass $\bar{X}$ ein so genannter *erwartungstreuer* oder *unverzerrter* Schätzer für den Mittelwert $\mu$ der Grundgesamtheit ist. Die Varianz des Schätzers ist von der Varianz des Merkmals in der Grundgesamtheit abhängig und wird mit zunehmendem Stichprobenumfang kleiner.

Die Standardabweichung des Schätzers, die als die Wurzel der Varianz definiert ist, wird auch als *Standardfehler* (engl. standard error) $\text{STE}\left(\bar{X}\right)$ bezeichnet. Man spricht in diesem Zusammenhang auch vom „standard error of the mean". Der Standardfehler ist ein Maß für die Abweichung von $\bar{X}$ von dem wahren Wert $\mu$. Ein erwartungstreuer Schätzer ist umso besser, je kleiner sein Standardfehler ist. Im Fall des Schätzers $\bar{X}$ hängt $\text{STE}\left(\bar{X}\right)$ von dem Stichprobenumfang nach dem $\sqrt{n}$-Gesetz ab, d. h. der Standardfehler nimmt mit steigendem Stichprobenumfang mit dem Faktor $\sqrt{n}$ ab.

Eine weitere wichtige Eigenschaft von Schätzern bezieht sich auf die Verteilung der Schätzer bei großen Stichprobenumfängen. Es gibt Schätzer, bei denen man für große $n$ die Normalverteilung annehmen darf. Solche Schätzer heißen *asymptotisch normalverteilt*. Der Schätzer $\bar{X}$ erfüllt aufgrund der Aussagen des Zentralen Grenzwertsatzes (siehe (2.59), S. 97) die asymptotische Normalverteilungseigenschaft.

---

**Erwartungswertschätzung**

Der unbekannte Parameter $\mu$, einer Zufallsgröße $X$, wird aus einer i.i.d.–Stichprobe $X_1, \ldots, X_n$ durch $\bar{X}$ geschätzt.

$$\bar{X} = \frac{1}{n} \sum_{i=1}^{n} X_i \qquad (8.4)$$

Ist die Zufallsgröße $X$ des Untersuchungsmerkmals normalverteilt mit Erwartungswert $\mu$ und Varianz $\sigma^2$, dann ist $\bar{X}$ normalverteilt mit Erwartungswert $\mu$ und Varianz $\frac{\sigma^2}{n}$:

$$\bar{X} \sim N\left(\mu; \frac{\sigma^2}{n}\right) \qquad (8.5)$$

Diese Beziehung gilt für große Stichprobenumfänge auch dann, wenn $X$ nicht normalverteilt ist.

---

Zu beachten ist, dass die obigen Formeln für das Ziehen aus kleinen Grundgesamtheiten wie in dem hypothetischen Beispiel 8.3 nur näherungsweise gelten. Genauere Formeln für diesen Fall sind z. B. in KAUERMANN und KÜCHENHOFF (2007) zu finden.

### Beispiel 8.4: Mittelwertschätzung in der Medienstudie

In der Medienstudie (Beispiel 1.1, S.13) wurde u. a. der tägliche Fersehkonsum in Minuten abgefragt. Aus der Stichprobe lässt sich der Mittelwert der Grundgesamtheit der deutschen Bevölkerung schätzen. Da die Stichprobe in West- und Ostdeutschland getrennt gezogen wurde, bestimmen wir eine getrennte Schätzung für West- und Ostdeutschland. Es ergeben sich folgende Werte:

$$\text{West:} \quad \bar{x} = 162,14 \text{ Minuten}$$
$$\text{Ost:} \quad \bar{y} = 183,97 \text{ Minuten}$$

Diese Mittelwerte sind also Schätzungen für den eigentlich interessierenden Mittelwert in der Grundgesamtheit der Bevölkerung.

## 8.2.2 Schätzung eines Anteils

Möchte man aus einer Stichprobe den Anteil der Merkmalsträger in der Grundgesamtheit schätzen, die eine *bestimmte* Eigenschaft besitzen, dann wird das entsprechende Merkmal mit nur zwei Ausprägungen auch als *binär* bezeichnet. Die Werte der dazugehörigen Zufallsvariable $X$ sind 0 oder 1. Man spricht daher auch von einer *Null-Eins-Variable*. Für einen zufällig gezogenen Merkmalsträger besitzt $X$ folgende Ausprägungen:

$$X = \begin{cases} 1, & falls \text{ er die bestimmte Eigenschaft besitzt} \\ 0, & falls \text{ er die bestimmte Eigenschaft } nicht \text{ besitzt} \end{cases}$$

Der Erwartungswert dieser Null-Eins-Variable ist identisch mit dem Anteil der Merkmalsträger in der Grundgesamtheit, die die gefragte Eigenschaft aufweisen. Dieser Anteil wird mit dem Buchstaben $p$ bezeichnet. $X$ ist also BERNOULLI-verteilt mit dem Parameter $p$: $X \sim Be(p)$. Für $X$ gilt, siehe (2.33), S. 81:

$$E(X) = 1 \cdot P(X = 1) + 0 \cdot P(X = 0) = p \qquad (8.6)$$

und nach (2.34), S. 81

$$Var(X) = p(1 - p) \qquad (8.7)$$

Die Werte der Größen $X_1, \ldots, X_n$ können also nur die Werte 0 oder 1 annehmen. Die Summe $Y = \sum_{i=1}^{n} X_i$ entspricht der Anzahl der Untersuchungseinheiten mit dem Wert 1. Aufgrund der Unabhängigkeit der $X_i$ besitzt $Y$ eine Binomialverteilung mit den Parametern $n$ und $p$ (siehe dazu Kapitel 2.6.2). Das arithmetische Mittel $\bar{X}$ ist dann gerade die relative Häufigkeit $R$ der gesuchten Eigenschaft und damit ein Punktschätzer für den Anteilswert $p$.

### Beispiel 8.5: Null-Eins-Variable
Das Merkmal „Ein zufällig befragter Jugendlicher hält Fernsehen für informativ" besitzt unter Ausschluss der Antwort „weiß ich nicht" oder einer Antwortverweigerung nur die beiden Ausprägungen „ja" oder „nein". Die entsprechende Null-Eins-Variable X ist daher folgendermaßen definiert:

$$X = \begin{cases} 1, \text{ für die Antwort „ja"} \\ 0, \text{ für die Antwort „nein"} \end{cases}$$

Der Erwartungswert von $X$ ist die unbekannte Wahrscheinlichkeit $P(X = 1)$, die dem Anteil der Jugendlichen, die Fernsehen für informativ halten, entspricht.

Da die relative Häufigkeit $R$ dem arithmetischen Mittel der Null-Eins-Variablen $\bar{X}$ der Stichprobe entspricht, ist $R$ ein erwartungstreuer Schätzer für $p$ mit der Varianz $\frac{p \cdot (1-p)}{n}$. Letzteres folgt aus der Varianzberechnung des arithmetischen Mittels nach Formel (8.2), die allgemein, also auch für ein binäres Merkmal, gilt.

Für die absoluten oder relativen Häufigkeiten stellt der Satz von DE MOIVRE-LAPLACE eine spezielle Form des Zentralen Grenzwertsatzes dar (siehe Formel (2.60), S. 98). Ist der Stichprobenumfang genügend groß und liegt die Erfolgswahrscheinlichkeit $p$ der Binomialverteilung nicht zu sehr am Rande des [0;1]-Intervalls, dann kann die Binomialverteilung durch die Normalverteilung approximiert werden. Als Faustregel wird hierzu üblicherweise die Bedingung $n \cdot p \cdot (1 - p) > 9$ verwendet.

---

**Schätzung eines Anteils**

Der Anteil $p$ bzw. die Wahrscheinlichkeit für $X = 1$ wird durch die relative Häufigkeit $R$ geschätzt.

$$R = \frac{1}{n} \sum_{i=1}^{n} X_i \qquad (8.8)$$

Die Zufallsgröße $Y = nR = \sum_{i=1}^{n} X_i$ ist binomialverteilt.

$$Y \sim B(n; p)$$

Gilt die Faustregel $n \cdot p \cdot (1 - p) > 9$, dann ist $R$ approximativ normalverteilt mit Erwartungswert $p$ und Varianz $\frac{p \cdot (1 - p)}{n}$:

$$R \overset{as}{\sim} N\left(p; \frac{p \cdot (1 - p)}{n}\right) \qquad (8.9)$$

---

Bisher stand der Schätzer $\bar{X}$ für den Erwartungswert $\mu$ einer Zufallsgröße $X$ im Fokus der Untersuchungen. Es gibt aber auch Punktschätzer für weitere Parameter einer Verteilung. Wir beschränken uns hier jedoch auf die Schätzung der Varianz $\sigma^2$, den wichtigsten Parameter neben dem Erwartungswert.

### 8.2.3 Varianzschätzung

Bereits in Abschnitt 6.2.2 wurde die Stichprobenvarianz $S^2$ vorgestellt, die sich als Punktschätzer für die Populationsvarianz $\sigma^2$ eignet.

$$S^2 = \frac{1}{n-1} \sum_{i=1}^{n} (X_i - \bar{X})^2 \qquad (8.10)$$

In die Berechnung des Varianzschätzers $S^2$ wird das arithmetische Stichprobenmittel $\bar{X}$ eingesetzt. Kennt man den Erwartungswert $\mu$, dann verwendet man selbstverständlich $\mu$ und nicht dessen Schätzer $\bar{X}$. In diesem Fall dividiert man in der Formel 8.10 auch nicht durch $n-1$, sondern durch $n$. Dass der Erwartungswert $\mu$ bei einer empirischen Untersuchung bekannt ist, kommt jedoch äußerst selten vor.

Die im vorherigen Abschnitt behandelten Gütekriterien von Schätzfunktionen können auch auf den Varianzschätzer angewendet werden. So zeigt sich, dass der Erwartungswert von $S^2$ gleich $\sigma^2$ ist. $S^2$ stellt damit einen für $\sigma^2$ erwartungstreuen Schätzer dar.

## 8.3 Intervallschätzung

Die Realisation einer Punktschätzung $\bar{X}$ liefert für den gesuchten Parameter $\mu$ einen Schätzwert. Wie viel Vertrauen man dem Schätzwert schenken darf bzw. wie nahe dieser am unbekannten Parameter liegt, ist damit allerdings noch nicht beantwortet. Mit Hilfe der Intervallschätzung können wir jedoch einen Bereich bzw. ein Intervall angeben, das mit einer vorgegebenen Wahrscheinlichkeit den Parameter enthält. Diese Wahrscheinlichkeit nennt man *Sicherheits-* oder *Konfidenzniveau*; sie wird üblicherweise mit dem Buchstaben $\gamma$ (gesprochen: gamma) bezeichnet.

Das Konfidenzintervall bedeutet gegenüber der Punktschätzung einen wesentlichen Informationsgewinn, der durch den Einsatz der Wahrscheinlichkeitstheorie entsteht. Dabei muss die Verteilung des Punktschätzers, der die Grundlage für die Intervallschätzung bildet, bestimmt werden. Bei einem großen Stichprobenumfang liefert gerade der Zentrale Grenzwertsatz für das arithmetische Mittel $\bar{X}$ die benötigte Kenntnis über die Verteilung von $\bar{X}$.

In den nachfolgenden Abschnitten werden ausschließlich Konfidenzintervallkonstruktionen von Erwartungswerten berücksichtigt.

Für die Konfidenzintervalle von Varianzen sei beispielsweise auf RÜGER (1996) verwiesen.

### 8.3.1 Konfidenzintervall für den Erwartungswert

Für die Zufallsgröße $X$ eines metrisch skalierten Merkmals soll ein Konfidenzintervall für den Erwartungswert $\mu$ konstruiert werden. Hierzu benötigt man die untere und obere Schranke, die mit $K_u$ und $K_o$ bezeichnet werden. $K_u$ und $K_o$ werden aus den Daten der Stichprobenziehung berechnet.

**Beispiel 8.6: Radiohördauer**
Die wöchentliche Radiohördauer von Jugendlichen wurde in der Jugendstudie (Beispiel 1.3, S. 14) erhoben. Das Merkmal ist metrisch skaliert und die wöchentliche Radiohördauer eines zufällig ausgewählten Jugendlichen stellt die Zufallsgröße $X$ dar. Es sollen eine untere und obere Schranke ($K_u$ und $K_o$) errechnet werden, zwischen denen die durchschnittliche, wöchentliche Radiohördauer mit hoher Wahrscheinlichkeit liegt.

In Beispiel 8.6 wurde die Formulierung „mit hoher Wahrscheinlichkeit" gebraucht. Es handelt sich dabei um das Konfidenzniveau $\gamma$, das vor der Konstruktion festgelegt werden sollte. Theoretisch könnte $\gamma$ zwischen 0 und 1 liegen. Ein Konfidenzintervall, das den unbekannten Parameter mit einer Wahrscheinlichkeit von 0,2 enthält, besitzt kaum Aussagekraft. Das Konfidenzniveau (Sicherheitsniveau) $\gamma$ wird nahe bei 1 angesetzt, wie beispielsweise $\gamma = 0,95$ oder $\gamma = 0,99$. Die Schranken $K_u$ und $K_o$ sind nun so zu wählen, dass $\mu$ mindestens mit der Wahrscheinlichkeit $\gamma$ zwischen $K_u$ und $K_o$ liegt. Dabei soll der Abstand zwischen $K_u$ und $K_o$ möglichst klein sein.

---

**Konstruktionsprinzip
eines Konfidenzintervalls für $\mu$**

Es soll ein Konfidenzintervall $[K_u; K_o]$ für einen unbekannten Parameter $\mu$ bestimmt werden. Dabei geht man nach folgendem Kriterium vor:

Wähle $[K_u; K_o]$ so, dass

- $P(K_u \leq \mu \leq K_o) \geq \gamma$ und
- der Abstand $K_o - K_u$ minimal wird.

---

Die beiden gegensätzlichen Zielsetzungen – kleines Intervall (also hohe Genauigkeit) vs. großes Sicherheitsniveau $\gamma$ – bekommt man dadurch in den Griff, dass das Sicherheitsniveau vorgegeben wird. Zur konkreten Umsetzung des Konstruktionsprinzips wird die Verteilung des arithmetischen Mittels untersucht. Nehmen wir zunächst an, $X$ sei normalverteilt mit den Parametern $\mu$ und $\sigma^2$, dann ist auch das arithmetische Mittel normalverteilt.

Hier gilt:

$$\bar{X} \sim N\left(\mu; \frac{\sigma^2}{n}\right). \tag{8.11}$$

Subtrahiert man von einer normalverteilten Zufallsgröße den Erwartungswert und dividiert diese Differenz durch die Standardabweichung, dann ist die daraus resultierende Zufallsgröße $Z$ standardnormalverteilt.

$$Z = \frac{\bar{X} - \mu}{\sigma} \cdot \sqrt{n} \sim N(0, 1). \tag{8.12}$$

Nun benutzen wir die beiden Quantile $z_{\frac{1-\gamma}{2}}$ und $z_{\frac{1+\gamma}{2}}$ der Verteilung von $Z$ und kommen zu folgender Aussage (siehe Abb. 8.2):

$$P\left(z_{\frac{1-\gamma}{2}} \leq Z \leq z_{\frac{1+\gamma}{2}}\right) = \gamma \tag{8.13}$$

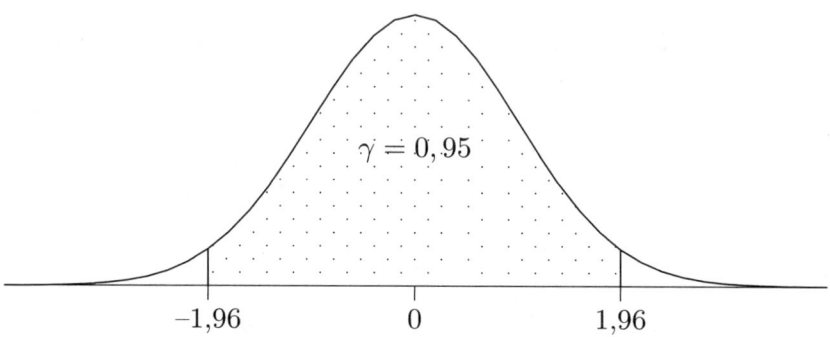

**Abb. 8.2:** Die $(\frac{1-\gamma}{2} = 0,025)$- und $(\frac{1+\gamma}{2} = 0,975)$-Quantile der N(0;1)-Verteilung zur Konstruktion eines Konfidenzintervalls mit $\gamma = 0,95$

Setzen wir in (8.13) den Quotienten $\frac{\bar{X}-\mu}{\sigma} \cdot \sqrt{n}$ für $Z$ ein und verwenden die Symmetrie der Normalverteilung, d. h. $z_{\frac{1-\gamma}{2}} = -z_{\frac{1+\gamma}{2}}$, dann steht das Konfidenzintervall schon fast da. Ziel dabei ist, dass in der Mitte der Ungleichungskette von (8.13) anstatt $Z$ der Parameter $\mu$ steht. Dazu löst man ganz einfach die Ungleichungskette nach $\mu$ auf:

$$P\left(-z_{\frac{1+\gamma}{2}} \cdot \frac{\sigma}{\sqrt{n}} \leq \bar{X} - \mu \leq z_{\frac{1+\gamma}{2}} \cdot \frac{\sigma}{\sqrt{n}}\right) = \gamma \qquad (8.14)$$

$$P\left(\bar{X} - z_{\frac{1+\gamma}{2}} \frac{\sigma}{\sqrt{n}} \leq \mu \leq \bar{X} + z_{\frac{1+\gamma}{2}} \frac{\sigma}{\sqrt{n}}\right) = \gamma \qquad (8.15)$$

Die Ober- und Untergrenzen in der Gleichung (8.15) erfüllen die aufgestellten Forderungen eines Konfidenzintervalls zum Sicherheitsniveau $\gamma$. Das Konfidenzintervall für $\mu$ lautet also:

$$\left[ \bar{X} - z_{\frac{1+\gamma}{2}} \frac{\sigma}{\sqrt{n}} \; ; \; \bar{X} + z_{\frac{1+\gamma}{2}} \frac{\sigma}{\sqrt{n}} \right]. \qquad (8.16)$$

Für die Berechnung des Konfidenzintervalls benötigt man zu dem gegebenen Sicherheitsniveau $\gamma$ nur das jeweilige $z_{\frac{1+\gamma}{2}}$-Quantil der Standardnormalverteilung. Für die üblichen Sicherheitsniveaus, die meist in Form von Prozentzahlen angegeben werden, sind die entsprechenden Quantile im Abb. 8.3 zusammengefasst. Weitere Quantile der Standardnormalverteilung sind im Anhang A.1 zu finden.

| Konfidenzniveau $\gamma$ | 90 % | 95 % | 98 % | 99 % |
|---|---|---|---|---|
| Wahrscheinlichkeit: $\Phi\left(z_{(1+\gamma)/2}\right)$ | 0,95 | 0,975 | 0,99 | 0,995 |
| Quantile von N(0;1): $z_{(1+\gamma)/2}$ | 1,65 | 1,96 | 2,33 | 2,58 |

**Abb. 8.3:** Wichtige Quantile der Standardnormalverteilung

Bei steigendem Konfidenzniveau verbreitert sich das Intervall, da die entsprechenden Quantile größer werden. Falls für $\gamma = 1$ gewählt wird, läge das dazugehörige Normalverteilungsquantil $z_1$ im Unendlichen. Das Konfidenzintervall ist gleich der reellen Zahlenachse. Es stellt jedoch keinen Informationsgewinn dar, dass der unbekannte Erwartungswert eine Zahl zwischen minus und plus unendlich annimmt. Die vollkommene Sicherheit führt bei der Intervallschätzung damit zu keinem Informationsgewinn. Wenn man jedoch bereit ist, etwas Sicherheit aufzugeben, dann bekommt man einen Bereich, der den gesuchten Parameter mit hoher Wahrscheinlichkeit überdeckt. Je weniger Sicherheit man haben möchte, umso kürzer wird das entsprechende Konfidenzintervall. Betrachtet man den Ausdruck (8.16), so stellt man fest, dass das Konfidenzintervall auf die Punktschätzung $\bar{X}$ zusammenschrumpft, wenn $\gamma = 0$ gewählt wird.

Die Schranken in (8.15) besitzen einen „Schönheitsfehler". Sie können selbst nach der Stichprobenrealisation, also wenn $\bar{x}$ vorliegt, nur dann berechnet werden, wenn $\sigma$ bekannt ist. Dies ist in der Regel jedoch nicht der Fall. Nur in äußerst seltenen Fällen sucht man nach dem Erwartungswert einer Verteilung und kennt deren Standardabweichung oder Varianz.

Bei unbekannter Varianz schätzt man diese durch den erwartungstreuen Varianzschätzer $S^2$ von $\sigma^2$ (8.10) (siehe S. 280). In der standardisierten Form des arithmetischen Stichprobenmittels (8.12) ersetzt man $\sigma$ durch $S$, die Wurzel des Schätzers $S^2$. Die dadurch neu gewonnene Zufallsvariable wird mit dem Buchstaben $T$ bezeichnet.

$$T = \frac{\bar{X} - \mu}{S} \cdot \sqrt{n} \qquad (8.17)$$

Die exakte Verteilung der Zufallsgröße $T$ ist nicht mehr die Standardnormalverteilung, sondern eine $t$-Verteilung.

Unter der Annahme, dass $X$ normalverteilt ist, entdeckte der englische Bierbrauer und Hobbystatistiker William Sealy GOSSET (1876–1937) die exakte Verteilung von $T$. Da GOSSET seine Entdeckung unter dem Pseudonym STUDENT veröffentlichte, nennt man diese Verteilung auch *Student-Verteilung* oder *(Student-)t-Verteilung*.

Die $t$-Verteilung ist eigentlich eine Schar von Verteilungen, die sich durch einen Parameter unterscheiden. Man bezeichnet diesen Parameter als *Anzahl der Freiheitsgrade*. Die Anzahl der Freiheitsgrade kürzt man nach dem englischen Begriff „degree of freedom" mit den beiden Buchstaben *df* ab. Im Einstichprobenfall (eine Stichprobe vom Umfang $n$) beträgt die Anzahl der Freiheitsgrade bei der $t$-Verteilung gerade $df = n - 1$. Die $t$-Verteilungen sind der Standardnormalverteilung von der Gestalt her sehr ähnlich. Für einen genügend großen Stichprobenumfang $n$ ist $T$ annäherungsweise standardnormalverteilt. Die Dichten besitzen ebenfalls eine um den Nullpunkt symmetrische Glockenform, jedoch mit „dickeren Enden" als bei der $N(0; 1)$-Verteilung (siehe Abb. 8.4). Für $df > 30$ ist der Unterschied zwischen der $t$-Verteilung und der Standardnormalverteilung vernachlässigbar.

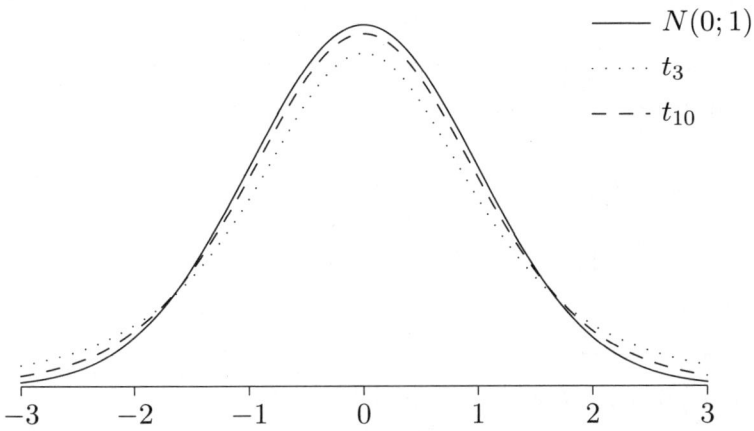

**Abb. 8.4:** $N(0;1)$-Verteilung im Vergleich zu $t$-Verteilungen mit 3 und 10 Freiheitsgraden

Für die Zufallsgröße $T$ kann ein um 0 symmetrisches Intervall gefunden werden, so dass die Fläche über dem Intervall und unter der entsprechenden Dichtekurve genau $\gamma$ beträgt.

Somit gilt folgende Wahrscheinlichkeitsaussage für $T$:

$$P\left(-t_{(n-1;\frac{1+\gamma}{2})} \le \frac{\bar{X}-\mu}{S} \cdot \sqrt{n} \le t_{(n-1;\frac{1+\gamma}{2})}\right) = \gamma \qquad (8.18)$$

Durch einfache algebraische Umformungen – d. h. durch Auflösung nach $\mu$ in der Mitte der Ungleichungskette – resultiert:

$$P\left(\bar{X} - t_{(n-1;\frac{1+\gamma}{2})} \cdot \frac{S}{\sqrt{n}} \le \mu \le \bar{X} + t_{(n-1;\frac{1+\gamma}{2})} \cdot \frac{S}{\sqrt{n}}\right) = \gamma \quad (8.19)$$

Das Konfidenzintervall für $\mu$ bei unbekannter Varianz von $X$ ist damit wie folgt gegeben:

---

## Konfidenzintervall für $\mu$
## bei normalverteiltem $X$

Die Zufallsgröße $X$ sei normalverteilt. Dann gilt für das Konfidenzintervall des Erwartungswerts $\mu$ zum Sicherheitsniveau $\gamma$:

$$\left[ \bar{X} - t_{(n-1;\frac{1+\gamma}{2})} \cdot \frac{S}{\sqrt{n}} \; ; \; \bar{X} + t_{(n-1;\frac{1+\gamma}{2})} \cdot \frac{S}{\sqrt{n}} \right] \qquad (8.20)$$

$t_{(n-1;\frac{1+\gamma}{2})}$ ist das $\frac{1+\gamma}{2}$-Quantil der $t$-Verteilung mit $n-1$ Freiheitsgraden.

---

**Beispiel 8.7: Radiohördauer**
(Fortsetzung von Bsp. 8.6) Wir gehen davon aus, dass die wöchentliche Radiohördauer von befragten Jugendlichen normalverteilt ist. Zur Konstruktion eines Konfidenzintervalls mit Sicherheitsniveau von $\gamma = 0,95$ für die durchschnittliche wöchentliche Radiohördauer werden aus der Jugendstudie (Beispiel 1.3) zufällig zehn Antwortsätze ausgewählt. Für das arithmetische Mittel der Stichprobenwerte wird der Wert $\bar{x} = 5,7$ Stunden errechnet und die Standardabweichung beträgt $s = 6,5$ Stunden. Als Quantil wird $t_{(9;\frac{1+0,95}{2})}$ verwendet, das nach der Tabelle A.2 (S. 378) den (gerundeten) Wert 2,26 annimmt. Setzt man alle Größen in die Formel für das Konfidenzintervall ein, dann resultieren die folgenden Intervallgrenzen:

$$k_u = \bar{x} - t_{(9\;;\;0,975)} \cdot \frac{s}{\sqrt{n}} = 1,1 \text{ Stunden}$$

$$k_o = \bar{x} + t_{(9\;;\;0,975)} \cdot \frac{s}{\sqrt{n}} = 10,3 \text{ Stunden}$$

Das ermittelte Konfidenzintervall

$$[1,1; 10,3]$$

überdeckt mit einem Sicherheitsgrad von 95 % die durchschnittliche wöchentliche Radiohördauer aller Jugendlichen.
Man erkennt, dass der Stichprobenumfang von zehn Jugendlichen nicht dazu ausreicht, eine relevante Aussage zur mittleren
Radiohördauer zu machen.

Bei genügend großem Stichprobenumfang (Faustregel: $n \geq 30$) ist
der Zentrale Grenzwertsatz auf das arithmetische Mittel anwendbar. Dabei kann man die Voraussetzung der Normalverteilung von
$X$ fallen lassen, denn in dieser Situation ist $\bar{X}$ und damit auch die
Testgröße $T$ annähernd normalverteilt. Um diese Ungenauigkeit
zum Ausdruck zu bringen, wird das entsprechende Intervall auch
als *approximatives* Konfidenzintervall bezeichnet.

---

**Approximatives Konfidenzintervall für $\mu$**

Für einen hinreichend großen Stichprobenumfang $n$ (Faustregel:
$n \geq 30$) besitzt das approximative Konfidenzintervall des Erwartungswerts $\mu$ einer Zufallsgröße $X$ zum Sicherheitsniveau $\gamma$
folgende Gestalt:

$$\left[ \bar{X} - z_{\frac{1+\gamma}{2}} \cdot \frac{S}{\sqrt{n}} \; ; \; \bar{X} + z_{\frac{1+\gamma}{2}} \cdot \frac{S}{\sqrt{n}} \right] \tag{8.21}$$

$z_{\frac{1+\gamma}{2}}$ ist das $\frac{1+\gamma}{2}$-Quantil der Standardnormalverteilung.

---

**Beispiel 8.8: Radiohördauer**

(Fortsetzung von Bsp. 8.7) Von den insgesamt 1.200 befragten
Jugendlichen in der Jugendstudie (Beispiel 1.3, S. 14) soll ein
Konfidenzintervall für den Erwartungswert der durchschnittlichen wöchentlichen Radiohördauer von Jugendlichen zum Konfidenzniveau von 0,95 erstellt werden. Der Stichprobenumfang
ist genügend groß, um das approximative Konfidenzintervall
zu benutzen. Nach der Tabelle der $N(0; 1)$-Quantile (S. 285)

resultiert für das $z_{\frac{1+\gamma}{2}}$-Quantil $z_{0,975}$ der Zahlenwert 1,96. Mit den beiden Stichprobenresultaten $\bar{x} = 9{,}9$ Stunden und $s = 8{,}4$ erhält man für die untere und obere Schranke des Intervalls die folgenden Werte:

$$k_u = \bar{x} - z_{\frac{1+\gamma}{2}} \frac{s}{\sqrt{n}} = 9, 4 \text{ Stunden}$$

$$k_o = \bar{x} + z_{\frac{1+\gamma}{2}} \frac{s}{\sqrt{n}} = 10, 4 \text{ Stunden}$$

Das Intervall $[9, 4; 10, 4]$ ist so gewählt, dass es zu einem Konfidenzniveau von 95 % die durchschnittliche wöchentliche Radiohördauer von Jugendlichen überdeckt. Aufgrund des hohen Stichprobenumfangs ist also eine sinnvolle Aussage über die Radiohördauer von Jugendlichen in der Grundgesamtheit möglich.

### Interpretation des Konfidenzniveaus und Auswahlfehler

Angenommen, die Stichprobenziehung kann (beliebig oft) wiederholt werden, so ist das Konfidenzniveau eines Vertrauensintervalls anschaulich interpretierbar. Für $\gamma = 0, 95$ sind bei den aus wiederholten Stichprobenziehungen konstruierten Konfidenzintervallen im Durchschnitt fünf von 100 darunter, die den gesuchten Parameter nicht enthalten. Abb. 8.5 zeigt beispielhaft einige Intervalle für den Parameter $\mu$. Wie wir sehen, kann es also auch vorkommen, dass das Konfidenzintervall den gesuchten Parameter nicht überdeckt. Dies passiert aber nur mit einer Wahrscheinlichkeit von 5 %, d. h. im Durchschnitt ist nur jedes 20. Konfidenzintervall inkorrekt. Vergleichen wir die Ergebnisse der beiden Beispiele 8.7 und 8.8, so ist festzustellen, dass das Konfidenzintervall, berechnet aus den gesamten 1.200 Datensätzen der Jugendstudie, wesentlich schmäler ist. Das Produkt aus Verteilungsquantil und Standardfehler des Stichprobenmittels bezeichnet man auch als *Auswahlfehler* oder

Stichprobe $\qquad\qquad\qquad\mu$

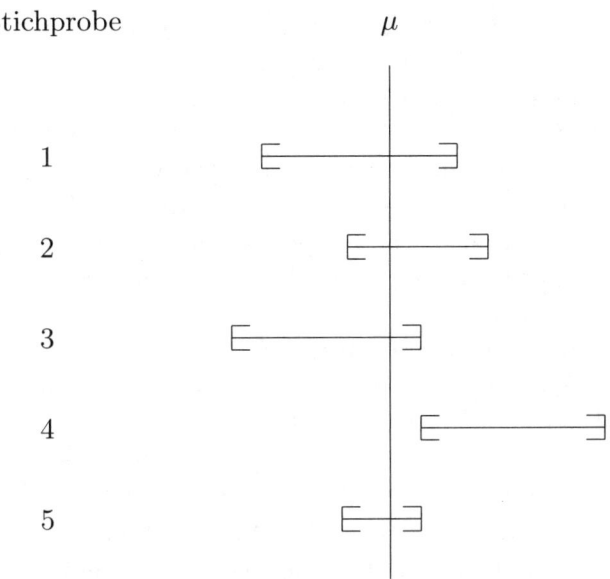

**Abb. 8.5:** Konfidenzintervalle für $\mu$. Die Konfidenzintervalle dieser Abbildung besitzen unterschiedliche Längen, was durch die verschieden großen Varianzschätzwerte $s^2$ einer jeden Stichprobe verursacht wird.

*Schwankungsbreite.* Das Konfidenzintervall kann somit durch $\bar{X} \pm$ Auswahlfehler verkürzt beschrieben werden. Je größer der Stichprobenumfang ist, umso kleiner ist der Auswahlfehler bei gleichem Konfidenzniveau. Im Beispiel 8.7 beträgt der Auswahlfehler 4,6 Stunden und in Beispiel 8.8 nur noch eine halbe Stunde. Damit steigt die Aussagekraft des Konfidenzintervalls durch den großen Stichprobenumfang wesentlich an.

## 8.3.2 Konfidenzintervall für einen Anteil

Wie bei der Behandlung der Punktschätzung beschrieben, ist die zu untersuchende Zufallsgröße $X$ eine binäre Variable. Bei dem unbekannten Erwartungswert von $X$ handelt es sich um den Anteilswert $p$ einer Merkmalseigenschaft von Individuen einer festgelegten Grundgesamtheit oder um die Eintrittswahrscheinlichkeit eines Ereignisses bei einem Experiment. Der Anteil $p$ wird durch die relative Häufigkeit $R$ geschätzt. Die Varianz von $X$ ist $p(1-p)$ und kann durch $R(1-R)$ geschätzt werden. Im Gegensatz zum Fall der Mittelwertschätzung gibt es also keinen weiteren Parameter $\sigma$. Daher kann hier direkt das approximative Konfidenzintervall angegeben werden.

Bei kleinen Stichproben benutzt man die Binomialverteilung von $Y = \sum_{i=1}^{n} X_i$ und erhält damit so genannte exakte Konfidenzintervalle. Siehe z. B. RÜGER (1996).

---

**Approximatives Konfidenzintervall für $p$**

Für einen hinreichend großen Stichprobenumfang $n$ (Faustregel: $n \geq 30$) besitzt das approximative Konfidenzintervall für den Anteilswert $p$ einer bestimmten Eigenschaft in der Grundgesamtheit oder die Eintrittswahrscheinlichkeit eines Ereignisses zum Sicherheitsniveau $\gamma$ folgende Gestalt:

$$\left[ R - z_{\frac{1+\gamma}{2}} \cdot \sqrt{\frac{R(1-R)}{n}} \; ; \; R + z_{\frac{1+\gamma}{2}} \cdot \sqrt{\frac{R(1-R)}{n}} \right] \quad (8.22)$$

$z_{\frac{1+\gamma}{2}}$ ist das $\frac{1+\gamma}{2}$-Quantil der Standardnormalverteilung.

---

**Beispiel 8.9: Befragung nach Parteipräferenz**

In regelmäßigen Abständen werden von Meinungsforschungsinstituten Umfragen zur Parteipräferenz durchgeführt. In der Umfrage vom 6. Juli 2006 ergab sich bei Infratest Dimap ein Anteil von 29 % für die SPD. Dieser Wert basiert auf einer einfachen Zufallsstichprobe vom Umfang $n = 1.000$. Damit ergibt sich das Konfidenzintervall

$$k_u = 0,29 - 1,96 \cdot \sqrt{\frac{0,29(1-0,29)}{1.000}} = 26,2\,\%$$

$$k_o = 0,29 + 1,96 \cdot \sqrt{\frac{0,29(1-0,29)}{1.000}} = 31,8\,\%$$

Man beachte, dass die Umfrage nur ein Ergebnis mit einer Schwankungsbreite von $\pm 2,8$ Prozentpunkten zulässt. Das bedeutet, dass z. B. die Aussage, dass die Partei im Vergleich zum Vormonat einen Prozentpunkt verloren hat, nicht abgesichert ist, da dieser Anteil in der wahlberechtigten Bevölkerung ebenso bei 30 % liegen könnte.

**Beispiel 8.10: Euro-Münzen bei Stern-TV**
In der Sendung Stern-TV vom 23. Januar 2002 wurde vor den Augen des deutschen Fernsehpublikums das Experiment „Drehen einer Zwei-Euro-Münze" mit 800 Versuchswiederholungen vollzogen. Die Münzen wurden von acht Personen aus dem Publikum während der Sendung gedreht. Das Ergebnis war, dass 501-mal „Zahl" nach oben zeigte. Die relative Häufigkeit für „Zahl" beträgt damit 0,63.

Zur Konstruktion eines Konfidenzintervalls mit dem Sicherheitsniveau von $\gamma = 0,95$ für die Eintrittswahrscheinlichkeit „Zahl" liest man aus der Quantilstabelle (S. 377) für das $z_{\frac{1+\gamma}{2}}$-Quantil der Standardnormalverteilung (hier das 0,975-Quantil) den Wert 1,96 ab. Damit können die Schranken des Konfidenzintervalls für die Eintrittswahrscheinlichkeit $p$ berechnet werden.

$$k_u = r - z_{\frac{1+\gamma}{2}} \cdot \sqrt{\frac{r(1-r)}{n}} = 0,593$$

$$k_o = r + z_{\frac{1+\gamma}{2}} \cdot \sqrt{\frac{r(1-r)}{n}} = 0,660$$

Mit einer Sicherheit von 95 % enthält das Konfidenzintervall

$$[0, 593; 0, 660]$$

die wahre, aber unbekannte Eintrittswahrscheinlichkeit für das Ereignis „Zahl". Erstaunlich ist, dass der Wert 0,5 – die Eintrittswahrscheinlichkeit einer „fairen Münze" – nicht in dem Konfidenzintervall enthalten ist.

## Bestimmung des Stichprobenumfangs

Im Zusammenhang mit der Konstruktion der Konfidenzintervalle kann auch die Frage beantwortet werden, wie groß der Stichprobenumfang $n$ sein soll. Dies wollen wir anhand der Konfidenzintervalle für Anteilswerte etwas genauer untersuchen. Oft hat man eine Vorstellung davon, wie groß die Länge eines Konfidenzintervalls bzw. der dazugehörige Auswahlfehler für ein bestimmtes Sicherheitsniveau höchstens sein darf. Da der Auswahlfehler der intuitiven Vorstellung der Genauigkeit entspricht, verwendet man diesen, d. h. die halbe Länge $g$ des Konfidenzintervalls, als Grundlage zur Bestimmung des Stichprobenumfangs.

Interessiert man sich z. B. für den Anteil der bundesdeutschen Bevölkerung, der eine bestimmte Partei wählen will, dann legt man beispielsweise fest, dass die halbe Konfidenzintervalllänge $0, 01$ bei einem Sicherheitsniveau von $\gamma = 0, 95$ betragen soll. Der Anteilswert $p$ liegt dann mit einer Wahrscheinlichkeit von mindestens $0, 95$ im Bereich: relativer Stichprobenanteil R plus-minus einem Prozentpunkt. Die Frage lautet nun, wie viele Bundesbürger mindestens befragt werden müssen, damit diese Forderung erfüllt ist. Da das Konfidenzintervall symmetrisch um die relative Häufigkeit R liegt, entspricht $g = z_{\frac{1+\gamma}{2}} \sqrt{\frac{R(1-R)}{n}}$ der vorgegebenen Genauigkeit. $R(1 - R)$ ist jedoch eine Zufallsgröße und deshalb vor der Stichprobenziehung unbekannt. Man kann aber $R(1 - R)$ nach oben abschätzen. Wie aus Abb. 8.6 ersichtlich, gilt $R(1 - R) \leq 0, 25$, da $R$ als Anteil nur Werte zwischen 0 und 1 annehmen kann.

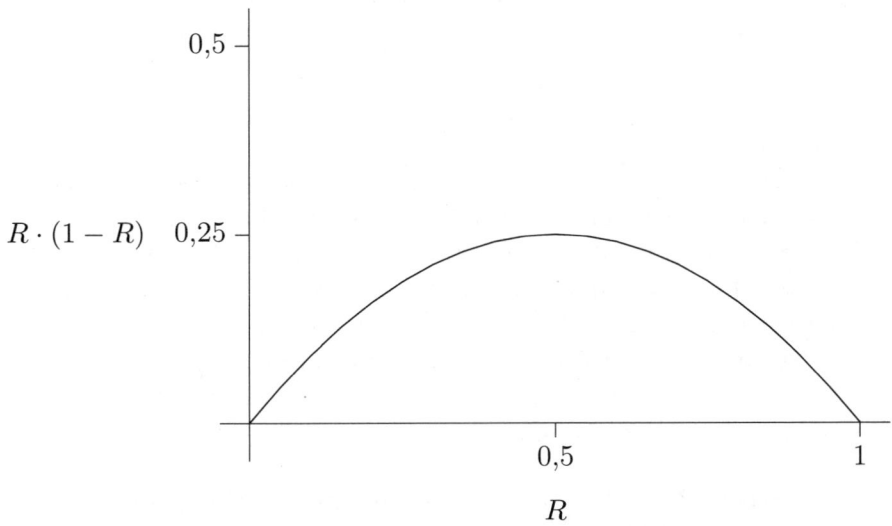

**Abb. 8.6:** Mögliche Werte von $R(1-R)$ in Abhängigkeit von der relativen Häufigkeit $R$

Für die vorgegebene maximale halbe Länge $g$ des Konfidenzintervalls bedeutet dies also:

$$z_{\frac{1+\gamma}{2}} \cdot \sqrt{\frac{R(1-R)}{n}} \leq z_{\frac{1+\gamma}{2}} \cdot \sqrt{\frac{1}{4 \cdot n}} = z_{\frac{1+\gamma}{2}} \cdot \frac{1}{2\sqrt{n}} \leq g \quad (8.23)$$

Löst man die Ungleichung in (8.23) nach $n$ auf, so folgt für den Mindeststichprobenumfang:

$$n \geq 0,25 \cdot \left(\frac{z_{\frac{1+\gamma}{2}}}{g}\right)^2 \quad (8.24)$$

Bei binären Zufallsgrößen kann aufgrund der obigen Varianzabschätzung eine Beziehung zwischen maximalem Auswahlfehler und

Stichprobenumfang aufgestellt werden, ohne nähere Informationen bezüglich des Untersuchungsmerkmals vorliegen zu haben.

$$\text{Auswahlfehler} \leq \frac{z_{\frac{1+\gamma}{2}}}{2\sqrt{n}} \tag{8.25}$$

Mit der Tabelle in Abb. 8.7 kann man schnell bei gegebenem Konfidenzniveau und maximalem Auswahlfehler den dafür nötigen Stichprobenumfang ablesen und vice versa. Man benötigt also einen Umfang von $n = 10.000$, um eine 95 %−Aussage zu machen, die bei einer Genauigkeit von einem Prozentpunkt liegt. Bei den in vielen Umfragen üblichen Stichprobenumfängen von $n = 1.000$ oder $n = 2.000$ liegen die Genauigkeiten bei 3,1 bzw. 2,2 Prozentpunkten mit einem Konfidenzniveau von 95 %.

**Beispiel 8.11: Der Stichprobenmindestumfang**
Wie viele wahlberechtigte Bundesbürger müssen bei einer einfachen Zufallsstichprobe befragt werden, damit aus den Stichprobendaten ein Konfidenzintervall der halben Länge $g = 0,02$ mit einem Sicherheitsniveau $\gamma = 0,95$ konstruiert werden kann? Werden die beiden Werte $\gamma$ und $g$ in die Formel (8.24) eingesetzt, dann erhalten wir:

$$n \geq 0,25 \cdot \left(\frac{z_{0,975}}{0,02}\right)^2 = 0,25 \cdot \left(\frac{1,96}{0,02}\right)^2 = 2.401$$

Es müssen mindestens 2.401 zufällig ausgewählte bundesdeutsche Wähler befragt werden.

Es ist auf den ersten Blick schwer nachvollziehbar, dass die Gesamtzahl der wahlberechtigten Bundesbürger bei der Bestimmung des Stichprobenumfangs im vorangegangenen Beispiel keine Rolle spielt. Der Grund hierfür liegt darin, dass der Anteil der gezogenen Bürger in beiden Fällen sehr klein ist. Beschränkt man die Erhebung aus Beispiel 8.11 also auf die Stadt Berlin oder auf das

| gewählter Stichprobenumfang | Maximaler Auswahlfehler bei der Schätzung von Anteilswerten aus großen Grundgesamtheiten Konfidenzniveau | | |
|---|---|---|---|
| | von $0,90$ | von $0,95$ | von $0,99$ |
| 50 | 0,116 | 0,139 | 0,182 |
| 100 | 0,082 | 0,098 | 0,129 |
| 150 | 0,067 | 0,080 | 0,105 |
| 200 | 0,058 | 0,069 | 0,091 |
| 250 | 0,052 | 0,062 | 0,081 |
| 300 | 0,047 | 0,057 | 0,074 |
| 400 | 0,041 | 0,049 | 0,064 |
| 500 | 0,037 | 0,044 | 0,058 |
| 600 | 0,034 | 0,040 | 0,053 |
| 700 | 0,031 | 0,037 | 0,049 |
| 800 | 0,029 | 0,035 | 0,046 |
| 900 | 0,027 | 0,033 | 0,043 |
| 1.000 | 0,026 | 0,031 | 0,041 |
| 2.000 | 0,018 | 0,022 | 0,029 |
| 5.000 | 0,012 | 0,014 | 0,018 |
| 10.000 | 0,008 | 0,010 | 0,013 |
| 50.000 | 0,004 | 0,004 | 0,006 |
| 100.000 | 0,003 | 0,003 | 0,004 |

**Abb. 8.7:** Maximaler Auswahlfehler bei der Schätzung von Anteilswerten aus großen Grundgesamtheiten bei vorgegebenem Stichprobenumfang

Bundesland Nordrhein-Westfalen, so muss der Stichprobenumfang für ein Konfidenzintervall der geforderten Güte auch in diesen beiden Fällen mindestens 2.401 betragen.

Die Berechnung des Stichprobenumfangs nach der Tabelle in Abb. 8.7 ist grundsätzlich für binäre Merkmale sinnvoll, bei denen man einen Anteil $p$ zwischen 30 % und 70 % erwartet. Aus Abb. 8.6 ist ersichtlich, dass die Varianz $R(1 - R)$ umso kleiner wird, je weiter $p$ von $0,5$ entfernt liegt. Hat man a priori-Informationen, dass der Anteil entweder klein (z. B. $\leq 10\,\%$) oder groß (z. B. $\geq 90\,\%$) ist, so ersetzt man daher in Formel (8.23) $R$ durch den maximal bzw. minimal angenommenen Anteil und kommt so zu einem geringeren Stichprobenumfang.

### Beispiel 8.12: Wähleranteil einer kleinen Partei

Man möchte mit einer Genauigkeit von einem Prozentpunkt (d. h. Auswahlfehler $\leq 0,01$) den Anteil der Wähler einer Partei zu einem Konfidenzniveau von 95 % schätzen, von der bekannt ist, dass ihr Potential unter 10 % beträgt. Durch Einsetzen der Werte in Formel (8.23) resultiert:

$$z_{\frac{1+\gamma}{2}} \cdot \sqrt{\frac{R(1 - R)}{n}} \leq z_{\frac{1+\gamma}{2}} \cdot \sqrt{\frac{0,1 \cdot 0,9}{n}} \leq 0,01$$

$$\Rightarrow \quad n \geq 0,09 \cdot \left( \frac{z_{\frac{1+\gamma}{2}}}{0,01} \right)^2$$

Mit $z_{\frac{1+\gamma}{2}} = 1,96$, abgelesen aus der Quantilstabelle (siehe S. 377), ergibt sich ein benötigter Stichprobenumfang von 3.458.

## 8.3.3 Konfidenzintervall für die Erwartungswertdifferenz bei unabhängigen Stichproben

Bisher haben wir uns auf die Betrachtung *einer* i.i.d.-Stichprobe eines Untersuchungsmerkmals beschränkt. Ein wichtiges Ziel bei der Analyse besteht jedoch in dem Vergleich von Mittelwerten aus unabhängigen Stichproben. Bei unabhängigen Stichproben vergleicht

man die Ausprägungen eines bestimmten Merkmals (z. B. Radiohördauer) unter Berücksichtigung einer weiteren Unterschiedlichkeit (binäres Merkmal) der Merkmalsträger (z. B. getrennt nach
regionaler Zugehörigkeit).

Bei einer Untersuchung der Radiohörgewohnheiten Jugendlicher
wird der Frage nachgegangen, wie groß der Unterschied der wöchentlichen Hördauer zwischen Jugendlichen aus den alten und Jugendlichen aus den neuen Bundesländern ausfällt. Sei $X$ die wöchentliche Radiohördauer von Jugendlichen aus dem Westen und $Y$
die von Jugendlichen aus dem Osten, dann kann der Unterschied
in der durchschnittlichen Differenz der beiden Zufallsgrößen bzw.
in der Differenz ihrer Erwartungswerte $\mu_X - \mu_Y$ zum Ausdruck ge-
bracht werden. Ist $\mu_X - \mu_Y$ kleiner 0, so bedeutet dies eine kürze-
re durchschnittliche wöchentliche Radiohörzeit der West-Jugendli-
chen gegenüber denen aus dem Osten. Ist umgekehrt $\mu_X - \mu_Y$ positiv, dann wird im Westen weniger Radio gehört als im Osten. Die
Erwartungswertdifferenz wird durch die Differenz der entsprechenden arithmetischen Stichprobenmittel geschätzt. Sei $X_1, \ldots, X_m$
die i.i.d.-Stichprobe für die Zufallsgröße $X$ und $Y_1, \ldots, Y_n$ die für
$Y$, dann gilt:

$\bar{X} - \bar{Y}$ ist ein erwartungstreuer Schätzer für $\mu_X - \mu_Y$, da

$$\mathrm{E}\left(\bar{X} - \bar{Y}\right) = \mathrm{E}(\bar{X}) - \mathrm{E}(\bar{Y}) = \mu_X - \mu_Y.$$

Die Umfänge $m$ und $n$ der beiden Stichproben können verschieden groß sein. Da die beiden Stichproben voneinander unabhängig
sind, ist jede Zufallsgröße $X_i$ mit $i$ von $1, \ldots, m$ stochastisch unabhängig von $Y_j$ mit $j$ von $1, \ldots, n$. Die Antworten der Probanden
der $X$-Stichprobe und derjenigen der $Y$-Stichprobe dürfen sich gegenseitig nicht beeinflussen.

Nachdem ein geeigneter Punktschätzer für die Zufallsvariablendif-
ferenz gefunden ist, beginnen wir mit der Konstruktion des Konfidenzintervalls. Da die $X$- und $Y$-Stichproben voneinander unabhängig sind, sind auch $\bar{X}$ und $\bar{Y}$ stochastisch unabhängig, wodurch

sich die Varianzberechnung erheblich vereinfacht. Für die Varianz von $\bar{X} - \bar{Y}$ ergibt sich:

$$\text{Var}(\bar{X} - \bar{Y}) = \text{Var}(\bar{X}) + \text{Var}(\bar{Y}) = \frac{\sigma_X^2}{m} + \frac{\sigma_Y^2}{n} \qquad (8.26)$$

Dabei ist $\sigma_X^2$ die Varianz von $X$ und $\sigma_Y^2$ die Varianz von $Y$. Die Varianzen von $X$ und $Y$ sind in der Regel unbekannt und müssen geschätzt werden. Als Varianzschätzung werden die erwartungstreuen Schätzer $S_X^2$ und $S_Y^2$ der $X$- und $Y$-Stichprobe nach (8.10) verwendet.

$$\widehat{Var(\bar{X} - \bar{Y})} = \frac{S_X^2}{m} + \frac{S_Y^2}{n} \qquad (8.27)$$

Sind die Stichprobenumfänge genügend groß, dann sind $\bar{X}$ und $\bar{Y}$ nach dem Zentralen Grenzwertsatz annähernd normalverteilt. Damit ist auch die Mittelwertsdifferenz $\bar{X} - \bar{Y}$ approximativ normalverteilt, so dass für große $m$ und $n$ auch

$$\frac{(\bar{X} - \bar{Y}) - (\mu_X - \mu_Y)}{\sqrt{\frac{S_X^2}{m} + \frac{S_Y^2}{n}}} \qquad (8.28)$$

annähernd standardnormalverteilt ist.

**Approximatives Konfidenzintervall für $\mu_X - \mu_Y$**

Das approximative Konfidenzintervall

- der Erwartungswertdifferenz $\mu_X - \mu_Y$
- für hinreichend große Umfänge $m$ und $n$ ($\geq 30$)
- zweier voneinander stochastisch unabhängiger i.i.d.-Stichproben

hat zum Sicherheitsniveau $\gamma$ folgende Gestalt:

$$\left[(\bar{X} - \bar{Y}) - z_{\frac{1+\gamma}{2}} \cdot S_d \; ; \; (\bar{X} - \bar{Y}) + z_{\frac{1+\gamma}{2}} \cdot S_d\right] \tag{8.29}$$

$$\text{mit } S_d = \sqrt{\frac{S_X^2}{m} + \frac{S_Y^2}{n}}$$

$z_{\frac{1+\gamma}{2}}$ ist das $\frac{1+\gamma}{2}$-Quantil der Standardnormalverteilung.

**Beispiel 8.13: Radiohördauer Ost-West**

In der Jugendstudie (Beispiel 1.3, S. 14) wurden die Jugendlichen zu ihrer wöchentlichen Radiohördauer befragt. Dabei sei das Konfidenzniveau auf $\gamma = 0,99$ festgelegt. 259 Jugendliche aus dem Westen und 941 aus dem Osten machten bezüglich ihres Medienverhaltens Angaben. Über die Verteilung der Hördauer in beiden Geschlechtsgruppen liegen keine Informationen vor. Die Stichprobenumfänge sind aber groß genug, um das approximative Konfidenzintervall (8.29) zu benutzen. Für die Punktschätzungen der Erwartungswerte und der Standardabweichungen beider Grundgesamtheiten wurden folgende Ergebnisse berechnet:

Westen: $\bar{x} = 11,4$ Stunden und $s_X = 8,4$

Osten: $\bar{y} = 9,5$ Stunden und $s_Y = 8,4$

Als $\frac{1+\gamma}{2}$- bzw. 0,995-Quantil der Standardnormalverteilung wird nach der Quantilstabelle (siehe S. 377) der Wert 2,58 verwendet. Somit stehen alle Zahlen bereit, um nach Formel (8.29) die obere und untere Schranke des Konfidenzintervalls zu berechnen.

$$\sqrt{\frac{s_X^2}{m} + \frac{s_Y^2}{n}} \approx 0,6$$

$$k_u = \bar{x} - \bar{y} - z_{\frac{1+\gamma}{2}} \cdot \sqrt{\frac{s_X^2}{m} + \frac{s_Y^2}{n}} = 0,38$$

$$k_o = \bar{x} - \bar{y} + z_{\frac{1+\gamma}{2}} \cdot \sqrt{\frac{s_X^2}{m} + \frac{s_Y^2}{n}} = 3,42$$

Das Konfidenzintervall [0,38; 3,42] enthält mit einer Sicherheit von 99 % die wahre Erwartungswertdifferenz $\mu_X - \mu_Y$.

### Erwartungswertdifferenzen von normalverteilten Zufallsgrößen mit gleichen Varianzen

Bezüglich der $X$- und $Y$-Variable werden jetzt zur Vereinfachung zwei Forderungen aufgestellt.

- $X$ und $Y$ sollen normalverteilt sein und
- die Varianzen von $X$ und $Y$ sollen gleich sein ($\sigma_X^2 = \sigma_Y^2 = \sigma^2$).

Die Abbildungen 8.8 und 8.9 verdeutlichen die unterschiedlichen Verteilungssituationen. Für die Anwendung des Konfidenzintervalls (8.29) dürfen die Varianzen unterschiedlich sein. Mit der Annahme der Varianzgleichheit vereinfacht sich die Varianzformel (8.26):

$$\text{Var}\left(\bar{X} - \bar{Y}\right) = \left(\frac{1}{m} + \frac{1}{n}\right)\sigma^2 \tag{8.30}$$

Unter Ausnutzung der Informationen beider Stichproben kann $\sigma^2$ durch den erwartungstreuen Punktschätzer

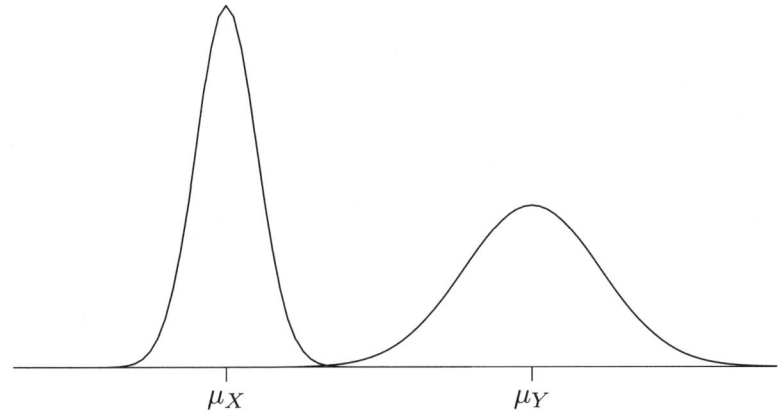

**Abb. 8.8:** Dichten von $X$ und $Y$ mit $\mu_X = 0$, $\sigma_X^2 = 1$ und $\mu_Y = 10$, $\sigma_Y^2 = 5$

$$S_{X,Y}^2 = \frac{1}{m+n-2}\left[\sum_{i=1}^{m}\left(X_i - \bar{X}\right)^2 + \sum_{j=1}^{n}\left(Y_j - \bar{Y}\right)^2\right] \qquad (8.31)$$

bestimmt werden. Die Varianzschätzung $S_{X,Y}^2$ bezeichnet man auch als die *gepoolte Varianz* der $X$- und $Y$-Stichprobe. Dies führt zu der folgenden standardisierten Form der Zufallsvariable $\bar{X} - \bar{Y}$:

$$U = \frac{(\bar{X}-\bar{Y}) - (\mu_X - \mu_Y)}{S_{X,Y}\cdot\sqrt{\frac{1}{m}+\frac{1}{n}}} \qquad (8.32)$$

Unter der Normalverteilungsvoraussetzung von $X$ und $Y$ ist die exakte Verteilung der Zufallsgröße $U$ die $t$-Verteilung mit $m + n-2$ Freiheitsgraden. Die Herleitung der Konfidenzintervallgrenzen geschieht entsprechend dem Vorgehen bei (8.20).

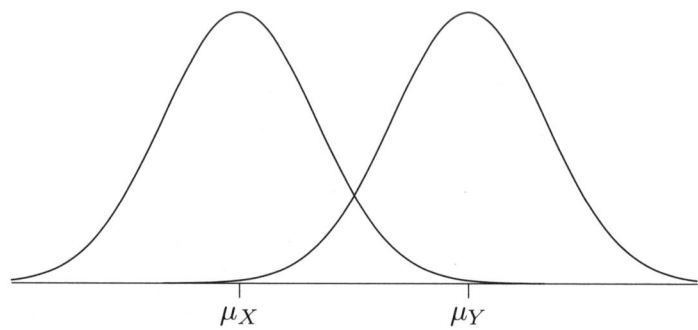

**Abb. 8.9:** Dichten von $X$ und $Y$ mit gleichen Varianzen. $\mu_X = 0$, $\sigma_X^2 = 1$ und $\mu_Y = 3$, $\sigma_Y^2 = 1$

---

**Konfidenzintervall für $\mu_X - \mu_Y$**

Das Konfidenzintervall

- der Erwartungswertdifferenz $\mu_X - \mu_Y$
- für normalverteilte Zufallsgrößen $X$ und $Y$
- mit gleichen Varianzen ($\sigma_X^2 = \sigma_Y^2 = \sigma^2$)
- zweier voneinander stochastisch unabhängiger i.i.d.-Stichproben

hat zum Sicherheitsniveau $\gamma$ folgende Gestalt:

$$\left[ (\bar{X} - \bar{Y}) \pm t_{(m+n-2;\frac{1+\gamma}{2})} \cdot S_{X,Y} \cdot \sqrt{\frac{1}{m} + \frac{1}{n}} \right] \qquad (8.33)$$

Dabei ist $t_{(m+n-2;\frac{1+\gamma}{2})}$ das $\frac{1+\gamma}{2}$-Quantil der $t$-Verteilung mit $m + n - 2$ Freiheitsgraden.

---

**Beispiel 8.14: Body-Mass-Index**

In der Medienstudie ist das Merkmal Body-Mass-Index (BMI) enthalten. Dieser Index wird aus dem Quotienten des Körpergewichts in $kg$ und dem Quadrat der Körpergröße in $m^2$ gebildet, um ein Maß für Über- oder Untergewichtigkeit von Personen zu erhalten.

Der BMI von Männern $X$ und Frauen $Y$ soll mittels eines Konfidenzintervalls zum Sicherheitsniveau von 95 % bezüglich der Erwartungswertdifferenz $\mu_X - \mu_Y$ verglichen werden. Dabei nehmen wir an, dass der BMI für beide Geschlechter normalverteilt ist und in etwa gleiche Varianz besitzt. Es wurden aus den Daten der Medienstudie zufällig sieben Männer und 13 Frauen ausgewählt. Die Stichproben lieferten folgende empirische Werte:

BMI der Männer: $\bar{x} = 27,05 \ \frac{kg}{m^2}$

BMI der Frauen: $\bar{y} = 26,56 \ \frac{kg}{m^2}$

gepoolte Varianz: $s_{X,Y}^2 = 11,22$

Für das 0,975-Quantil der $t$-Verteilung mit $m + n - 2 = 18$ Freiheitsgraden erhält man nach Tabelle A.2 (S. 378) den (gerundeten) Wert 2,10. Damit können nach (8.33) die Grenzen des Konfidenzintervalls bestimmt werden.

$$(\bar{X} - \bar{Y}) = 0,49$$

$$t_{(m+n-2;\frac{1+\gamma}{2})} \cdot s_{X,Y} \cdot \sqrt{\frac{1}{m} + \frac{1}{n}} = 2,10 \cdot 3,35 \cdot \sqrt{\frac{1}{7} + \frac{1}{13}} = 3,30$$

$$k_u = (\bar{X} - \bar{Y}) - t_{(m+n-2;\frac{1+\gamma}{2})} \cdot s_{X,Y} \cdot \sqrt{\frac{1}{m} + \frac{1}{n}} = -2,81$$

$$k_o = (\bar{X} - \bar{Y}) + t_{(m+n-2;\frac{1+\gamma}{2})} \cdot s_{X,Y} \cdot \sqrt{\frac{1}{m} + \frac{1}{n}} = 3,79$$

Mit einer Sicherheit von 95 % liegt die wahre Erwartungswert-differenz des Body-Mass-Index von Männern und Frauen im Konfidenzintervall $[-2,81; 3,79]$.

## Differenzen von Anteilen bei unabhängigen Stichproben

Die Zufallsgrößen $X$ und $Y$ stammen von einem binären Merkmal aus zwei unabhängigen Stichproben und ihre Erwartungswerte seien die Eintrittswahrscheinlichkeiten $p_X$ und $p_Y$. Dann ist das approximative Konfidenzintervall bei großen Stichprobenumfängen für die Differenz $p_X - p_Y$ analog zu (8.29) anwendbar. Erwartungstreue Schätzungen für $p_X$ und $p_Y$ sind die entsprechenden relativen Stichprobenhäufigkeiten $R_X$ und $R_Y$. Für die Grundgesamtheitsvarianzen $Var(X) = p_X(1 - p_X)$ und $Var(Y) = p_Y(1 - p_Y)$ werden die ermittelten Schätzungen $S_X^2 = R_X(1 - R_X)$ und $S_Y^2 = R_Y(1 - R_Y)$ in die Formel des approximativen Konfidenzintervalls eingesetzt.

### Beispiel 8.15: Ist Fernsehen informativ?

Von den 1.200 Jugendlichen aus der Jugendstudie (Beispiel 1.3) haben alle bis auf 15 die Frage, ob sie Fernsehen für informativ halten, mit „ja" oder „nein" beantwortet. Der Wert $p_X$ sei der Anteilswert der Antwort „ja" in den alten Bundesländern und $p_Y$ sei der Anteilswert in den fünf neuen Bundesländern. Es soll ein Konfidenzintervall zum 95%-Niveau für die Differenz $p_X - p_Y$ aufgestellt werden.

932 Jugendliche haben aus den neuen Bundesländern $(Y)$ und 253 aus den alten $(X)$ geantwortet. Dabei ergab sich folgende Tabelle:

|              | nein | ja  |       |
| ------------ | ---- | --- | ----- |
| alte BL: X   | 47   | 206 | 253   |
| neue BL: Y   | 185  | 747 | 932   |
|              | 232  | 953 | 1.185 |

Aus der Tabelle erhält man für die Differenz der relativen Häufigkeiten:

$$r_X - r_Y = \frac{206}{253} - \frac{747}{932} = 0,81 - 0,80$$

Die Berechnung der Standardabweichung $s_d$ sieht wie folgt aus:

$$s_d = \sqrt{\frac{r_X \cdot (1 - r_X)}{m} + \frac{r_Y \cdot (1 - r_Y)}{n}} = 0,03$$

Das benötigte 0,975-Quantil der N(0;1)-Verteilung hat den Wert 1,96. Fügt man die Einzelteile zusammen, dann resultiert daraus das Konfidenzintervall

$$[-0,04;\ 0,07],$$

das die wahre Anteilswertdifferenz mit einer Sicherheit von 95 % enthält. Da das Konfidenzintervall den Wert 0 enthält, kann kein Ost-West-Unterschied der Jugendlichen hinsichtlich dieser Frage festgestellt werden.

Im Hinblick auf die Möglichkeiten komplizierter Konfidenzintervallkonstruktionen, bei denen die Stichprobenumfänge klein sind und die Normalverteilungsannahme verletzt ist, sci an dieser Stelle auf die weiterführende Literatur etwa von SIEGEL und CASTELLAN (1988) verwiesen.

---

**Approximatives Konfidenzintervall für** $p_X - p_Y$

Das approximative Konfidenzintervall

- der Anteilswertdifferenz $p_X - p_Y$
- für hinreichend große Umfänge $m$ und $n$ ($\geq 30$)
- zweier voneinander stochastisch unabhängiger
  i.i.d.-Stichproben

hat zum Sicherheitsniveau $\gamma$ folgende Gestalt:

$$\left[ (R_X - R_Y) - z_{\frac{1+\gamma}{2}} \cdot S_d \; ; \; (R_X - R_Y) + z_{\frac{1+\gamma}{2}} \cdot S_d \right] \quad (8.34)$$

$$\text{mit } S_d = \sqrt{\frac{R_X \cdot (1 - R_X)}{m} + \frac{R_Y \cdot (1 - R_Y)}{n}}$$

$z_{\frac{1+\gamma}{2}}$ ist das $\frac{1+\gamma}{2}$-Quantil der Standardnormalverteilung.

---

**Erwartungswertdifferenzen von metrischen Zufallsgrößen bei verbundenen Stichproben**

Verbundene Stichproben sind spezielle abhängige Stichproben. Meist wird an einem Merkmalsträger die gleiche Variable unter verschiedenen Bedingungen erhoben.

### Beispiel 8.16: Verbundene Stichproben

Um die Wirkungen zweier Medikamente auf einen bestimmten Krankheitszustand zu untersuchen, werden den Patienten jeweils beide Medikamente in gewissem Zeitabstand verabreicht. Es gibt Patienten, die allgemein auf medikamentöse Behandlungen schwach oder umgekehrt besonders stark reagieren. Für den Medikamentenvergleich steht jedoch nicht die Unterschiedlichkeit der allgemeinen Reaktionsstärke von Patienten auf Arzneimittel im Vordergrund. Im Gegenteil, die Variabilität der Reaktionsstärke von Patient zu Patient soll bei dem Vergleich gerade dadurch reduziert werden, dass beide Medikamente an einem Patienten ausprobiert werden. Der positive Effekt dieser Variabilitätsreduktion liegt darin, dass mit geringerem Stichprobenumfang genauere vergleichende Untersuchungen durchgeführt werden können als bei unabhängigen Stichproben.

Hätte man zwei unabhängige Stichproben mit insgesamt doppelt so vielen Patienten vorliegen und jeder Patient bekäme nur ein Medikament verabreicht, dann wäre der Medikamentenvergleich ungenauer, da mehr Variabilität und damit mehr Unsicherheit im Spiel wäre.

Häufig ist man gezwungen, auf einen Vergleich unabhängiger Stichproben zurückzugreifen. Dies ist beispielsweise dann der Fall, wenn die beiden Medikamente solch hohe Langzeitwirkungen besitzen, dass eine sukzessive Behandlung bei Patienten zu unkontrollierbaren Mischeffekten führen würde.

Ein weiterer Fall einer verbundenen Stichprobe liegt vor, wenn man den Schwierigkeitsgrad von zwei Prüfungsaufgaben mit gleicher Punktzahl im Fach Statistik vergleichen möchte. Dazu lässt man in einer Prüfung Studenten beide Aufgaben bearbeiten. Hinterher werden die jeweils erreichten Punkte beider Aufgaben miteinander verglichen. Die Aufgaben auf unterschiedliche Prüfungstermine mit anderen Prüflingen aufzuteilen bedeutet einen Genauigkeitsverlust des Vergleichs.

Stellen wir ein Konfidenzintervall für die Erwartungswertdifferenz zweier miteinander verbundener Stichproben auf, dann bedeutet das, dass an einem Merkmalsträger zwei vergleichbare Merkmale untersucht werden. Die Stichprobenvariablen $X_i$ und $Y_i$ sind stochastisch abhängig und die Stichprobenumfänge sind gleich. In diesem Fall bilden wir eine neue Variable $W$ aus der Differenz zwischen $X$ und $Y$. Die Zufallsgröße $W = X - Y$ wird behandelt wie die Zufallsvariable $X$ in Abschnitt 8.3.1 des Einstichprobenfalls.

---

**Approximatives Konfidenzintervall für** $\mu_w$

Das approximative Konfidenzintervall

- der Erwartungswertdifferenz $\mu_w = \mu_X - \mu_Y$
- für einen hinreichend großen Stichprobenumfang $n$ ($\geq 30$)
- zweier verbundener Stichproben

hat zum Sicherheitsniveau $\gamma$ folgende Gestalt:

$$\left[ \bar{W} - z_{\frac{1+\gamma}{2}} \cdot \frac{S_w}{\sqrt{n}} \ , \ \bar{W} + z_{\frac{1+\gamma}{2}} \cdot \frac{S_w}{\sqrt{n}} \right] \qquad (8.35)$$

$$W_i = X_i - Y_i \text{ und } S_w^2 = \frac{1}{n-1} \sum_{i=1}^{n} (W_i - \bar{W})^2$$

$z_{\frac{1+\gamma}{2}}$ ist das $\frac{1+\gamma}{2}$-Quantil der Standardnormalverteilung.

---

**Beispiel 8.17: Statistikklausur**

Ein Statistikdozent erstellt zwei Aufgaben, deren Schwierigkeitsgrad er in der nächsten Klausur vergleichen möchte. Je Aufgabe sind maximal 50 Punkte zu erreichen. Wie sieht ein Konfidenzintervall der Differenz der Durchschnittspunkte beider Aufgaben zum Sicherheitsniveau von 95 % aus? Von den Studenten aus der Vorlesung nehmen 103 Prüflinge an der Klausur teil. Während der Korrekturarbeiten werden die Differenzen $w_i$ zwischen der Punktzahl der ersten und der zweiten Aufgabe ausgerechnet. Das arithmetische Mittel und die Standardabweichung der Stichprobendaten $w_i$ sind:

$$\bar{w} = 1,2 \quad \text{und} \quad s_w = 18,8$$

Bei der ersten Aufgabe erhielten die Studenten im Schnitt 1,2 Punkte mehr als bei der zweiten. Da das 0,975-Quantil der Normalverteilung 1,96 (siehe S. 377) ist, gilt für die Grenzen des Konfidenzintervalls:

$$\left[1,2 - 1,96 \cdot \frac{18,8}{\sqrt{103}} \; ; \; 1,2 + 1,96 \cdot \frac{18,8}{\sqrt{103}}\right] = [-2,43 \; ; \; 4,83]$$

Da das Intervall den Nullwert deutlich überdeckt, scheinen die beiden Aufgaben vom Schwierigkeitsgrad fast gleich zu sein.

## 8.4 Aufbau des Signifikanztests

Neben der Punkt- und Intervallschätzung stellen die statistischen Testverfahren eine weitere bedeutende Inferenzmethodik dar. Im Zentrum steht der Begriff der statistischen Signifikanz. Die Aussage „dieser Effekt ist statistisch signifikant" wird bei empirischen Arbeiten häufig als wissenschaftlich objektiver Beweis angesehen. Die Grundidee beim *statistischen Testen* besteht darin, die Verträglichkeit der erhobenen Daten mit Aussagen über die Verteilung einer Grundgesamtheit festzustellen. Ist ein Stichprobenbefund unter der zuvor aufgestellten Hypothese sehr unwahrscheinlich, dann scheint es nur wenig vernünftig, die bisherige Hypothese beizubehalten. Die Unsicherheit bezüglich einer eventuell irrtümlichen Ablehnung der Hypothese kann innerhalb des Testverfahrens mit einem Wahrscheinlichkeitswert quantifiziert werden.

### Beispiel 8.18: Wahlmanager
Vor einer Landtagswahl zweifelt der relativ neu nominierte Spitzenkandidat der Oppositionspartei an dem Bekanntheitsgrad seiner Person unter den Wählern. Sein Wahlmanager stellt die Hypothese auf, dass ihn bereits mindestens 80 % der

311

Wähler kennen würden. Um seine Aussage zu überprüfen, beauftragt der Wahlmanager einen Wahlhelfer, zehn zufällig ausgewählte Wähler über die Bekanntheit des Spitzenpolitikers zu befragen. Als Stichprobenresultat stellt sich heraus, dass fünf der zehn interviewten Personen den Spitzenkandidaten nicht kennen. Sollte der Wahlmanager aufgrund dieses Ergebnisses seine Aussage gegenüber dem Spitzenkandidaten revidieren, oder liegt unter der Annahme, dass die Aussage zutrifft, die Abweichung des Stichprobenbefundes zur Hypothese in einem „vertretbaren Zufälligkeitsbereich"?

Nehmen wir an, die Wahrscheinlichkeit, dass ein beliebiger Wähler den Spitzenkandidaten kennt, beträgt 0,8, so bedeutet dies, dass die Hypothese des Wahlmanagers gerade noch erfüllt ist. Nach Kapitel 2.6.2 (S. 82) ist in der Stichprobe die Anzahl $Y$ der Personen, denen der Kandidat bekannt ist, binomialverteilt mit den Parameterwerten 10 und 0,8. Berechnet man jetzt die Wahrscheinlichkeit, dass $Y$ gleich fünf oder sogar noch kleiner als fünf ist, dann erhält man folgenden Wert:

$$P(Y \leq 5) = \sum_{y=0}^{5} \binom{10}{y} \cdot 0,8^y \cdot 0,2^{10-y} \approx 0,033 \qquad (8.36)$$

Dies ist die Wahrscheinlichkeit für den beobachteten Wert 5 plus der Wahrscheinlichkeit von „extremeren" Werten, die noch weiter entfernt von der Hypothese liegen. Somit kann die Wahrscheinlichkeit 0,033 als eine Maßzahl dafür angesehen werden, wie gut das Stichprobenergebnis und die Hypothese zusammenpassen. Bei einem Wert von $Y = 3$ erhält man $P(Y \leq 3) \approx 0,0009$.

Allgemein stellt man bei einem Signifikanztest eine *Nullhypothese* auf, die mit $H_0$ bezeichnet wird. Ziel empirischer Studien ist es meist, diese Nullhypothese zugunsten der *Alternativhypothese* oder

*Alternative*, die mit $H_1$ bezeichnet wird, zu widerlegen. Im Beispiel des Wahlmanagers lautet die Nullhypothese

$$H_0 : p \geq 0,8 \quad .$$

Die Alternative bzw. Gegenhypothese ist durch

$$H_1 : p < 0,8$$

gegeben. Sowohl die Nullhypothese als auch die Alternative beziehen sich auf Aussagen zu Parametern von Zufallsgrößen. Im Fall des Wahlmanagers betrachten wir die Wahrscheinlichkeit $p$, dass ein zufällig gewählter Wähler den Kandidaten kennt. Diese entspricht dem Anteil der Wähler in der Grundgesamtheit, die den Kandidaten kennen. Die Nullhypothese $H_0$ und die Alternative schließen sich gegenseitig aus und in vielen Fällen ist die Alternativhypothese genau das Gegenteil der Nullhypothese.

Aufgrund einer Stichprobenziehung soll eine Entscheidung zwischen den beiden Hypothesen herbeigeführt werden. Es soll eine genaue, objektive Regel angegeben werden, wie die Testentscheidung ausfallen soll. Da man nicht weiß, welche Hypothese tatsächlich richtig ist, können bei dieser Testentscheidung Fehler gemacht werden. Liegt tatsächlich $H_0$ vor und das Testergebnis fällt zugunsten von $H_1$ aus, dann bezeichnet man dies als den *Fehler erster Art*. Entscheidet man sich für $H_0$, obwohl die Alternativhypothese richtig ist, so spricht man vom *Fehler zweiter Art*. Nach der Entscheidung ist zwar unbekannt, ob man einen Fehler gemacht hat. Falls jedoch ein Fehler begangen wurde, ist klar, von welcher Art er ist.

Die Frage ist, wie bei so vielen Fehlern und unbekannten Größen überhaupt noch ein vernünftiges Entscheidungsverfahren aufgestellt werden kann. Die Idee bei der Konstruktion des statistischen Signifikanztests besteht darin, sich in erster Linie auf den Fehler erster Art zu konzentrieren und den anderen zunächst zu vernach-

| Testentscheidung | Wirklichkeit | |
|---|---|---|
| | $H_0$ ist wahr | $H_1$ ist wahr |
| $H_0$ beibehalten | kein Fehler | Fehler zweiter Art |
| $H_0$ (zugunsten von $H_1$) ablehnen | Fehler erster Art | kein Fehler |

**Abb. 8.10:** Testentscheidung und Wirklichkeit

lässigen. Die Nullhypothese wird beibehalten, falls die Stichprobendaten nicht „deutlich gegen sie sprechen". Dazu gibt man sich eine Obergrenze für die Wahrscheinlichkeit des Fehlers erster Art vor. Diese Grenze wird als *Signifikanzniveau* bezeichnet und mit dem griechischen Buchstaben $\alpha$ (gesprochen: alpha) abgekürzt. Die Wahrscheinlichkeit, sich aufgrund des Testergebnisses irrtümlich für die Alternativhypothese zu entscheiden, ist kleiner oder gleich $\alpha$. Als Signifikanzniveau wählt man besonders kleine Werte wie $\alpha = 0,05$ oder $\alpha = 0,01$. Der Fehler zweiter Art bleibt unberücksichtigt.

Der nächste Schritt beim Aufbau eines Signifikanztests besteht in der erfolgreichen Suche nach einer so genannten *Testgröße*, die auch als *Prüfgröße* oder *Teststatistik* bezeichnet wird. Diese soll möglichst die Information aus der Stichprobe bezüglich der zu treffenden Testentscheidung bündeln.

Bei der Testproblematik im Beispiel 8.18 wählt man als Testgröße gerade die Variable $Y$. Sie beschreibt die Anzahl der Personen in der Stichprobe, die den Kandidaten der Oppositionspartei kannten, und ist binomialverteilt mit den Parametern $n$ und $p$.

Je kleiner $Y$ ist, desto eher spricht dies für die Ablehnung der Nullhypothese. Daher ist es sinnvoll, die Nullhypothese abzulehnen, falls $Y$ unter einem bestimmten Wert $c$ liegt. Der Bereich der Werte unter $c$ wird auch als *Ablehnungsbereich* oder *kritischer Bereich* bezeichnet. Durch die Vorgabe von $c$ ist dann das Vorgehen bei der Testentscheidung eindeutig bestimmt:

$$Y \leq c \quad \Leftrightarrow \quad H_0 \text{ ablehnen}$$
$$Y > c \quad \Leftrightarrow \quad H_0 \text{ beibehalten}$$

Man sagt auch „Der Anteil ist signifikant kleiner als 0,8", falls $Y \leq c$ gilt.

Zur Konstruktion des kritischen Bereichs wird die Forderung verwendet, dass selbst unter der „ungünstigsten" Nullhypothesenverteilung die Wahrscheinlichkeit des Fehlers erster Art höchstens kleiner oder gleich dem vorgegebenen Signifikanzniveau $\alpha$ ist. In dem Fall des Wahlmanagers wählt man $p = 0,8$ am Rand der Nullhypothese als den Fall, bei dem die Nullhypothese gerade noch erfüllt ist. Nun berechnet man für $p = 0,8$ die Verteilung der Testgröße $Y$. Es gilt:

| $y$ | $P(Y = y)$ | $P(Y \leq y)$ |
|---|---|---|
| 0 | $< 0,0001$ | $< 0,0001$ |
| 1 | $< 0,0001$ | $< 0,0001$ |
| 2 | $< 0,0001$ | $< 0,0001$ |
| 3 | $0,0008$ | $0,0009$ |
| 4 | $0,0055$ | $0,0064$ |
| 5 | $0,0264$ | $0,0328$ |
| 6 | $0,0881$ | $0,1209$ |
| 7 | $0,2013$ | $0,3222$ |
| 8 | $0,3020$ | $0,6242$ |
| 9 | $0,2684$ | $0,8926$ |
| 10 | $0,1074$ | $1$ |

Als Grenze wird ein möglichst großer Wert von $c$ so gewählt, dass $P(Y \leq c) \leq \alpha$ gilt. Für $\alpha = 0,05$ ergibt sich ein Wert von $c = 5$, im Fall von $\alpha = 0,01$ ergibt sich $c = 4$. Damit lautet die Regel für den Signifikanztest zum Niveau $\alpha = 0,05$: „Lehne $H_0$ ab, falls der beobachtete Wert von $Y \leq 5$ ist." Bei dem Signifikanzniveau von $\alpha = 0,01$ kann die Nullhypothese erst bei $Y \leq 4$ abgelehnt werden. Die Wahrscheinlichkeit des potenziellen Fehlers erster Art ist damit auf jeden Fall kleiner oder gleich dem Signifikanzniveau $\alpha$. Wiederholt man einen Signifikanztest mit $\alpha = 0,05$ bei tatsächlich wahrer Nullhypothese mit immer neuen Stichprobenziehungen einige hundert Mal, dann wird durchschnittlich in fünf von 100 Fällen $H_0$ zu Unrecht verworfen.

Die möglichen Werte der Testgröße, die nicht zum kritischen Bereich gehören, bilden automatisch den *Annahmebereich* des Signifikanztests. Liegt ein Prüfgrößenwert im Annahmebereich, dann wird die Nullhypothese beibehalten. Die Wahrscheinlichkeit des dabei eventuell auftretenden Fehlers zweiter Art ist in der Regel unbekannt und damit nicht unter Kontrolle. Die Grenze zwischen Annahme- und Ablehnungsbereich wird als *kritischer Wert* bezeichnet.

Die Formulierung der Hypothesen und die Festsetzung des Signifikanzniveaus sollten vor der Analyse der Stichprobendaten oder – noch besser – vor der Stichprobenziehung abgeschlossen sein. Da der Signifikanztest auf Daten aus einem Zufallsexperiment beruht, entspricht er selbst einem Zufallsexperiment mit ungewissem Ausgang. Ist das Stichprobenergebnis bekannt, könnte man nachträglich die passenden Hypothesen und den $\alpha$-Wert so wählen, dass man ein gewünschtes Testergebnis erhält. Der induktive Rückschluss des Signifikanztests von der Stichprobe auf die Grundgesamtheit durch eine Hypothesenentscheidung steht und fällt mit der sukzessiven Durchführung des Testverfahrens.

Der Signifikanztest ist so konzipiert, dass man zwar die Alternativhypothese als signifikant bestätigen kann, jedoch nicht die Nullhypothese. Befindet sich der realisierte Testgrößenwert im Annahmebereich, dann kann keine gesicherte Aussage getroffen werden. Die Nullhypothese gilt in diesem Fall zwar als nicht abgelehnt, aber auch nicht als signifikant bestätigt. Das beruht darauf, dass der Signifikanztest nur *eine* Irrtumswahrscheinlichkeit unter Kontrolle hat. Wird fälschlicherweise $H_0$ beibehalten, dann ist die Fehlerwahrscheinlichkeit im Allgemeinen unbekannt. Deshalb werden diejenigen Aussagen als Alternativhypothesen aufgestellt, die man gern als statistisch gesichert zeigen möchte.

### Beispiel 8.19: Medikament und Placebo

Beim Test neuer Medikamente werden Patienten, die unter einer bestimmten Krankheit leiden, in Behandlungsgruppe und Kontrollgruppe zufällig (randomisiert) eingeteilt. Den Patienten der Behandlungsgruppe wird das neue Medikament verabreicht und die Patienten der Kontrollgruppe erhalten Placebos. $H_0$ lautet, dass das Medikament hinsichtlich der Gesundung der Patienten gegenüber dem Placebo im Durchschnitt die gleiche oder sogar noch eine schwächere Wirkung besitzt. Wird nun aufgrund des Testergebnisses die Nullhypothese zu einem vorgegebenen Signifikanzniveau $\alpha$ abgelehnt, so ist zum Niveau $\alpha$ signifikant bewiesen, dass das Medikament besser oder stärker wirkt als das Placebo.

Aufgrund der Asymmetrie von Nullhypothese und Alternative wird in der Wissenschaft häufig die Forschungshypothese als Alternativ-Hypothese $H_1$ formuliert. Wie im Beispiel lautet die Nullhypothese typischerweise „kein Effekt" bzw. „kein Unterschied" und die Alternative „Effekt" bzw. „es gibt einen Unterschied".
Wenden wir uns nochmal dem Beispiel mit dem Wahlmanager zu und führen einen Signifikanztest durch.

### Beispiel 8.20: Wahlmanager

(Fortsetzung von Bsp. 8.18) Bei der Prüfung der Hypothese des Wahlmanagers mit Hilfe einer Stichprobe vom Umfang 10 kann die Nullhypothese erst ab $Y \leq 5$ abgelehnt werden. Liegt der wahre Anteil der Wähler, die den Spitzenkandidaten kennen, bei 70 %, so ist zwar die Hypothese verletzt, aber man hat kaum die Chance, dies mit der kleinen Stichprobe nachzuweisen, da der Wert von $Y$ nur mit geringer Wahrscheinlichkeit unter 5 liegen wird. Mit anderen Worten: Die Wahrscheinlichkeit für einen Fehler zweiter Art ist relativ hoch. Man kann den Fehler zweiter Art verringern, wenn man den Stichprobenumfang erhöht. Wir betrachten die gleiche Fragestellung mit einem Stichprobenumfang von 1.600.

Die Null- und Alternativhypothesen lauten mit $p_0 = 0,8$ nochmals in Kurzform:

$$H_0 : p \geq p_0$$

$$H_1 : p < p_0$$

Die Nullhypothese soll irrtümlich mit einer Wahrscheinlichkeit von höchstens $0,01$ abgelehnt werden. Also gilt: $\alpha = 0,01$. Man zieht eine Zufallsstichprobe von $n = 1.600$ Wählern des betroffenen Bundeslands. Gezählt werden dabei die Befragten, die den Spitzenpolitiker kennen. Diese Zufallsgröße wird mit $Y$ bezeichnet. Kennen nur wenige Leute den Spitzenpolitiker, so spricht dies gegen $H_0$. Die Frage ist jetzt, wie groß die Anzahl der Befragten, denen der Spitzenpolitiker bekannt ist, in der Stichprobe höchstens sein darf, damit die Nullhypothese abgelehnt wird.

Die Teststatistik $Y$ ist binomialverteilt mit den Parametern $n$ und $p$. Die ungünstigste Verteilung unter den Nullhypothesenverteilungen ist wieder für $p_0 = 0,8$ gegeben. Also verwendet man die Verteilung von $Y$ mit den Parametern $n$ und $p_0 = 0,8$. Zunächst wird die Binomialverteilung $Y \sim \mathrm{B}(n; p_0)$ aufgrund des großen Stichprobenumfangs und wegen der Erfüllung der Faustregel $(n \cdot p_0 \cdot (1 - p_0) > 9)$ durch die Normalverteilung approximiert. Die standardisierte Testgröße $Z$ mit

$$Z = \frac{Y - np_0}{\sqrt{np_0(1 - p_0)}} \tag{8.37}$$

ist annähernd standardnormalverteilt. Für kleine z-Werte wird $H_0$ abgelehnt. Der kritische Wert ist gerade das untere $\alpha$-Quantil der N(0;1)-Verteilung $z_\alpha$, denn $P(Z < z_\alpha) = \alpha$. Da $z_\alpha = -z_{1-\alpha}$ gilt, und nach der Quantilstabelle (S. 377) $z_{0,99} = 2,33$ ist, folgt für den Schwellenwert:

$$n \cdot p_0 - z_{1-\alpha} \cdot \sqrt{np_0(1 - p_0)}$$
$$= 1.600 \cdot 0,8 - 2,33 \cdot \sqrt{1.600 \cdot 0,8 \cdot 0,2}$$
$$= 1.242,7$$

Kennen weniger als 1.243 Befragte den Spitzenkandidaten, dann ist die Nullhypothese mit einer Irrtumswahrscheinlichkeit von höchstens 1 % abzulehnen. Das Intervall $[0; 1.242]$ stellt den kritischen Bereich dar.

Man beachte, dass 1.243 Befragte einem Prozentsatz von $77,7$ entsprechen. Das heißt, dass mit einer so großen Stichprobe bereits kleinere Abweichungen von der Nullhypothese nachgewiesen werden können.

Neben den beiden Entscheidungsmöglichkeiten Ablehnung bzw. Nichtablehnung der Nullhypothese gibt es auch eine Maßzahl, die die „Unwahrscheinlichkeit des Stichprobenergebnisses" unter gegebener Nullhypothese misst.

---

### P-Wert

Unter der Annahme, dass $H_0$ wahr ist, bezeichnet man die Wahrscheinlichkeit, dass die Teststatistik den beobachteten Wert oder einen noch extremeren Wert (im Sinne von: „noch weiter weg von $H_0$ liegend") annimmt, als *P-Wert* des Signifikanztests. Je kleiner der P-Wert ausfällt, desto weniger passen die Nullhypothese $H_0$ und die Stichprobendaten zusammen.

Der P-Wert kann auch zur Hypothesenentscheidung verwendet werden. Ist der berechnete P-Wert kleiner als das vor der Stichprobenziehung festgelegte Signifikanzniveau $\alpha$, so wird $H_0$ signifikant abgelehnt. Der P-Wert beschreibt aber gleichzeitig, *wie unrealistisch* das berechnete oder ein noch extremeres Stichprobenergebnis unter dem „ungünstigsten Fall" der Nullhypothese ist.

In Statistikprogrammpaketen werden nach der Dateneingabe beim Aufruf von Testverfahren zu gewissen Standardhypothesen automatisch die dazugehörigen P-Werte berechnet. Aufgrund dieser Automatisierung ist die Bedeutung des P-Werts in der induktiven Statistik enorm hoch.

Immer häufiger geht man dazu über, den Entscheidungszwang des Signifikanztests aufzuheben, sowie die Wahl des Signifikanzniveaus zu unterlassen. Bei wissenschaftlichen Publikationen empfiehlt es sich, für jeden Signifikanztest zusätzlich auch den P-Wert anzugeben, da die Wahl des $\alpha$-Werts eine gewisse Willkür darstellt. Bei der P-Wertangabe kann jeder Leser nachvollziehen, wie gut die Stichprobendaten zur Nullhypothese $H_0$ passen.

### Beispiel 8.21: Wahlmanager

(Fortsetzung von Bsp. 8.20) Für die Zehn-Personen-Umfrage wurde auf Basis der Binomialverteilung bereits der P-Wert mit 0,033 errechnet (siehe Beispiel 8.18). Wir nehmen nun an, dass nur 1.125 von 1.600 Befragten den Spitzenpolitiker der Oppositionspartei kennen. Setzt man diese Werte zusammen mit $p_0 = 0,8$ in die Formel der standardisierten Testgröße ein, dann folgt:

$$z = \frac{y - np_0}{\sqrt{np_0(1 - p_0)}} = \frac{1.125 - 1.600 \cdot 0,8}{\sqrt{1.600 \cdot 0,8(1 - 0,8)}} = -9,6875$$

Der P-Wert berechnet sich jetzt als die Wahrscheinlichkeit, dass eine standardnormalverteilte Zufallsgröße kleiner oder gleich $-9,6875$ ist. Berechnet man dies mit einem Computerprogramm, dann resultiert der Wert $7,7 \cdot 10^{-10}$. Diese kleine Wahrscheinlichkeit zeigt eindrucksvoll, wie unrealistisch die Aussage des Wahlmanagers unter Annahme der Nullhypothese $H_0$ doch war. Allerdings ist der P-Wert keine generelle Maßzahl für die Stärke des Effekts, da er stark vom Stichprobenumfang abhängt.

Bisher bestanden die Hypothesen aus Parameterbereichen (Intervallen). Eine weitere, häufig benutzte Hypothesenkonstellation liegt dann vor, wenn $H_0$ aus einem einzigen Parameterwert besteht.

### Beispiel 8.22: Euro-Münzen bei Stern-TV

(Fortsetzung von Bsp. 8.10) Bei dem Experiment „Drehen einer Zwei-Euro-Münze" lag bei 800 Versuchswiederholungen die Seite „Zahl" 501-mal obenauf. Ist dies eine statistisch signifikante Abweichung von der Hypothese, dass die Seiten „Adler" und „Zahl" beim Drehen der Münze gleich wahrscheinlich sind?

Sei $p$ die Wahrscheinlichkeit für das Ergebnis „Zahl", dann hat „Adler" die Eintrittswahrscheinlichkeit $1 - p$. Die Hypothesen können wie folgt formuliert werden:

$$H_0 : p = 0,5$$
$$H_1 : p \neq 0,5$$

Die Nullhypothese besteht nur aus dem Parameterwert 0,5 der Null-Eins-Verteilung mit der Ausprägung Eins für das Ergebnis „Zahl". (Die Fortsetzung des Beispiels folgt in Beispiel 8.23.)

Die Nullhypothesen der beiden letzten Beispiele bestehen aus jeweils einem Parameterwert. Solche Hypothesen werden im Gegensatz zu *zusammengesetzten* als *einfache* Hypothesen bezeichnet.

Die Alternativhypothesen sind in den Beispielen zusammengesetzte Hypothesen, die die entsprechenden Nullhypothesen umschließen. Wird $H_0$ von $H_1$ umschlossen, dann spricht man auch von einem *zweiseitigen* Testproblem.

Die Hypothesenkonstellation in den Wahlmanager-Beispielen stellt ein *einseitiges* Testproblem dar, denn im Gegensatz zu einem zweiseitigen musste hier nur ein Schwellenwert zwischen Ablehnungs- und Annahmebereich berechnet werden.

Bei einem zweiseitigen Testproblem sprechen sowohl große als auch kleine Werte der Prüfgröße gegen die Nullhypothese. Für eine symmetrisch verteilte Testgröße, wie beispielsweise $Z$, muss der P-Wert für die entsprechende einseitige Testversion verdoppelt werden. Sei $z$ die Realisation der standardisierten Testgröße $Z$, dann ist der P-Wert die Summe der beiden gleich großen Wahrscheinlichkeiten $P(Z \leq -z)$ und $P(Z \geq z)$.

**Beispiel 8.23: Euro-Münzen bei Stern-TV**

(Fortsetzung von Bsp. 8.22) Die Nullhypothese besagt, dass die Ergebnisse „Zahl" und „Adler" gleich wahrscheinlich sind bzw. die Wahrscheinlichkeit von „Zahl" 0,5 ist. Aus den 800 Versuchsergebnissen mit 501-mal „Zahl" errechnet man den standardisierten Testgrößenwert.

$$z = \frac{y - np_0}{\sqrt{np_0(1 - p_0)}} = \frac{501 - 800 \cdot 0,5}{\sqrt{800 \cdot 0,5 \cdot 0,5}} = 7,14$$

Der P-Wert ist wegen der Symmetrie der Standardnormalverteilung das Doppelte der Wahrscheinlichkeit $P(Z \geq 7,14)$. Eine Berechnung des P-Werts ergibt den äußerst kleinen Wert von $9,3 \cdot 10^{-13}$.

Die Nullhypothese, dass die Eintrittswahrscheinlichkeiten der beiden Ergebnisse „Zahl" und „Adler" beim Drehen der Zwei-Euro-Münze gleich sind, wird verworfen.

Häufig wird nicht auf einen Anteilswert, sondern auf den Erwartungswert einer quantitativen Zufallsgröße getestet. Im Fall der TV–Nutzung könnte man z. B. untersuchen, ob die durchschnittliche tägliche Fernsehdauer unter oder über zwei Stunden liegt. Als Testgrößen werden bei Erwartungswerthypothesen die entsprechenden arithmetischen Mittel in der Stichprobe verwendet. Je mehr das arithmetische Mittel der Stichprobenwerte in die Parameterbereiche der Alternativhypothesen hineinragt, desto eher wird an $H_0$ gezweifelt. Standardisiert man die Zufallsgröße, dann ist diese standardisierte Testgröße zumindest bei genügend großem Stichprobenumfang wiederum annähernd standardnormalverteilt. Für Signifikanztests werden vorwiegend die folgenden drei Situationen von Hypothesenkonstellationen verwendet, die hier für das Testen des allgemeinen Erwartungswerts formuliert sind:

---

**Testsituationen für den Erwartungswert $\mu$**

Fall (a):
$$H_0 : \mu = \mu_0$$
$$H_1 : \mu \neq \mu_0$$

Fall (b):
$$H_0 : \mu \leq \mu_0$$
$$H_1 : \mu > \mu_0$$

Fall (c):
$$H_0 : \mu \geq \mu_0$$
$$H_1 : \mu < \mu_0$$

Fall (a) stellt ein zweiseitiges Testproblem dar, Fall (b) und (c) jeweils ein einseitiges.

---

Im Folgenden sind nochmals die wichtigsten Schritte zur Durchführung eines Signifikanztests zusammengefasst.

---

**Durchführung eines Signifikanztests**

- Formulierung der Nullhypothese $H_0$ und der Alternativhypothese $H_1$.
- Wahl des Signifikanzniveaus $\alpha$.
- Berechnung der Teststatistik bzw. Testgröße aufgrund der Stichprobendaten.
- Konstruktion des kritischen Bereichs oder des Annahmebereichs mit Hilfe der Quantile der Verteilung der Testgröße unter $H_0$ und Berechnung des P-Werts.
- Testentscheidung für $H_1$, falls die Teststatistik im kritischen Bereich liegt bzw. falls der P-Wert kleiner oder gleich $\alpha$ ist. Testentscheidung für $H_0$, falls die Teststatistik im Annahmebereich liegt oder falls der P-Wert größer $\alpha$ ist.

---

# 8.5 Tests für den Erwartungswert

Bei Erwartungswerttests verwendet man das arithmetische Mittel aus der Stichprobe als Testgröße. Die Überlegungen, welchen Verteilungstyp die Testgröße besitzt und wie der unbekannte Varianzparameter der Grundgesamtheit geschätzt wird, erfolgen analog zu den Überlegungen bei der Konstruktion von Konfidenzintervallen. Aufgrund der verschiedenen Bezeichnungs- und Vorgehensweisen wird zwischen metrischen und binären Merkmalen unterschieden.

## 8.5.1 Metrisch skaliertes Untersuchungsmerkmal

Das Problem der Verteilung des arithmetischen Mittels $\bar{X}$ kann auf zwei Fälle reduziert werden. Nimmt man an, dass die Zufallsgröße $X$ normalverteilt ist, dann ist auch $\bar{X}$ exakt normalverteilt. Kann von dieser Voraussetzung nicht ausgegangen werden, dann sollte der Stichprobenumfang $n$ genügend groß sein, damit die Normalverteilungsapproximation des Zentralen Grenzwertsatzes auf $\bar{X}$ anwendbar ist. Im Folgenden wird auf die Hypotheseneinteilung der drei Testsituationen (a), (b) und (c) von Seite 323 der einseitigen und zweiseitigen Testprobleme eingegangen. Wir betrachten zunächst das zweiseitige Testproblem (Testsituation (a)):

$$H_0 : \mu = \mu_0$$

$$H_1 : \mu \neq \mu_0$$

Unter der Voraussetzung, dass $X$ normalverteilt ist, ist auch das arithmetische Mittel der Stichprobenwerte normalverteilt. Wie bei der Konstruktion eines Konfidenzintervalls betrachtet man jetzt die Standardisierung von $\bar{X}$ (siehe Bsp. 8.17). Als Erwartungswert zieht man von $\bar{X}$ den unter der Nullhypothese angegebenen Wert $\mu_0$ ab. Für die unbekannte Standardabweichung von $X$ wird die Wurzel der Stichprobenvarianz $S$ eingesetzt, so dass man folgenden Ausdruck für die standardisierte Testgröße $T$ erhält:

$$T = \frac{\bar{X} - \mu_0}{S} \sqrt{n} \qquad (8.38)$$

Wie in Abschnitt 8.3.1 bereits ausgeführt, ist $T$, falls $X$ normalverteilt ist und die Nullhypothese zutrifft, $t$-verteilt mit $n - 1$ Freiheitsgraden.

### Beispiel 8.24: Geschwindigkeitsmessung

An einer Autobahnstrecke mit Geschwindigkeitsbegrenzung von 120 km/h sollen an einem Wochentag mit mittlerem Verkehrsaufkommen und guten Sichtverhältnissen im Rahmen einer Großstudie Geschwindigkeitsmessungen durchgeführt werden. Von den innerhalb einer Stunde vorbeifahrenden Pkw werden die Geschwindigkeiten erfasst. Da die Geschwindigkeiten dicht aufeinanderfolgender Autos nicht unabhängig sind, wird aus den gesammelten Daten eine Zufallsstichprobe vom Umfang 40 gezogen. $X$ sei die normalverteilte Zufallsgröße „Geschwindigkeit eines Wagens unter den oben genannten zeitlichen, örtlichen und sonstigen Umweltbedingungen". Zum 5 %-

Niveau wird die Nullhypothese getestet, dass die Autos mit einer Durchschnittsgeschwindigkeit von 120 km/h gefahren werden. Dies entspricht folgendem zweiseitigen Testproblem (Testsituation (a)):

$$H_0 : \mu = 120$$

$$H_1 : \mu \neq 120$$

Nach der Stichprobenrealisation der 40 Pkw werden das arithmetische Mittel und die Standardabweichung mit den Werten $\bar{x} = 126,52$ und $s = 19,21$ errechnet. In die Teststatistik T (8.38) eingesetzt, resultiert der Wert 2,147. Der P-Wert ist aufgrund des zweiseitigen Testproblems die Summe der beiden Wahrscheinlichkeiten $P(T \leq -2,147)$ und $P(T \geq 2,147)$. Da $t$-Verteilungen um den Nullpunkt symmetrisch sind, sind diese beiden Wahrscheinlichkeiten identisch. Unter Benutzung eines geeigneten Statistikprogramms erhält man für den Ausdruck $2 \cdot P(T \geq 2,147)$ den Wert $0,038$, wobei die Zufallsgröße $T$ mit 39 Freiheitsgraden $t$-verteilt ist. Da der P-Wert kleiner dem vorgegebenen Signifikanzniveau $\alpha$ ist, wird die Nullhypothese zum 5%-Niveau zugunsten der Alternativhypothese abgelehnt. Die Alternativhypothese „Die Autos fahren nicht mit einer Durchschnittsgeschwindigkeit von 120 km/h" gilt auf dem 5%-Niveau als statistisch gesichert.

Im Beispiel wurde der P-Wert des Tests mit Hilfe eines geeigneten Computerprogramms berechnet. Eine andere Möglichkeit der Durchführung des Signifikanztests besteht in der Bestimmung des kritischen Bereichs bzw. des Annahmebereichs.

Bei einer symmetrischen Aufteilung des Signifikanzniveaus wird $H_0$ nicht abgelehnt, wenn die standardisierte Testgröße $T$ größer oder gleich dem $\frac{\alpha}{2}$-Quantil und kleiner oder gleich dem $(1 - \frac{\alpha}{2})$-Quantil ist.

## Test auf Erwartungswert:
## $t$-Test und Gauß-Test

Gegeben sei die Zufallsgröße $X$ eines metrischen Untersuchungs-merkmals mit unbekanntem Erwartungswert $\mu$, eine Stichprobe $X_1, \ldots, X_n$ und die Testsituation:

$$H_0 : \mu = \mu_0$$

$$H_1 : \mu \neq \mu_0$$

Als Testgröße wird definiert

$$T = \frac{\bar{X} - \mu_0}{S} \cdot \sqrt{n}$$

mit $\bar{X} = \frac{1}{n} \sum_{i=1}^{n} X_i$ und $S^2 = \frac{1}{n-1} \sum_{i=1}^{n} \left( X_i - \bar{X} \right)^2$.
$H_0$ wird abgelehnt, falls $|T| > t_{(n-1;1-\frac{\alpha}{2})}$.
Dabei ist $t_{(n-1;1-\frac{\alpha}{2})}$ das $(1 - \frac{\alpha}{2})$-Quantil der $t$-Verteilung mit $n - 1$ Freiheitsgraden.
Eine andere Formulierung der Testentscheidung ist:
$H_0$ wird beibehalten, falls:

$$\bar{x} \in \left[ \mu_0 - t_{(n-1;1-\frac{\alpha}{2})} \cdot \frac{s}{\sqrt{n}} \; ; \; \mu_0 + t_{(n-1;1-\frac{\alpha}{2})} \cdot \frac{s}{\sqrt{n}} \right] \qquad (8.39)$$

Für $n \leq 30$ ist der Test nur gültig, falls $X$ normalverteilt ist. Für $n > 30$ gilt der Test für Verteilungen, die nicht zu stark zu Ausreißern neigen. Hier kann dann das $t_{(n-1,1-\frac{\alpha}{2})}$-Quantil durch das entsprechende Quantil $z_{1-\frac{\alpha}{2}}$ der Standardnormalverteilung ersetzt werden.

Die Wahrscheinlichkeit, dass $\bar{X}$ (unter der Nullhypothese) in diesem Intervall liegt, beträgt gerade $1 - \alpha$. Befindet sich nach der Stichprobenziehung $\bar{x}$ zwischen den realisierten Intervallgrenzen, dann wird die Nullhypothese beibehalten. Die Werte, die links und rechts vom Annahmebereich auf der Zahlengeraden liegen, bilden den Ablehnungsbereich.

### Beispiel 8.25: Geschwindigkeitsmessung

(Fortsetzung von Bsp. 8.24) Für die Bestimmung des Annahme- bzw. Ablehnungsbereichs des zweiseitigen Testproblems sei vor der Stichprobenziehung ein Signifikanzniveau von $\alpha = 0,05$ festgesetzt worden. Das $(1 - \frac{\alpha}{2})$- bzw. 0,975-Quantil der $t$-Verteilung mit 39 Freiheitsgraden ist nach Tabelle A.2 auf Seite 378 auf zwei Nachkommastellen gerundet 2,02. Der Annahmebereich besteht aus dem Intervall

$$\left[120 - 2,02 \cdot \frac{19,21}{\sqrt{40}} \; ; \; 120 + 2,02 \cdot \frac{19,21}{\sqrt{40}}\right]$$
$$= \quad [113,86; 126,14] \quad .$$

Da $\bar{x} = 126{,}52$ außerhalb des Intervalls liegt, kann $H_0$ zum Signifikanzniveau von 5 % abgelehnt werden. Dies bestätigt das Ergebnis aus Beispiel 8.24. Dort lag der P-Wert nicht weit unter dem Signifikanzniveau; hier ist $\bar{x}$ nicht wesentlich größer als die Obergrenze des Annahmebereichs.

Bisher wurde lediglich das zweiseitige Testproblem behandelt. Die Nullhypothese, dass die Pkw im Durchschnitt die Geschwindigkeitsbegrenzung einhalten, stellt gerade die Testsituation (b) dar.

$$H_0 : \mu \leq 120$$

$$H_1 : \mu > 120$$

Falls das arithmetische Stichprobenmittel einen großen Wert annimmt, spricht dies gegen $H_0$.

Für ein festgelegtes Signifikanzniveau $\alpha$ besteht der kritische Bereich aus den standardisierten Testgrößenwerten, die größer gleich dem $(1-\alpha)$-Quantil der $t$-Verteilung mit $n-1$ Freiheitsgraden sind. Die Standardisierung wird erneut mit $\mu_0 = 120$ vorgenommen, da $\mu_0$ auf der Grenze zwischen den Parametern der Nullhypothese und denen der Alternativhypothese liegt. Der Parameter $\mu_0$ liegt am Rande zu den Alternativhypothesenparametern. Wenn für diesen Parameter das Signifikanzniveau eingehalten wird, dann wird es auch für alle anderen Parameter von $H_0$ eingehalten.

Zur Veranschaulichung der Konstruktion der Annahme- und Ablehnungsbereiche wird das Beispiel der Geschwindigkeitsmessung mit den gleichen Zahlenwerten auch bei der einseitigen Testsituation verwendet.

**Beispiel 8.26: Geschwindigkeitsmessung**
(Fortsetzung von Bsp. 8.25)

$$H_0 : \mu \leq 120$$

$$H_1 : \mu > 120$$

Für die Konstruktion des kritischen Bereichs der Nullhypothese, dass die Pkw im Durchschnitt die Geschwindigkeitsbegrenzung einhalten, wird wiederum das Signifikanzniveau mit $5\,\%$ angesetzt. Aus Tabelle A.2 (S. 378) erhält man das $(1-\alpha)$- bzw. $0,95$-Quantil der $t$-Verteilung mit 39 Freiheitsgraden mit dem Wert $1,68$. Nach (8.40) berechnet man als Untergrenze des kritischen Bereichs den Wert $120 + 1,68 \cdot \frac{19,21}{\sqrt{40}} = 125,10$.

Da das $0,95$-Quantil kleiner als das $0,975$-Quantil des zweiseitigen Tests ist, verringert sich der kritische Wert von $126,14$ (von Beispiel 8.25) auf $125,10$. Da der realisierte Mittelwert $126,52$ ist, wird $H_0$ signifikant abgelehnt.

Bei der Bildung des kritischen Bereichs für die Hypothesensituation (c) liegt der kritische Wert links von $\mu_0$, da in diesem Fall „sehr kleine" $\bar{x}$-Realisationen gegen die Nullhypothese sprechen.

Für den Fall, dass die Zufallsgröße $X$ nicht als normalverteilt angenommen werden kann, muss der Stichprobenumfang groß genug sein, um den Zentralen Grenzwertsatz auf das arithmetische Mittel der Stichprobenwerte anwenden zu dürfen. $\bar{X}$ kann dann als annähernd normalverteilt betrachtet werden, und für die entsprechenden approximativen Tests der Hypothesensituationen (a), (b) und (c) wird für die Zufallsgröße $T$ anstelle des $t$-Verteilungstyps die Standardnormalverteilung benutzt. Bei der Konstruktion der Annahme- und Ablehnungsbereiche werden somit die $t$-Verteilungs-Quantile durch die der Standardnormalverteilung ersetzt. Hierbei ist darauf zu achten, dass die Verteilung nicht zu stark zu Ausreißern neigt. Eine deskriptive Überprüfung z. B. mittels Boxplots ist hier sehr hilfreich.

Auch unter der Voraussetzung, dass die Zufallsgröße $X$ normalverteilt ist, kann die $t$-Verteilung der Testgröße $T$ bei Stichprobenumfängen größer gleich 30 durch die Standardnormalverteilung approximiert werden, da dies einen Spezialfall des approximativen Gauß-Tests darstellt.

### 8.5.2 Binäres Untersuchungsmerkmal

Bereits in Abschnitt 8.4 über den Aufbau des Signifikanztests wurde im einführenden Beispiel des Wahlmanagers ein binäres Merkmal benutzt. Kennt ein beliebiger Wahlberechtigter eines bestimmten Bundeslandes den neu nominierten Spitzenkandidaten der Oppositionspartei des Landtags oder nicht? Der Wahlmanager des Spitzenkandidaten stellte voreilig die Hypothese auf, dass ihn bereits mindestens 80 % der Wähler kennen würden. Bei einem Stichprobenumfang von zunächst zehn Personen wurde der P-Wert mittels der Binomialverteilung berechnet.

## Einseitige Tests auf Erwartungswert

Gegeben sei die Zufallsgröße $X$ eines metrischen Untersuchungsmerkmals mit unbekanntem Erwartungswert $\mu$ und eine Stichprobe $X_1, \ldots, X_n$.

Als Testgröße wird definiert

$$T = \left(\bar{X} - \mu_0\right)/S \cdot \sqrt{n} \quad,$$

mit $\bar{X} = \frac{1}{n} \sum_{i=1}^{n} X_i$ und $S^2 = \frac{1}{n-1} \sum_{i=1}^{n} \left(X_i - \bar{X}\right)^2$.

Für die einseitige Testsituation (b)

$$H_0 : \mu \leq \mu_0$$

$$H_1 : \mu > \mu_0$$

wird $H_0$ genau dann abgelehnt, falls $T > t_{(n-1;1-\alpha)}$.

Dabei ist $t_{(n-1;1-\alpha)}$ das $(1 - \alpha)$-Quantil der $t$-Verteilung mit $n - 1$ Freiheitsgraden.

Eine andere Formulierung der Testentscheidung ist:

$H_0$ wird verworfen, falls

$$\bar{x} \in \left(\mu_0 + t_{(n-1;1-\alpha)} \cdot s/\sqrt{n} \; ; \; \infty\right) \quad. \qquad (8.40)$$

Analog gilt für die einseitige Testsituation (c),

$$H_0 : \mu \geq \mu_0$$

$$H_1 : \mu < \mu_0 \quad,$$

dass $H_0$ genau dann abgelehnt wird, falls $T < -t_{(n-1;1-\alpha)}$.

Für $n \leq 30$ sind die Tests nur gültig, falls $X$ normalverteilt ist. Für $n > 30$ gelten die Tests für Verteilungen, die nicht zu stark zu Ausreißern neigen. Hier kann dann das $t_{(n-1,1-\alpha)}$-Quantil durch das entsprechende Quantil $z_{1-\alpha}$ der Standardnormalverteilung ersetzt werden.

Als Testgröße wurde die Anzahl $Y$ der Befragten verwendet, die den frisch nominierten Kandidaten kannten. Die Zufallsgröße $Y$ ist unter der Nullhypothese aufgrund der mächtigen Grundgesamtheit binomialverteilt mit den Parametern 10 und 0,8. Die Approximation der Binomial- durch die Normalverteilung ist jedoch nicht durchführbar, da die Faustregel der Normalverteilungsapproximation nicht erfüllt ist: $10 \cdot 0,8 \cdot 0,2 \leq 9$. Man verwendet hier den Binomialtest, dessen Konstruktion bei der Einführung des Signifikanztests an Beispiel 8.18 erläutert wurde.

Das Beispiel 8.22 mit dem Drehen der Zwei-Euro-Münzen erfüllt die aufgestellte Faustregel. Das Experiment, das repräsentativ für alle deutschen Zwei-Euro-Münzen sein soll, solange Gestalt und Herstellungsart nicht geändert werden, hatte 800 Versuchswiederholungen. Die Nullhypothese besteht lediglich aus dem Parameterwert $p_0 = 0,5$ für die Wahrscheinlichkeit des Ergebnisses „Zahl". $np_0(1 - p_0) = 200$ ist größer als 9, so dass die Normalverteilungsapproximation verwendet werden kann.

Die standardisierte Testgröße $Z$, die bereits in Formel (8.37) vorgestellt wurde, ist unter der Nullhypothese approximativ standardnormalverteilt. Die Zufallsgröße $Y$ ist im Falle des Euro-Münzen-Experiments die Anzahl der Ergebnisse „Zahl". Dividiert man $Y$ durch den Stichprobenumfang $n$, dann erhält man die relative Häufigkeit $R$ des Ereignisses „Zahl". Kürzt man in der Formel (8.37) im Zähler und Nenner $n$ heraus, dann resultiert:

$$Z = \frac{Y - np_0}{\sqrt{np_0(1 - p_0)}} = \frac{R - p_0}{\sqrt{\frac{p_0(1-p_0)}{n}}} \qquad (8.41)$$

Es ist also unbedeutend, ob $Y$, die absolute, oder $R$, die relative Häufigkeit zur Konstruktion des Annahmebereichs verwendet wird. Da $R$ dem arithmetischen Stichprobenmittel entspricht, das bereits für metrische Untersuchungsmerkmale zur Testbildung benutzt wird, präferiert man meist die relative Häufigkeit. Einigt man sich vor der Stichprobenziehung auf ein Signifikanzniveau $\alpha$, so kann man analog zu den Ausführungen bei metrischen Untersuchungsmerkmalen einen Annahme- bzw. Ablehnungsbereich für die relative Häufigkeit konstruieren.

---

### Zweiseitiger approximativer Test auf den Anteilswert

Für die zweiseitige Testsituation (a)

$$H_0 : p = p_0$$

$$H_1 : p \neq p_0$$

mit genügend großem Stichprobenumfang $n$, d. h.

$$n \cdot p_0 \cdot (1 - p_0) > 9 \quad ,$$

besitzt der Annahmebereich für die realisierte relative Häufigkeit $r$ zum Signifikanzniveau $\alpha$ folgende Gestalt:

$$\left[ p_0 - z_{1-\frac{\alpha}{2}} \cdot \sqrt{\frac{p_0(1 - p_0)}{n}} \; ; \; p_0 + z_{1-\frac{\alpha}{2}} \cdot \sqrt{\frac{p_0(1 - p_0)}{n}} \right] \quad (8.42)$$

---

### Beispiel 8.27: Euro-Münzen bei Stern-TV

(Fortsetzung von Bsp. 8.23) Zu dem Signifikanzniveau von 0,01 sollen für das zweiseitige Testproblem bezüglich der relativen Häufigkeit des Ergebnisses „Zahl" die kritischen Bereiche konstruiert werden. Die Nullhypothese besteht aus der Aussage, dass „Zahl" und „Adler" gleich wahrscheinlich sind bzw. dass die Wahrscheinlichkeit von „Zahl" $p_0 = 0,5$ ist.

In der Quantilstabelle (siehe S. 377) findet man für das 0,995-Quantil den Wert 2,58. Werden in die Intervallgrenzen von (8.42) die entsprechenden Zahlen eingesetzt, dann erhält man den folgenden zweiteiligen Ablehnungsbereich:

$$[0 \; ; \; 0,454] \text{ und } [0,546 \; ; \; 1]$$

Die realisierte relative Häufigkeit r $= \frac{501}{800} = 0,626$ liegt im oberen kritischen Bereich, so dass die Nullhypothese zum Signifikanzniveau von 1 % signifikant abgelehnt werden kann. Dies war nach der Berechnung des P-Werts von Beispiel 8.23 nicht anders zu erwarten, da dieser wesentlich kleiner als 0,01 ist.

Bei den einseitigen Testproblemen (b) und (c) verfährt man analog zu den Konstruktionen der kritischen Bereiche bei metrischen Untersuchungsmerkmalen. Hier sei nur exemplarisch für die Hypothesensituation (b) der Ablehnungsbereich angegeben, bei dem der kritische Wert rechts von $p_0$ liegt.

---

**Einseitiger approximativer Test
auf den Anteilswert**

Für die einseitige Testsituation (b)

$$H_0 : p \leq p_0$$

$$H_1 : p > p_0$$

mit genügend großem Stichprobenumfang $n$, d. h.

$$n \cdot p_0 \cdot (1 - p_0) > 9 \quad ,$$

besitzt der kritische Bereich für die realisierte relative Häufigkeit $r$ zum Signifikanzniveau $\alpha$ folgende Gestalt:

$$\left[ p_0 + z_{1-\alpha} \cdot \sqrt{\frac{p_0(1 - p_0)}{n}} \; ; \; 1 \right] \tag{8.43}$$

---

Die hier vorgestellten Tests auf Anteilswerte bzw. Eintrittswahrscheinlichkeiten bestimmter Ereignisse beschränken sich auf die Situationen, in denen die Normalverteilungsapproximation der Binomialverteilung anwendbar ist. Ist die angegebene Faustregel für die Verwendbarkeit der Approximation nicht erfüllt, dann muss man auf die exakten Tests mit binomialverteilten Testgrößen zurückgreifen. Dies trifft besonders in Fällen von kleinen Stichprobenumfängen zu, bei denen eine P-Wert-Berechnung jedoch nicht allzu aufwendig ist (siehe Abschnitt 8.4). Für weitere Ausführungen zu Binomialtests siehe RÜGER (1996).

## 8.6 Dualität zwischen Intervallschätzung und zweiseitigem Test

Beim Vergleich der Konstruktion von Konfidenzintervallen (siehe Abschnitt 8.3) und dem Aufstellen des Annahme- bzw. Ablehnungsbereichs von zweiseitigen Testsituationen fallen Ähnlichkeiten auf, die nun genauer untersucht werden. Im Folgenden sei die Testsituation (a) (siehe S. 323) für den Erwartungswert eines normalverteilten Merkmals betrachtet:

$$H_0 : \mu = \mu_0$$

$$H_1 : \mu \neq \mu_0$$

Bei einem vorgegebenen Signifikanzniveau $\alpha$ kann die Nullhypothese nicht abgelehnt werden, falls der standardisierte Testgrößenwert zwischen den entsprechenden oberen und unteren Quantilen der $t$-Verteilung liegt. Anders formuliert bedeutet das, dass die Zufallsgrößen $\bar{X}$ und $S$ folgende Wahrscheinlichkeitsaussage erfüllen:

$$P\left(-t_{(n-1;1-\frac{\alpha}{2})} \leq \frac{\bar{X} - \mu_0}{S} \cdot \sqrt{n} \leq t_{(n-1;1-\frac{\alpha}{2})}\right) = 1 - \alpha$$

335

Dies ist einerseits der Ausgangspunkt für die Konstruktion des Annahmebereichs des obigen Tests. Denn formt man die Doppelungleichung so um, dass in der Mitte nur noch $\bar{X}$ steht, dann ist die Ober- und Unterschranke äquivalent zu dem in (8.39) angegebenen Annahmebereich.

$$P\left(\mu_0 - t_{(n-1;1-\frac{\alpha}{2})} \cdot \frac{S}{\sqrt{n}} \leq \bar{X} \leq \mu_0 + t_{(n-1;1-\frac{\alpha}{2})} \cdot \frac{S}{\sqrt{n}}\right) = 1 - \alpha$$

Ersetzt man andererseits $\mu_0$ durch $\mu$ und löst die Doppelungleichung so auf, dass $\mu$ zwischen den Ungleichungszeichen steht, dann bilden die Grenzen gerade das Konfidenzintervall für den Parameter $\mu$ zum Sicherheitsniveau $1 - \alpha$.

$$P\left(\bar{X} - t_{(n-1;1-\frac{\alpha}{2})} \cdot \frac{S}{\sqrt{n}} \leq \mu \leq \bar{X} + t_{(n-1;1-\frac{\alpha}{2})} \cdot \frac{S}{\sqrt{n}}\right) = 1 - \alpha$$

Das früher mit $\gamma$ bezeichnete Sicherheitsniveau ist in diesem Fall: $1 - \alpha$. Für das Stichprobenergebnis bzw. die Realisation von $\bar{X}$ und $S$ resultiert daraus ein interessanter Zusammenhang. Kann aufgrund der Stichprobe $H_0$ mit $\mu = \mu_0$ nicht abgelehnt werden, so liegt $\mu_0$ in dem mit den gleichen Stichprobendaten konstruierten Konfidenzintervall. Fällt umgekehrt $\bar{x}$ in den kritischen Bereich, dann befindet sich $\mu_0$ nicht im entsprechenden Konfidenzintervall. Im Folgenden wird dieses Phänomen unter dem Begriff *Dualität zwischen Konfidenzintervall und zweiseitigem Test* zusammengefasst.

## Dualität zwischen Konfidenzintervall und zweiseitigem Test

Gegeben ist eine Stichprobe, aus der Schlüsse über den unbekannten Parameter $\mu$ gezogen werden sollen.

Gegeben sei ein Konfidenzintervall für $\mu$ zum Sicherheitsniveau $1 - \alpha$ und die Hypothesen $H_0 : \mu = \mu_0$ gegen $H_1 : \mu \neq \mu_0$.

Dann kann ein zweiseitiger Test zum Niveau $\alpha$ nach folgender Regel durchgeführt werden:

$H_0$ wird abgelehnt, falls $\mu_0$ außerhalb des Konfidenzintervalls liegt.

$H_0$ wird beibehalten, falls $\mu_0$ innerhalb des Konfidenzintervalls liegt.

Umgekehrt kann ein Konfidenzintervall aus der entsprechenden Testvorschrift gewonnen werden:

Das Konfidenzintervall zum Sicherheitsniveau $1 - \alpha$ besteht aus all denjenigen Parameterwerten $\mu_0$, für die der zweiseitige Signifikanztest zum Niveau $\alpha$ und zur Nullhypothese $\mu = \mu_0$ nicht abgelehnt werden kann.

Diese Aussage gilt für jeden beliebigen zweiseitigen Test.

### Beispiel 8.28: Radiohördauer

(Fortsetzung von Bsp. 8.8) Für die durchschnittliche wöchentliche Radiohördauer der Jugendlichen aus der Jugendstudie (Beispiel 1.3) wurde aufgrund der Stichprobenkenngrößen $n = 1.200$, $\bar{x} = 9,9$ Stunden und $s = 8,4$ das Konfidenzintervall $[9,4; 10,4]$ zum Sicherheitsniveau $\gamma = 0,95$ berechnet. Aufgrund des großen Stichprobenumfangs wurde die Konfidenzintervallkonstruktion mit den Normalverteilungsquantilen verwendet.

Angenommen, vor der Stichprobenziehung hätte man die Hypothese aufgestellt, dass der Erwartungswert 8 sei. Ist diese Hypothese mit einem Signifikanzniveau von 5 % zu verwerfen?

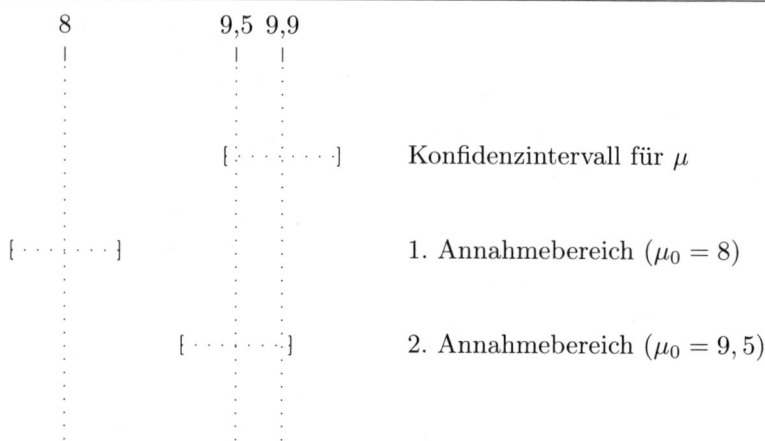

**Abb. 8.11:** Das Konfidenzintervall für $\mu$ und zwei Annahmebereiche für die Tests $H_0 : \mu = 8$ und $H_0 : \mu = 9,5$ von Beispiel 8.28

Berechnet man nach (8.39) den Annahmebereich, dann erhält man das Intervall $[7,52; 8,48]$. Das arithmetische Stichprobenmittel liegt nicht in diesem Intervall, womit $H_0$ signifikant abgelehnt ist. Hätte die Nullhypothese jedoch $\mu_0 = 9,5$ gelautet, dann befände sich $\bar{x}$ in dem dazugehörigen Annahmebereich $[9,02; 9,98]$, so dass $H_0$ nicht verworfen werden könnte.

Wenn man die Dualität zwischen Konfidenzintervall und zweiseitigem Test benutzt, kann man das Testergebnis ohne Berechnung der Annahmebereiche herleiten. Da $\mu_0 = 8$ nicht im Konfidenzintervall liegt, kann diese Nullhypothese signifikant abgelehnt werden. Da sich jedoch $\mu_0 = 9,5$ innerhalb des Konfidenzintervalls befindet, führt der entsprechende zweiseitige Test zu keiner Nullhypothesenablehnung (siehe hierzu Abb. 8.11).

Das Beispiel 8.28 zeigt auch, dass ein Konfidenzintervall bezüglich des unbekannten Parameters wesentlich informativer ist als ein zweiseitiges Testergebnis.

# 8.7 Tests für die Erwartungswertdifferenz

So, wie es bei Konfidenzintervallkonstruktionen für die Erwartungswertdifferenz zweier Stichproben in Abschnitt 8.3.3 sinnvoll ist, wird auch hier der unabhängige und der verbundene Stichprobenfall gesondert behandelt.

## 8.7.1 Kleine, unabhängige Stichproben mit metrischen Zufallsgrößen

**Beispiel 8.29: Geschwindigkeitsmessung**

An einer Autobahnstelle werden unter zwei verschiedenen Wetterbedingungen die Geschwindigkeiten vorbeifahrender Pkw gemessen. Die Messungen sollen an zwei Wochentagen mit einmal guten Sichtverhältnissen und trockenem Straßenzustand und das andere Mal bei schlechter Sicht und nasser Fahrbahn durchgeführt werden. Da man davon ausgehen kann, dass die Geschwindigkeiten dicht hintereinander fahrender Fahrzeuge nicht unabhängig voneinander sind, wird aus den beiden Teilgesamtheiten jeweils eine Zufallsstichprobe gezogen.

Es sei $X$ die Zufallsgröße der Geschwindigkeit eines vorbeifahrenden Autos bei gutem Wetter und $Y$ entsprechend diejenige bei schlechtem Wetter. Die dazugehörigen Erwartungswerte werden mit $\mu_X$ bzw. $\mu_Y$ und die Varianzen mit $\sigma_X^2$ bzw. $\sigma_Y^2$ bezeichnet.

Es soll die Hypothese überprüft werden, nach der zwischen der durchschnittlichen Geschwindigkeit bei guten und schlechten Wetterbedingungen kein Unterschied besteht.

$$H_0 : \mu_X = \mu_Y$$
$$H_1 : \mu_X \neq \mu_Y$$

Allgemein könnte auch die Nullhypothese aufgestellt werden, dass die Erwartungswertdifferenz $\mu_X - \mu_Y$ einen Wert $d_0$ besitzt.

$$H_0 : \mu_X - \mu_Y = d_0$$

$$H_1 : \mu_X - \mu_Y \neq d_0$$

Die Zufallsgrößen der beiden unabhängigen Stichprobenziehungen werden mit $X_1, ..., X_m$ und $Y_1, ..., Y_n$ bezeichnet. Als Testgröße wird die standardisierte Differenz der arithmetischen Mittel ($\bar{X} - \bar{Y}$) verwendet. Ihre Verteilung ist erst nach weiteren Spezifikationen analog zur Konfidenzintervallkonstruktion bestimmbar. Dazu werden zwei zusätzliche Forderungen erhoben. Zum Einen werden die Zufallsgrößen der Stichproben als normalverteilt vorausgesetzt, und zum Anderen geht man davon aus, dass die Varianzen der Zufallsgrößen $X$ und $Y$ gleich sind: $\sigma_X^2 = \sigma_Y^2$.

Aufgrund dieser beiden Annahmen ist die standardisierte Testgröße von $\bar{X} - \bar{Y}$ für die Nullhypothese exakt $t$-verteilt mit $m + n - 2$ Freiheitsgraden (siehe (8.32)). Bei der Standardisierung wird von der Differenz der arithmetischen Mittel die unter der Nullhypothese aufgestellte Erwartungswertdifferenz $d$ abgezogen. Das Ganze teilt man durch die Schätzung der Standardabweichung von $\bar{X} - \bar{Y}$, die mittels der gepoolten Varianz $S_{X,Y}^2$ der beiden Stichproben berechnet wird (siehe (8.31)). Mit der daraus resultierenden Testgröße $U$ (siehe (8.32)) ist es unter Verwendung eines Statistikprogramms äußerst einfach, P-Wert-Berechnungen durchzuführen.

Diesen Test findet man in der Literatur häufig unter der Bezeichnung *doppelter t-Test* oder *Zwei-Stichproben-t-Test*. Bei Vorgabe eines Signifikanzniveaus $\alpha$ kann der Annahmebereich des Tests konstruiert werden.

**Zweiseitiger doppelter $t$-Test
auf Erwartungswertdifferenz**

- Für die zweiseitige Testsituation (a)

$$H_0 : \mu_X - \mu_Y = d_0$$

$$H_1 : \mu_X - \mu_Y \neq d_0$$

- zweier unabhängiger Stichproben
- mit normalverteilten Zufallsgrößen $X$ und $Y$
- bei gleichen Varianzen $\sigma_X^2 = \sigma_Y^2$

wird $H_0$ zum Signifikanzniveau $\alpha$ beibehalten, falls:

$$\bar{x}-\bar{y} \in \left[ d_0 - t_{(m+n-2;1-\frac{\alpha}{2})} \cdot s_d \; ; \; d_0 + t_{(m+n-2;1-\frac{\alpha}{2})} \cdot s_d \right] \quad (8.44)$$

$$\text{mit } s_d = s_{X,Y} \cdot \sqrt{\frac{1}{m} + \frac{1}{n}}$$

$$\text{und } s_{X,Y}^2 = \frac{1}{m+n-2} \left[ \sum_{i=1}^{m} (x_i - \bar{x})^2 + \sum_{j=1}^{n} (y_j - \bar{y})^2 \right]$$

Die Verletzung der Normalverteilungsannahme ist bei Auftreten von Ausreißern kritisch. Daher sollte grundsätzlich eine grafische Darstellung beider Gruppen mit Hilfe von Boxplots erfolgen.

Für eine einseitige Testsituation wird das $(1 - \alpha)$-Quantil der entsprechenden $t$-Verteilung benutzt, und es ist zu überlegen, ob der kritische Bereich links oder rechts von $d_0$ liegt. Die Nullhypothese $\mu_X - \mu_Y \leq d_0$, die der Testsituation (b) entspricht, soll abgelehnt werden, falls $\bar{X} - \bar{Y}$ rechts von $d_0$ liegt. Somit ist die Unterschranke des dazugehörigen kritischen Bereichs die Summe aus $d_0$ und dem Produkt des entsprechenden $t$-Quantils mit der Standardabweichung $s_d$. Bei Testsituation (c) befindet sich der kritische Bereich links von $d_0$, so dass für die Oberschranke nicht die Summe, sondern die Differenz zwischen $d_0$ und dem Produkt aus $t$-Quantil und Standardabweichung einzusetzen ist.

---

**Einseitiger doppelter $t$-Test
auf Erwartungswertdifferenz**

- Für die einseitige Testsituation (b)

$$H_0 : \mu_X - \mu_Y \leq d_0$$

$$H_1 : \mu_X - \mu_Y > d_0$$

- zweier unabhängiger Stichproben
- mit normalverteilten Zufallsgrößen $X$ und $Y$
- bei gleichen Varianzen $\sigma_X^2 = \sigma_Y^2$

besitzt der kritische Bereich für die realisierte Mittelwertdifferenz $\bar{x} - \bar{y}$ zum Signifikanzniveau $\alpha$ folgende Gestalt:

$$\left(d_0 + t_{(m+n-2;1-\alpha)} \cdot s_d \; ; \; \infty\right) \tag{8.45}$$

$$\text{mit } s_d = s_{X,Y} \cdot \sqrt{\frac{1}{m} + \frac{1}{n}}$$

$$\text{und } s_{X,Y}^2 = \frac{1}{m+n-2} \left[ \sum_{i=1}^{m} (x_i - \bar{x})^2 + \sum_{j=1}^{n} (y_j - \bar{y})^2 \right]$$

---

**Beispiel 8.30: Geschwindigkeitsmessung**
(Fortsetzung von Bsp. 8.29) Bei der Geschwindigkeitsmessung von Autos an einer bestimmten Autobahnstrecke soll die Hypothese geprüft werden, dass die Durchschnittsgeschwindigkeit bei gutem Wetter ($\mu_X$) kleiner oder gleich der bei schlechtem Wetter ($\mu_Y$) ist.

$$H_0 : \mu_X \leq \mu_Y$$

$$H_1 : \mu_X > \mu_Y$$

Die Erwartungswertdifferenz $d_0$ ist hier 0. Ferner liegt die einseitige Testsituation (b) vor. Die Stichprobenzufallsgrößen sind normalverteilt. Die Varianzen der Autogeschwindigkeiten bei gutem und schlechtem Wetter sind ungefähr gleich. Zum Signifikanzniveau von 5 % soll der kritische Bereich bei folgenden Stichprobenresultaten bestimmt werden:

$$m = 20; \ \bar{x} = 127,22; \ n = 20; \ \bar{y} = 119,33$$

Gepoolte Stichprobenvarianz: $s_{X,Y}^2 = 630,5121$

Als Verteilungsquantil liest man in Tabelle A.2 (S. 378) für das 0,95-Quantil der $t$-Verteilung mit m+n-2 = 38 Freiheitsgraden den (gerundeten) Wert 1,69 ab. Die Unterschranke des kritischen Bereichs berechnet sich als:

$$t_{(m+n-2;1-\frac{\alpha}{2})} s_{X,Y} \sqrt{\frac{1}{m} + \frac{1}{n}} = 13,39$$

Da $\bar{x} - \bar{y} = 7,89$ nicht im kritischen Bereich $(13,39; \infty)$ liegt, kann die Hypothese zum 0,05-Niveau nicht abgelehnt werden.

## 8.7.2 Große, unabhängige Stichproben mit metrischen Zufallsgrößen

Bei genügend großen Stichprobenumfängen $m$ und $n$ kann auf die Stichprobenmittel der Zentrale Grenzwertsatz angewendet werden, wobei weder die Annahme der Normalverteilung noch die Varianzgleichheit erfüllt sein muss. Anstatt die Varianz von $\bar{X} - \bar{Y}$ mit der gepoolten Varianz zu schätzen, benutzt man wiederum den in (8.27) eingeführten Schätzer, bei dem die Varianzschätzer der beiden Stichproben getrennt berechnet werden. Die $t$-Verteilungs-Quantile sind durch die entsprechenden Quantile der Standardnormalverteilung zu ersetzen.

---

### Approximativer Test
### auf die Erwartungswertdifferenz

- Für die zweiseitige Testsituation (a)

$$H_0 : \mu_X - \mu_Y = d_0$$

$$H_1 : \mu_X - \mu_Y \neq d_0$$

- zweier unabhängiger Stichproben
- bei genügend großen Stichprobenumfängen $m$ und $n$ ($\geq 30$)

wird $H_0$ zum Signifikanzniveau $\alpha$ beibehalten, falls:

$$\bar{x} - \bar{y} \in \left[ d_0 - z_{1-\frac{\alpha}{2}} \cdot \sqrt{\frac{s_X^2}{m} + \frac{s_Y^2}{n}} \; ; \; d_0 + z_{1-\frac{\alpha}{2}} \cdot \sqrt{\frac{s_X^2}{m} + \frac{s_Y^2}{n}} \right]$$

$$(8.46)$$

---

### Beispiel 8.31: Radiohördauer Ost-West

(Fortsetzung von Bsp. 8.13) Es soll die Nullhypothese $H_0$, dass die durchschnittliche, wöchentliche Radiohördauer von Jugendlichen im Westen genau um drei Stunden länger ist als die der Jugendlichen im Osten, zum Signifikanzniveau von 0,01 getestet werden. Dabei sind die Daten aus Beispiel 8.13 zu benutzen.

Dort wurde das Konfidenzintervall zur Erwartungswertdifferenz [0,38; 3,42] der entsprechenden Zufallsgrößen zum Sicherheitsniveau von 0,99 bestimmt. Was bleibt noch zu berechnen?

Nichts! Da $d_0 = 3$ im Konfidenzintervall liegt, ist obige Nullhypothese wegen der Dualität zwischen zweiseitigen Tests und Konfidenzintervallen zum Signifikanzniveau 0,01 nicht ablehnbar.

Kann der Zentrale Grenzwertsatz nicht angewendet werden und sind die Voraussetzungen des Tests in (8.44) nicht gegeben, dann sollte man sich mit verteilungsfreien Testverfahren behelfen. In solch einer Datensituation sollte der *Rangsummentest* von WILCOXON für den Zweistichprobenfall oder der äquivalente MANN-WHITNEY-*U-Test* herangezogen werden. Beschreibungen zu diesen Tests findet man etwa bei BÜNING und TRENKLER (1978) oder SIEGEL und CASTELLAN (1988).

### 8.7.3 Große, unabhängige Stichproben mit binären Zufallsgrößen

Das zu untersuchende Merkmal bezüglich zweier Gruppen sei binär, wie beispielsweise Handybesitz (ja – nein) in Bezug auf Männer und Frauen. $X_1, \ldots, X_m$ seien die Zufallsgrößen der Männer und $Y_1, \ldots, Y_n$ die der Frauen. Getestet wird auf die Differenz der Anteilswerte $p_X - p_Y$, die im binären Fall äquivalent zur Erwartungswertdifferenz $\mu_X - \mu_Y$ ist. Aus Vereinfachungsgründen betrachten wir bei der Hypothesenbildung nur Fälle, bei denen für die Differenz der Anteilswerte von $p_X - p_Y = d_0 = 0$ ausgegangen wird. Für das zweiseitige Testproblem (a) gilt somit stets:

$$H_0 : p_X = p_Y$$
$$H_1 : p_X \neq p_Y$$

Unter der Annahme großer Stichprobenumfänge $m$ und $n$ ist die standardisierte Differenz der relativen Häufigkeiten $R_X - R_Y$ annähernd standardnormalverteilt. Unter der Nullhypothese $p_X = p_Y = p$ vereinfacht sich die exakte Varianz der relativen Häufigkeiten wie folgt:

$$Var(R_X - R_Y) = \frac{p_X(1-p_X)}{m} + \frac{p_Y(1-p_Y)}{n} = p(1-p)(\frac{1}{m} + \frac{1}{n})$$
$$\tag{8.47}$$

Die Wahrscheinlichkeit $p$ wird durch das gewogene arithmetische Mittel $R$ der relativen Häufigkeiten $R_X$ und $R_Y$ geschätzt.

$$R = \frac{mR_X + nR_Y}{m+n} \tag{8.48}$$

Für die geschätzte Standardabweichung der Differenz $R_X - R_Y$ ersetzt man $p$ in (8.47) durch $R$

$$\widehat{Var}(R_X - R_Y) = R(1-R)(\frac{1}{m} + \frac{1}{n}) \text{ und } S_r = \sqrt{\widehat{Var}(R_X - R_Y)} \quad,$$

so dass man folgende standardisierte Testgröße erhält, die annähernd N(0;1)-verteilt ist:

$$Z = \frac{R_X - R_Y}{S_r} \text{ mit } S_r = \sqrt{R(1-R)(\frac{1}{m} + \frac{1}{n})} \tag{8.49}$$

Hieraus kann man für den zweiseitigen Test auf Gleichheit der Anteilswerte entweder den P-Wert oder – bei vorgegebenem Signifikanzniveau $\alpha$ – den approximativen Annahmebereich konstruieren.

---

**Test auf Gleichheit von Anteilswerten**

- Für die zweiseitige Testsituation (a)

$$H_0 : p_X = p_Y$$

$$H_1 : p_X \neq p_Y$$

- zweier unabhängiger Stichproben
- bei genügend großen Stichprobenumfängen $m$ und $n$ ($\geq 30$)

wird $H_0$ zum Signifikanzniveau $\alpha$ beibehalten, falls:

$$r_X - r_Y \in [-z_{1-\frac{\alpha}{2}} \cdot s_r \; ; z_{1-\frac{\alpha}{2}} \cdot s_r] \qquad (8.50)$$

$$\text{mit } s_r = \sqrt{r(1-r)(\frac{1}{m} + \frac{1}{n})} \text{ und } r = \frac{mr_X + nr_Y}{m+n}$$

---

Bei den einseitigen Testproblemen werden die entsprechenden kritischen Werte nach dem völlig gleichen Schema wie bei den metrisch skalierten Untersuchungsmerkmalen gebildet.

### Beispiel 8.32: Handybesitz

(Fortsetzung von Bsp. 7.11) Aus den Daten der Medienstudie (Beispiel 1.1, S. 13) wird das Merkmal Handybesitz (ja – nein) für Männer $X$ und Frauen $Y$ verglichen. Die binären Zufallsgrößen seien für die Antwort „ja" mit 1 und für „nein" mit 0 kodiert. Getestet werden soll zum Signifikanzniveau von 5 %, ob die Wahrscheinlichkeiten des Handybesitzes bei Männern und Frauen gleich sind. Das Testproblem besitzt somit folgende Form:

$$H_0 : p_X = p_Y$$

$$H_1 : p_X \neq p_Y$$

Für die Altersgruppe der 18– bis 21–jährigen resultiert die folgende Vierfeldertafel:

| 18 - 21 Jahre | 0 | 1 | Summe |
|---|---|---|---|
| Männer: X | 22 | 250 | 272 |
| Frauen: Y | 19 | 206 | 225 |
| Summe | 41 | 456 | 497 |

Zunächst berechnet man $r$, den Schätzwert für die Wahrscheinlichkeit des Handybesitzes – egal, ob Mann oder Frau – nach (8.48):

$$r = \frac{mr_X + nr_Y}{m + n} = \frac{250 + 206}{497} = 0,918$$

Setzen wir $r$ in $s_r$ ein und lesen in der Quantilstabelle im Anhang A.1 (S. 377) für das $97,5\%$-Quantil der N(0;1)-Verteilung den Wert 1,96 ab, dann erhalten wir den Annahmebereich des Tests:

$$z_{1-\alpha} \cdot \sqrt{r(1-r)(\frac{1}{m} + \frac{1}{n})}$$
$$= \quad 1,96 \cdot \sqrt{0,918(1 - 0,918)(\frac{1}{272} + \frac{1}{225})}$$
$$\approx \quad 0,049$$
$$\Rightarrow \quad \text{Konfidenzintervall ist} [-0,049 \; ; \; 0,049]$$

Da $r_X - r_Y = 0,004$ im Annahmebereich liegt, kann $H_0$ nicht abgelehnt werden.

Für die Altersgruppe der 45– bis 59–jährigen erhalten wir eine andere Tabelle.

| 45 – 59 Jahre | 0 | 1 | Summe |
|:---:|:---:|:---:|:---:|
| Männer: X | 73 | 295 | 368 |
| Frauen: Y | 117 | 227 | 344 |
| Summe | 190 | 522 | 712 |

Mit der gleichen Testsituation resultiert:

$$r \;=\; 0,733$$
$$s_r \;=\; 0,033$$
$$r_X - r_Y \;=\; 0,142$$

Dividiert man $r_X - r_Y$ durch $s_r$, dann erhält man als realisierten Testgrößenwert $4,273$ und, da dieser größer als das Standardnormalverteilungsquantil $1,96$ ist, wird die Nullhypothese signifikant abgelehnt. Man schließt, dass Männer in dieser Altersgruppe auch in der Gesamtbevölkerung eher ein Handy besitzen als Frauen.

Betrachten wir das letzte Beispiel, bei dem es sich um die Besetzung von Kontingenztabellen handelt, nochmals genauer. Ersetzen wir die absoluten Häufigkeiten in der verwendeten Vierfeldertafel durch die unbekannten theoretischen Eintrittswahrscheinlichkeiten $p_{ij}$, wobei an $i$ und $j$ die Indexwerte 1 und 2 vergeben werden.

| | 0 | 1 | |
|:---:|:---:|:---:|:---:|
| X | $p_{11}$ | $p_{12}$ | $p_{1\bullet}$ |
| Y | $p_{21}$ | $p_{22}$ | $p_{2\bullet}$ |
| | $p_{\bullet 1}$ | $p_{\bullet 2}$ | 1 |

Die Wahrscheinlichkeiten mit den Punkten sind die entsprechenden Randwahrscheinlichkeiten der Vierfeldertafel. Aus diesen definierten Werten lassen sich die bedingten Wahrscheinlichkeiten $p_X$ und $p_Y$ ableiten.

$$p_X = \frac{p_{12}}{p_{1\bullet}} \tag{8.51}$$

$$p_Y = \frac{p_{22}}{p_{2\bullet}} \tag{8.52}$$

Wie wir aus dem Kapitel „Wahrscheinlichkeitstheorie" wissen, sind zwei Merkmale unabhängig genau dann, wenn die Wahrscheinlichkeit von allen Ereigniskombinationen aus den beiden Merkmalen exakt gleich dem Produkt der Wahrscheinlichkeiten aus den jeweiligen Randereignissen ist. Stellen wir diesen Sachverhalt als Nullhypothese auf, dann erhalten wir folgenden Ausdruck:

$$H_0 : p_{ij} = p_{i\bullet} \cdot p_{\bullet j} \text{ für } i,j = 1,2 \tag{8.53}$$

Da die Wahrscheinlichkeiten der Vierfeldertafel nicht frei wählbar sind, sondern gewissen Restriktionen unterliegen, ist die aufgestellte Nullhypothese äquivalent zu den folgenden beiden Beziehungen und deren Umformungen:

$$p_{12} = p_{1\bullet} \cdot p_{\bullet 2} \quad \Leftrightarrow \quad p_{\bullet 2} = \frac{p_{12}}{p_{1\bullet}} = p_X$$

$$p_{22} = p_{2\bullet} \cdot p_{\bullet 2} \quad \Leftrightarrow \quad p_{\bullet 2} = \frac{p_{22}}{p_{2\bullet}} = p_Y$$

Das heißt, die Nullhypothese (8.53) ist identisch mit der Nullhypothese $p_X = p_Y$ aus der zweiseitigen Testsituation zur Gleichheit von Anteilswerten aus zwei unabhängigen Stichproben.

Der approximative Test auf Gleichheit der Anteilswerte ist mit dem im späteren Abschnitt 8.8 beschriebenen $\chi^2$-Unabhängigkeitstest für den Vierfelderfall identisch. Quadriert man die normalverteilte Testgröße $Z$ von (8.49), dann erhält man die Testgröße des entsprechenden $\chi^2$-Tests (8.61).

Bei kleinen Stichprobenumfängen $m$ und $n$ kann der Zentrale Grenzwertsatz bekanntlich nicht angewendet werden. Hierfür gibt es den exakten Test von FISHER, bei dem eine bedingte Testgröße verwendet wird, die hypergeometrisch verteilt ist (siehe RÜGER). Für große Stichprobenumfänge nutzt man unter $H_0$ die approximativen Grenzübergänge der Verteilungen aus. Anstelle des exakten Tests von FISHER darf dann mit dem in (8.44) angegebenen approximativen Test gearbeitet werden.

## 8.7.4 Verbundene Stichproben mit metrischen Zufallsgrößen

Im Fall von zwei *verbundenen* Stichproben handelt es sich um spezielle abhängige Stichproben, in denen an einem Merkmalsträger zwei vergleichbare Merkmale erhoben werden. Werden beispielsweise an Probanden zwei Schlafmittel getestet, dann misst man jeweils nach Einnahme eines der beiden Medikamente die darauf folgende Schlafdauer. Bereits zu den Ausführungen der Konfidenztheorie in Abschnitt 8.3.3 wurde erläutert, dass der verbundene Zweistichprobenfall auf den Einstichprobenfall zurückgeführt werden kann. Aus den beiden Zufallsgrößen eines Merkmalsträgers in der Stichprobe bildet man die Differenz. Wenn mit $X$ die Zufallsgröße der Schlafdauer nach Verabreichung des ersten und mit $Y$ die der Schlafdauer nach Einnahme des zweiten Schlafmittels (an einem anderen Tag) bezeichnet wird, dann ist die Zufallsgröße $W$ die Differenz der beiden, also $W = X - Y$.

Der zweiseitige Test, ob die durchschnittliche Wirkung der beiden Schlafmittel gleich ist, entspricht der Nullhypothese, nach der der Erwartungswert $\mu_w$ gleich 0 ist. Die allgemeine Nullhypothesenformulierung lässt analog zum unabhängigen Stichprobenfall auch die Möglichkeit zu, dass die Erwartungswertdifferenz $\mu_w$ ein fester Wert ist.

$$H_0 : \mu_w = \mu_0$$

$$H_1 : \mu_w \neq \mu_0$$

Die ein- und zweiseitigen Testsituationen für metrische Untersuchungsmerkmale werden nun entsprechend den in Abschnitt 8.5.1 beschriebenen Tests durchgeführt. Kann die Normalverteilung der beiden Untersuchungsmerkmale vorausgesetzt werden, dann ist der $t$-Test anwendbar. Unter Ausnutzung des Zentralen Grenzwertsatzes kann der entsprechende approximative Test auf die Zufallsgröße $W$ übertragen werden.

### Beispiel 8.33: Wirkung zweier Schlafmittel

Zwölf Probanden werden jeweils die Schlafmittel A und B verabreicht und die jeweils darauf folgende Schlafdauer $X$ und $Y$ gemessen. Aufgrund früherer Untersuchungen kann angenommen werden, dass die Zufallsgrößen der Schlafdauer normalverteilt sind. Es soll zum Signifikanzniveau von 5 % die Hypothese getestet werden, ob die beiden Medikamente durchschnittlich die gleichen Wirkungen bezüglich der Schlafdauer besitzen. Dazu liegen folgende Stichprobenwerte vor:

| Proband | 1 | 2 | 3 | 4 | 5 | 6 |
|---------|-----|-----|-----|-----|-----|-----|
| $X_i$ | 8,5 | 8,1 | 9,7 | 7,0 | 8,9 | 9,1 |
| $Y_i$ | 7,3 | 7,2 | 9,1 | 8,2 | 9,4 | 7,4 |

| Proband | 7 | 8 | 9 | 10 | 11 | 12 |
|---------|-----|-----|-----|-----|-----|-----|
| $X_i$ | 7,9 | 8,9 | 7,5 | 7,0 | 8,6 | 7,5 |
| $Y_i$ | 7,8 | 8,3 | 6,4 | 7,5 | 8,1 | 6,9 |

Zunächst berechnet man die Differenzen $W_i = X_i - Y_i$ für alle $i$. Als arithmetisches Stichprobenmittel und als Stichprobenstandardabweichung erhalten wir:

$$\bar{w} = 0,425 \ , \ s_w = 0,824 \ \text{und} \ s_{\bar{w}} = \frac{s_w}{\sqrt{12}} = 0,238$$

Das 0,975-Quantil der $t$-Verteilung mit 11 Freiheitsgraden beträgt (gerundet) 2,20. Der Annahmebereich des $t$-Tests berechnet sich somit als:

$$[-2,20 \cdot 0,238 \; ; \; 2,20 \cdot 0,238] = [-0,523 \; ; \; 0,523]$$

Da $\bar{w}$ im Annahmebereich liegt, kann die Nullhypothese $\mu_w = 0$ nicht zurückgewiesen werden. Das Stichprobenergebnis ist mit der Aussage, dass die Schlafmittel die gleiche Wirkung bezüglich der Schlafdauer besitzen, durchaus verträglich.

Ist weder die Normalverteilungsannahme auf die Stichprobenvariablen noch der Zentrale Grenzwertsatz auf die Testgröße anwendbar, dann kann auf die bereits in Abschnitt 8.5.1 erwähnten verteilungsfreien Tests zurückgegriffen werden. Dabei handelt es sich um den *Vorzeichen-Test* und den *Wilcoxon-Test* des Einstichprobenfalls (siehe etwa BÜNING und TRENKLER (1978) oder SIEGEL und CASTELLAN (1988)).

### 8.7.5 Verbundene Stichproben mit binären Zufallsgrößen

Betrachtet man wiederum die Situation von binär verteilten Zufallsgrößen $X$ und $Y$, so beschränkt man sich analog zu den unabhängigen Stichproben aus Vereinfachungsgründen auf die Nullhypothesen $H_0 : p_X = p_Y$, $H_0 : p_X \leq p_Y$ oder $H_0 : p_X \geq p_Y$. Damit kann bei allen drei Nullhypothesen bezüglich der Testgrößenverteilung unter $H_0$ davon ausgegangen werden, dass die Erfolgswahrscheinlichkeiten gleich sind: $p_X = p_Y$. Bei der Übertragung der Testverfahren von den metrisch skalierten Merkmalen auf die binären Merkmale ergeben sich einige sehr nützliche Vereinfachungen in den Formeln.

Eine komprimierte Datenzusammenstellung von zwei binären Merkmalen ist die Vierfeldertafel. Die folgende Tafel enthält die Zufallsgrößen der absoluten Häufigkeiten der kombinierten Merkmalsaus-

prägungen sowie ihre Randhäufigkeiten von insgesamt $n$ Probanden oder Merkmalsträgern der verbundenen Stichproben:

| X : Y | 0 | 1 | Summe |
|---|---|---|---|
| 0 | $N_{11}$ | $N_{12}$ | $N_{1\bullet}$ |
| 1 | $N_{21}$ | $N_{22}$ | $N_{2\bullet}$ |
| Summe | $N_{\bullet 1}$ | $N_{\bullet 2}$ | $n$ |

Wenden wir die Vorgehensweise des metrischen Falls strikt an, so
ist aus den Null-Eins-Variablen der Stichprobe die Differenzvaria-
ble $W_i = X_i - Y_i$ zu bilden. Für das arithmetische Mittel aus der
Stichprobe gilt:

$$\bar{W} = \frac{1}{n}\left(\sum_{i=1}^{n} X_i - \sum_{i=1}^{n} Y_i\right) = \frac{N_{2\bullet} - N_{\bullet 2}}{n} = \frac{N_{21} - N_{12}}{n} \qquad (8.54)$$

$\bar{W}$ ist identisch mit der Differenz der relativen Stichprobenhäufigkeiten $R_X - R_Y$. Für die Schätzung der Varianz von $\bar{W}$ verwenden
wir einerseits die Tatsache, dass $W_i$ nur drei Ausprägungen besitzt,

$$W_i = \begin{cases} -1 & falls \quad X_i = 0 \text{ und } Y_i = 1 \\ 0 & falls \quad X_i = Y_i = 0 \text{ oder } X_i = Y_i = 1 \\ 1 & falls \quad X_i = 1 \text{ und } Y_i = 0 \end{cases}$$

und andererseits, dass der Erwartungswert von $W$ für die Testgrößenverteilung unter $H_0$ gleich 0 ist. Die vereinfachte Varianzschätzung bei bekanntem Erwartungswert kommt nun zum Zuge.

$$S_w^2 = \frac{1}{n}\sum_{i=1}^{n}(W_i - 0)^2 = \frac{N_{21} + N_{12}}{n} \qquad (8.55)$$

Es wird jedoch für die Standardisierung von $\bar{W}$ der Varianzschätzer $S_{\bar{w}}^2$ benötigt. Diesen erhält man, indem $S_w^2$ durch $n$ dividiert wird (siehe (8.2)). Daraus resultiert mit (8.54) die folgende einfache Form der standardisierten Testgröße, die für große Stichprobenumfänge approximativ standardnormalverteilt ist.

$$Z = \frac{\bar{W}}{S_{\bar{w}}} = \frac{N_{21} - N_{12}}{\sqrt{N_{21} + N_{12}}} \tag{8.56}$$

Hieraus kann man für den zweiseitigen Test auf Gleichheit der Erfolgswahrscheinlichkeiten entweder den P-Wert oder bei gegebenem Sigifikanzniveau $\alpha$ den approximativen Annahmebereich konstruieren.

---

**Test von McNemar**

- Für die zweiseitige Testsituation (a)

$$H_0 : p_X = p_Y$$

$$H_1 : p_X \neq p_Y$$

- zweier verbundener Stichproben
- bei genügend großen Stichprobenumfängen $n$

wird $H_0$ zum Signifikanzniveau $\alpha$ beibehalten, falls:

$$n_{21} - n_{12} \in \left[ -z_{1-\frac{\alpha}{2}} \cdot \sqrt{n_{21} + n_{12}} \; ; \; z_{1-\frac{\alpha}{2}} \cdot \sqrt{n_{21} + n_{12}} \right] \tag{8.57}$$

---

Für die Durchführung des Tests werden aus der Vierfeldertafel interessanterweise nur die beiden Zufallsgrößen $N_{21}$ und $N_{12}$ benötigt. Sogar der Gesamtumfang der Stichprobe ist für die Berechnung der kritischen Werte belanglos.

**Beispiel 8.34: „Der Spiegel" und „Bravo"**

In der Jugendstudie wurden die Jugendlichen danach gefragt, ob sie bestimmte Zeitschriften kennen. Will man den Anteil der Jugendlichen, die die Zeitschrift „Der Spiegel" kennen, mit dem Anteil der Jugendlichen, die „Bravo" kennen, vergleichen, betrachtet man die entsprechende Vierfeldertafel.

| | Bravo unbekannt | Bravo bekannt | Summe | Anteil |
|---|---|---|---|---|
| Spiegel unbekannt | 32 | 278 | 310 | 26 % |
| Spiegel bekannt | 35 | 855 | 890 | 74 % |
| Summe | 67 | 1.133 | 1.200 | 100 % |
| Anteil | 6 % | 94 % | 100 % | |

Der Anteil der Jugendlichen, die „Bravo" kennen (94 %), ist deutlich höher als der Anteil der Jugendlichen, die den „Spiegel" kennen (74 %). Da die Jugendlichen sich jeweils zu beiden Fragen geäußert haben, handelt es sich hier um eine verbundene Stichprobe.

Zur Durchführung des Tests von McNemar zum Niveau $\alpha = 5\,\%$ berechnet man

$$z_{1-\frac{\alpha}{2}} \cdot \sqrt{n_{21} + n_{12}} = 1.96 \cdot \sqrt{278 + 35} = 34,7.$$

Der Wert $35 - 278 = -243$ liegt also deutlich außerhalb des Annahmebereichs des Test $[-34,7; 34,7]$. Damit lässt der beobachtete Unterschied den Schluss zu, dass auch in der Grundgesamtheit „Bravo" bekannter ist als „Der Spiegel".

Kann der Zentrale Grenzwertsatz und damit die Normalverteilungsapproximation nicht angewendet werden, dann muss der exakte Test von MCNEMAR durchgeführt werden (siehe etwa BÜNING und TRENKLER (1978)). Dieser beruht, ähnlich wie der exakte Test von FISHER, für zwei unabhängige Stichproben auf einer bedingten Testgröße, die unter der Nullhypothese binomialverteilt ist. Lässt man in Gedanken den Stichprobenumfang größer werden, so dass die Binomialverteilung durch die Standardnormalverteilung approximiert werden kann, dann resultiert die unter (8.56) angegebene Testgröße.

# 8.8 $\chi^2$-Unabhängigkeitstest

Der $\chi^2$-Unabhängigkeitstest prüft die Hypothese, ob zwei kategoriale Merkmale stochastisch unabhängig sind oder nicht. Ausgangspunkt für die Behandlung der gemeinsamen Verteilung zweier kategorialer Merkmale ist eine Kreuztabelle mit den beobachteten Häufigkeiten der möglichen Ausprägungskombinationen.

### Beispiel 8.35: Kirchgang

Aus den Daten der Medienstudie (Beispiel 1.1, S. 13) soll der Zusammenhang zwischen dem Merkmal „Geschlecht" und dem Merkmal „Kirchgang", das Auskunft darüber gibt, wie häufig eine befragte Person in die Kirche geht, analysiert werden. Das Merkmal „Kirchgang" ist in die drei Kategorien „mindestens einmal pro Woche", „seltener" und „nie" eingeteilt worden. Von den 2.946 befragten Personen der Medienstudie gibt es bezüglich dieser Merkmalskombination 2.941 auswertbare Antworten. Damit liegt der Anteil von fehlenden Werten bei vernachlässigbaren $0,2\,\%$. Es soll die Frage analysiert werden, ob zwischen den Merkmalen „Geschlecht" und „Kirchgang" ein Zusammenhang besteht oder ob sie voneinander unabhängig sind. In der nachfolgenden $2 \times 3$-Kontingenztafel sind die Antwortkonstellationen dargestellt:

|  | Kirchgang | | | Summe |
|---|---|---|---|---|
|  | mind. 1 × pro Woche | seltener | nie |  |
| Frauen | 178 | 626 | 686 | 1.490 |
| Männer | 135 | 587 | 729 | 1.451 |
| Summe | 313 | 1.213 | 1.415 | 2.941 |

Dividiert man die absoluten Häufigkeiten in der obigen Tabelle durch den Stichprobenumfang, so erhält man die relativen Häufigkeiten. Die relativen Häufigkeiten sind Schätzwerte für die folgende Tabelle der theoretischen gemeinsamen Verteilung beider Merkmale, bestehend aus den unbekannten Wahrscheinlichkeiten der Ausprägungskombinationen:

|  | Kirchgang | | | Summe |
|---|---|---|---|---|
|  | mind. 1 × pro Woche | seltener | nie |  |
| Frauen | $p_{11}$ | $p_{12}$ | $p_{13}$ | $p_{1\bullet}$ |
| Männer | $p_{21}$ | $p_{22}$ | $p_{23}$ | $p_{2\bullet}$ |
| Summe | $p_{\bullet 1}$ | $p_{\bullet 2}$ | $p_{\bullet 3}$ | 1 |

In Kapitel 7 über mehrdimensionale Merkmale wurde im Abschnitt Tabellenkorrelation die *Abhängigkeit zwischen zwei kategorialen Merkmalen* mit dem Assoziationsmaß „quadratische Kontingenz" gemessen. Im Kapitel über die Wahrscheinlichkeitstheorie (siehe S. 53 u. S. 78) wurde die *stochastische Unabhängigkeit* von Ereignissen und Zufallsgrößen eingeführt. Diese beiden Begriffe werden mit dem $\chi^2$-Unabhängigkeitstest sinnvoll zueinander in Beziehung gesetzt.

Zwei Merkmale sind dann stochastisch unabhängig, wenn für jede Wahrscheinlichkeit einer Ausprägungskombination gilt, dass sie sich aus dem Produkt der beiden Randwahrscheinlichkeiten ergibt.

Besitzt die Zufallsgröße des ersten Merkmals Ausprägungsnummern von 1 bis $k$ und die des zweiten Merkmals von 1 bis $l$, dann bedeutet das in einer Formel ausgedrückt:

$$p_{ij} = p_{i\bullet} \cdot p_{\bullet j} \text{ für alle } i \text{ mit } 1, \ldots, k \text{ und für alle } j \text{ mit } 1, \ldots, l$$

(8.58)

Dies ist die Nullhypothese des $\chi^2$-Unabhängigkeitstests. Unter $H_0$ wird also angenommen, dass sich die beiden Merkmale nicht gegenseitig beeinflussen bzw. dass sie unabhängig sind. Die Alternativhypothese postuliert die Abhängigkeit. In der formalen Darstellung bedeutet das, dass obige Formel für mindestens eine Ausprägungskombination nicht gilt.

Die Wahrscheinlichkeiten sind natürlich unbekannt, aber man kann sie mittels einer i.i.d.-Stichprobe und der entsprechenden relativen Häufigkeiten schätzen. Werden bei der Stichprobe an $n$ Probanden die beiden Merkmale erhoben, dann ist

$$\frac{N_{ij}}{n} \text{ ein Schätzer für } p_{ij}.$$

$N_{ij}$ stellt dabei die Zufallsgröße der Probandenanzahl in der Stichprobe dar, die vom ersten Merkmal die Ausprägung $i$ und vom zweiten die Ausprägung $j$ besitzt. Die Randwahrscheinlichkeiten werden durch die relativen Randhäufigkeiten der Stichprobe geschätzt.

$$\frac{N_{i\bullet}}{n} \text{ Schätzer für } p_{i\bullet}$$

$$\frac{N_{\bullet j}}{n} \text{ Schätzer für } p_{\bullet j}$$

Unter der Unabhängigkeit der Nullhypothese erwartet man aufgrund (8.58) für $N_{ij}$ die Zufallsgröße $E_{ij}$, die aus dem Produkt der beiden obigen Schätzer multipliziert mit dem Stichprobenumfang besteht:

$$E_{ij} = \frac{N_{i\bullet} \cdot N_{\bullet j}}{n} \qquad (8.59)$$

Als Testgröße verwendet man folgendes Abstandsmaß zwischen den unter $H_0$ erwarteten $E_{ij}$- und den tatsächlichen $N_{ij}$-Häufigkeiten aller Merkmalskombinationen:

$$\chi^2 = \sum_{i=1}^{k} \sum_{j=1}^{l} \frac{(N_{ij} - E_{ij})^2}{E_{ij}} \qquad (8.60)$$

Von der (nichtnegativen) Testgröße $\chi^2$ ist bekannt, dass sie für genügend große Stichprobenumfänge approximativ $\chi^2$-verteilt ist mit $(k-1) \cdot (l-1)$ Freiheitsgraden. Die Freiheitsgrade hängen also von der Dimension der Kontingenztafel ab. Die Realisation von $\chi^2$ stellt gerade die in Abschnitt 7.4.2 erläuterte „quadratische Kontingenz" dar. Die realisierten Werte der obigen Teststatistik werden wie gewohnt mit Kleinbuchstaben geschrieben. Hierbei werden die $e_{ij}$ auch als *Unabhängigkeitszahlen* oder *Indifferenzwerte* bezeichnet.

$$\chi^2 = \sum_{i=1}^{k} \sum_{j=1}^{l} \frac{(n_{ij} - e_{ij})^2}{e_{ij}} \quad \text{mit} \quad e_{ij} = \frac{n_{i\bullet} \cdot n_{\bullet j}}{n} \qquad (8.61)$$

Die Realisation $\chi^2$ liegt zwischen 0 (bei beobachteter Unabhängigkeit) und $n \cdot min(k-1, l-1)$. Große Testgrößenwerte sprechen gegen die Nullhypothese.

Bei Vorgabe eines Signifikanzniveaus können aus Tabelle A.3 (S. 379) die oberen Quantile abgelesen werden, die die Untergrenzen des kritischen Bereichs angeben.

---

**$\chi^2$-Unabhängigkeitstest**

Für zwei Merkmale mit jeweils $k$ und $l$ Ausprägungen und der Hypothesensituation

$H_0 : p_{ij} = p_{i\bullet} \cdot p_{\bullet j}$ für alle $i$ mit $1, \ldots, k$ und $j$ mit $1, \ldots, l$

$H_1 : p_{ij} \neq p_{i\bullet} \cdot p_{\bullet j}$ für mindestens eine $ij$-Kombination

wird die Nullhypothese zum Signifikanzniveau $\alpha$ abgelehnt, falls die quadratische Kontingenz

$$\chi^2 = \sum_{i=1}^{k} \sum_{j=1}^{l} \frac{(n_{ij} - e_{ij})^2}{e_{ij}} \quad \text{mit} \quad e_{ij} = \frac{n_{i\bullet} \cdot n_{\bullet j}}{n}$$

größer dem $(1-\alpha)$-Quantil der $\chi^2$-Verteilung mit $(k-1) \cdot (l-1)$ Freiheitsgraden ist.

Der Test gilt nur für hinreichend große Stichproben. Als Faustregel benutzt man die Regel, dass alle beobachteten absoluten Häufigkeiten $n_{ij}$ größer oder gleich 5 sind.

---

**Beispiel 8.36: Kirchgang**

(Fortsetzung von Bsp. 8.35) Unter Verwendung des $\chi^2$-Unabhängigkeitstests zum 5%-Niveau resultiert aus der Tabelle A.3 für das 0,95-Quantil der $\chi^2$-Verteilung mit $(2-1) \cdot (3-1) = 2$ Freiheitsgraden der (gerundete) Wert 5,99. Für die Berechnung der quadratischen Kontingenz muss die folgende Summe aus sechs Summanden berechnet werden:

$$\sum_{i=1}^{k} \sum_{j=1}^{l} \frac{(n_{ij} - e_{ij})^2}{e_{ij}} =$$

$$\frac{\left(178 - \frac{1.490 \cdot 313}{2.941}\right)^2}{\frac{1.490 \cdot 313}{2.941}} + \cdots + \frac{\left(729 - \frac{1.451 \cdot 1.415}{2.941}\right)^2}{\frac{1.451 \cdot 1.415}{2.941}} = 7,95$$

Da 7,95 größer als 5,99 ist, wird die Nullhypothese signifikant zum 5%-Niveau abgelehnt. Es ist also sehr unwahrschein-

361

lich, dass obige Kontingenztafel von unabhängigen Merkmalen stammt. Da ein Zusammenhang zwischen den beiden Merkmalen zum 5%-Niveau statistisch nachgewiesen wurde, kann diese Aussage auf die Grundgesamtheit der deutschen Bevölkerung übertragen werden.

Natürlich ist auch eine P-Wertbestimmung des Tests möglich. Der P-Wert ist die Wahrscheinlichkeit, dass die Testgröße größer oder gleich der quadratischen Kontingenz $\chi^2$ ist, wobei die $\chi^2$-Verteilung mit den entsprechenden Freiheitsgraden zu verwenden ist. Im obigen Beispiel wäre dies $P(\chi^2 \geq 7,95) = 0,0188$.

Der $\chi^2$-Unabhängigkeitstest ist, wie in Abschnitt 8.7.3 bereits erwähnt, mit dem zweiseitigen Test auf gleiche Anteilswerte eines binären Merkmals bezüglich zweier Gruppen identisch.

**Beispiel 8.37: Handybesitz**
(Fortsetzung von Bsp. 8.32) Die aus den Daten der Medienstudie (Beispiel 1.1, S.13) für die Altersgruppe der 45- bis 59-Jährigen bezüglich des geschlechtsspezifischen Handybesitzes erstellte Vierfeldertafel wird nach den Merkmalen „Geschlecht" und „Handybesitz" auf Unabhängigkeit getestet. Das Quadrat der in Beispiel 8.32 berechneten Testgröße von $4,273$ entspricht der quadratischen Kontingenz aus Formel (7.16).

# 8.9 Tests von Zusammenhängen metrischer Merkmale

In Kapitel 7 wurden deskriptive Zusammenhangsanalysen von metrischen Merkmalen vorgestellt. Wir beschränken uns hier auf die Betrachtung zweier Merkmale $\mathcal{X}$ und $\mathcal{Y}$, für die zunächst ein Test auf den Korrelationskoeffizienten angegeben wird. Im Anschluss daran wird die einfache Regressionsanalyse als lineares Regressionsmodell formuliert, in deren Rahmen Tests auf die Regressionsparameter durchgeführt werden können.

## 8.9.1 Test auf den Korrelationskoeffizienten

Der Zusammenhang der beobachteten Daten von zwei metrischen Merkmalen $\mathcal{X}$ und $\mathcal{Y}$ wird durch den empirischen Korrelationskoeffizienten gemessen. Je weiter der Wert von der 0 verschieden ist, desto stärker ist der Zusammenhang zwischen den beiden Merkmalen.

Wir nehmen nun an, dass die Merkmale $\mathcal{X}$ und $\mathcal{Y}$ normalverteilte Zufallsgrößen sind und die Zufallsgrößenpaare $(X_i, Y_i)$ $i = 1, ..., n$ aus einer i.i.d.-Stichprobe stammen. $\mathcal{X}$ und $\mathcal{Y}$ sind unkorreliert, falls der theoretische Korrelationskoeffizient $\rho_{XY}$, der aus dem Quotienten von Kovarianz und der Wurzel des Varianzenprodukts besteht,

$$\rho_{XY} = \frac{Cov(X, Y)}{\sqrt{(Var(X) \cdot Var(Y))}}$$

0 ist. Bei normalverteilten Zufallsgrößen reicht die Unkorreliertheit, bzw. dass die Kovarianz 0 ist, aus, um die Unabhängigkeit zwischen den beiden Merkmalen zu erreichen.

Die Hypothese der Unabhängigkeit kann damit auf folgende Formulierung beschränkt werden:

$$H_0 : \rho_{XY} = 0$$

Liegt der empirische Korrelationskoeffizient weit genug von 0 entfernt, dann wird die Nullhypothese verworfen.

---

**Test auf den Korrelationskoeffizienten $\rho_{XY}$**

Gegeben sind die normalverteilten Zufallsgrößenpaare $(X_i, Y_i)$ mit $i = 1, ..., n$ einer i.i.d.-Stichprobe, dann gilt für die zweiseitige Testsituation zum Signifikanzniveau $\alpha$:

$$H_0 : \rho_{XY} = 0$$

$$H_1 : \rho_{XY} \neq 0$$

Mit Hilfe der Testgröße

$$T = \frac{r_{XY}}{\sqrt{1 - r_{XY}^2}} \cdot \sqrt{n - 2}$$

wird $H_0$ genau dann abgelehnt, falls $|T| > t_{(n-2;1-\alpha)}$.
Dabei ist $t_{(n-2;1-\alpha)}$ das $(1 - \alpha)$-Quantil der $t$-Verteilung mit $n - 2$ Freiheitsgraden. Eine andere Formulierung der Testentscheidung ist:
$H_0$ wird beibehalten, falls:

$$|r_{XY}| \leq t_{(n-2;1-\alpha)} \cdot \frac{r_{XY}}{\sqrt{1 - r_{XY}^2}} \cdot \sqrt{n - 2} \qquad (8.62)$$

---

Der Test setzt die Normalverteilung der beiden Merkmale voraus. Für große Stichproben ist darauf zu achten, dass zumindest keine Ausreißer in den Daten enthalten sind. Hier empfiehlt es sich, Boxplots von den Merkmalen zur visuellen Überprüfung zu erstellen. Verstoßen die Datenvisualisierungen nicht gegen die Normalverteilungsannahmen, dann kann bei großem Stichprobenumfang analog zu den Erwartungswerttests das $t$-Verteilungsquantil durch das Normalverteilungsquantil ersetzt werden.

**Beispiel 8.38: Body-Mass-Index und Alter**
Die Daten der Medienstudie enthalten u. a. den Body-Mass-

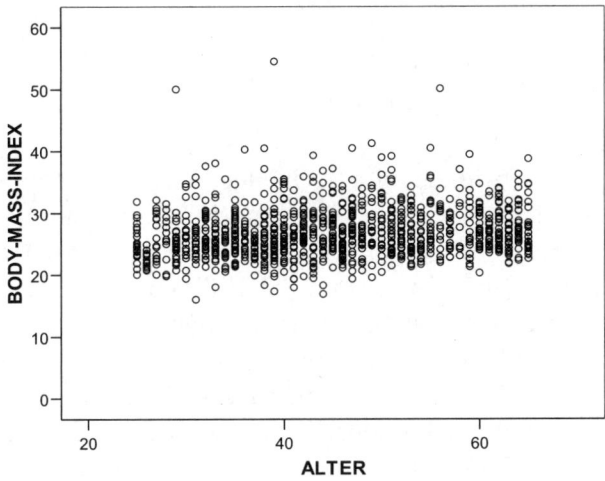

**Abb. 8.12:** Streudiagramm BMI gegen Alter

Index (BMI) als Merkmal. Der BMI berechnet sich aus dem Körpergewicht [kg] dividiert durch das Quadrat der Körpergröße [$m^2$]. Es soll zu einem Signifikanzniveau von 1 % getestet werden, ob der Korrelationskoeffizient zwischen BMI und Alter innerhalb der männlichen Altersgruppe von 25 bis 65 Jahren von 0 verschieden ist.

$$H_0 : \rho_{BMI,Alter} = 0$$

$$H_1 : \rho_{BMI,Alter} \neq 0$$

Das Streudiagramm (Abb. 8.12) der beiden Merkmale zeigt drei deutliche Ausreißer oberhalb des Indexwerts von 45, für die massives Übergewicht gilt. Diese drei Datenpunkte werden von der weiteren Analyse eliminiert.

Aus den übrigen 1.025 Beobachtungen errechnet sich ein empirischer Korrelationskoeffizient von 0,175. Eingesetzt in die

Testgröße resultiert der Wert 5,7:

$$t = \frac{0,175}{\sqrt{1 - 0,175^2}} \cdot \sqrt{1.023} = 5,7$$

Das $t$-Verteilungsquantil unterscheidet sich bei diesem großen Stichprobenumfang kaum noch vom Normalverteilungsquantil, das für den zweiseitigen Test 2,58 beträgt. Da der $t$-Wert größer als das Quantil ist, kann die Nullhypothese signifikant abgelehnt werden. Es besteht zwischen dem BMI und dem Alter zumindest innerhalb der oben eingeschränkten Personengruppe ein signifikanter, korrelativer Zusammenhang. Daraus schließt man, dass auch in der Grundgesamtheit der deutschen Bevölkerung in der entsprechenden Personengruppe dieser korrelative Zusammenhang besteht.

## 8.9.2 Test im einfachen linearen Regressionsmodell

In Abschnitt 7.2.3 haben wir bereits ausführlich die Regression behandelt, bei der eines der beiden metrischen Merkmale als die erklärende Größe $\mathcal{X}$ und das andere als die zu untersuchende oder Zielgröße $\mathcal{Y}$ betrachtet wird. Die einfache lineare Regression von $\mathcal{Y}$ auf $\mathcal{X}$ hat die Gleichungsform:

$$\mathcal{Y} = a + b\mathcal{X} + \epsilon$$

Die *Fehler- oder Störgröße* $\epsilon$ ist eine Zufallsvariable mit noch festzulegenden Eigenschaften. Eine geforderte Eigenschaft ist, dass die beobachteten zufälligen Störgrößen keine weitere systematische Komponente enthalten, sich also im Durchschnitt gegenseitig aufheben. Das bedeutet, dass der Erwartungswert von $\epsilon$ 0 ist. Mit der obigen linearen Beziehung ist auf jeden Fall $\mathcal{Y}$ eine Zufallsvariable. Das Merkmal $\mathcal{X}$ kann deterministisch sein, z. B. wird es bei einem kontrollierten Experiment gezielt vorgegeben oder es ist ebenfalls stochastisch. Bei der Formulierung des Regressionsmodells wird $\mathcal{X}$

nicht als Zufallsgröße, sondern als bereits beobachtete Realisation $(x_1, ..., x_n)$ verwendet.

---

### Das einfache lineare Regressionsmodell

Gegeben sind die metrischen Zufallsgrößen $(Y_1, ..., Y_n)$ sowie die deterministischen Werte oder die Realisationen einer metrischen Zufallsgröße $\mathcal{X}$ $(x_1, ..., x_n)$, für die gilt:

$$Y_i = a + bx_i + \epsilon_i$$

Von den Zufallsgrößen $(\epsilon_1, ..., \epsilon_n)$ wird gefordert, dass sie unabhängig und identisch normalverteilt sind mit $E(\epsilon_i) = 0$ und $Var(\epsilon_i) = \sigma^2$.

Die unbekannten Parameter $a, b$ und $\sigma^2$ sind aus den Daten $(x_i, y_i)$, $i = 1, \ldots, n$ zu schätzen.

---

Die Annahmen über die zufälligen Störgrößen sind bis auf die Normalverteilungsforderung nötig, um die unbekannten Parameter mit der KQ-Methode von Abschnitt 7.2.3 sinnvoll schätzen zu können. Die Annahme, dass die Fehlergrößen die gleiche Varianz $\sigma^2$ aufweisen, nennt man auch *Homoskedastizität*. Die Verletzung dieser Annahme kann man schon meist im Streudiagramm von $\mathcal{X}$ und $\mathcal{Y}$ erkennen. Nicht selten wird mit zunehmenden $x_i$-Werten auch die Streuung der $Y$-Werte größer, so dass auch die Varianz der Fehlerterme steigt. Falls man solche trichterförmigen Muster erkennt, sollte das KQ-Schätzverfahren modifiziert werden (siehe SCHNEE-WEISS (1990)). Bei Zeitreihendaten kann es vorkommen, dass die Unabhängigkeit der $\epsilon_i$-Zufallsgrößen nicht gegeben ist. Beispielsweise hängt die Fehlergröße oft stark von den zeitlich unmittelbar vorangegangenen Störgrößen ab (Autokorrelation). Auch hier findet man in SCHNEEWEISS spezielle Schätzverfahren, die diese Abhängigkeiten adäquat berücksichtigen.

Die Normalverteilungsannahme bezüglich der $\epsilon_i$-Variablen hat den Vorteil, dass wir klare Aussagen zu den Verteilungen der Schätzer und deren Teststatistiken treffen können. Ohne diese Annahmen ist neben einem großen Stichprobenumfang ($n \geq 30$) auch eine Überprüfung der Daten auf Ausreißer (Boxplots) nötig.

Die unbekannten Parameter werden nach der in Abschnitt 7.2.3 beschriebenen KQ-Methode geschätzt und sind, da es Schätzfunktionen von Zufallsgrößen sind, ebenfalls Zufallsgrößen:

$$\hat{b} = \frac{s_{xY}}{s_X^2}$$

$$\hat{a} = \bar{Y} - \hat{b} \cdot \bar{x}$$

$$\hat{\sigma} = \sqrt{\frac{1}{n-2} \cdot \sum_{i=1}^{n} \hat{\epsilon}_i^2} \quad \text{mit } \hat{\epsilon}_i = Y_i - \hat{a} - \hat{b} \cdot x_i$$

Für die Parameterschätzer $\hat{a}$ und $\hat{b}$ können die Standardabweichungen $\hat{\sigma}_{\hat{a}}$ und $\hat{\sigma}_{\hat{b}}$ berechnet werden, die die Standardabweichung der Störgrößen, auch *Residuen* genannt, enthalten. Aufgrund der geforderten Normalverteilung der Residuen sind die Parameterschätzer $\hat{a}$ und $\hat{b}$ normalverteilt, so dass folgende Testverfahren im linearen Regressionsmodell aufgestellt werden können:

Bei dem Test wird geprüft, ob $\mathcal{X}$ überhaupt einen Erklärungsgehalt für $\mathcal{Y}$ besitzt. Führt dieser Test zur Ablehnung, dann enthält $\mathcal{Y}$ im Erwartungswert das Merkmal $\mathcal{X}$ und es besteht zwischen beiden ein Zusammenhang, der z. B. zur Prognose verwendet werden kann. Diese Testentscheidung kann auch über das entsprechende Konfidenzintervall oder den P-Wert getroffen werden.

**Test im einfachen linearen Regressionsmodell**

Gegeben seien das einfache lineare Regressionsmodell

$$\mathcal{Y} = a + b\mathcal{X} + \epsilon$$

und das zweiseitige Testproblem für den Regressionskoeffizienten:

$$H_0 : b = b_0$$

$$H_1 : b \neq b_0$$

Mit Hilfe der Testgröße

$$T_b = \frac{\hat{b} - b_0}{\hat{\sigma}_{\hat{b}}}$$

mit $\hat{\sigma}_{\hat{b}} = \frac{\hat{\sigma}}{\sqrt{\sum_{i=1}^{n}(x_i - \bar{x})^2}}$ kann entsprechend $H_0$ zum Signifikanzniveau $\alpha$ abgelehnt werden, falls:

$$|T_b| > t_{(n-2;1-\frac{\alpha}{2})}$$

Dabei ist $t_{(n-2;1-\alpha)}$ das $(1 - \alpha)$-Quantil der $t$-Verteilung mit $n - 2$ Freiheitsgraden.

Eine andere Formulierung der Testentscheidung ist:

$H_0$ wird beibehalten, falls:

$$\hat{b} \in \left[ b_0 - t_{(n-2;1-\alpha)} \cdot \hat{\sigma}_{\hat{b}} \; ; \; b_0 + t_{(n-2;1-\alpha)} \cdot \hat{\sigma}_{\hat{b}} \right] \tag{8.63}$$

Als Modelldiagnose ist das in Abschnitt 7.2.3 erwähnte Bestimmtheitsmaß zu nennen, das den Anteil der durch das einfache lineare Regressionsmodell erklärten Varianz von $\hat{Y}$ an der Gesamtvarianz von $Y$ angibt. Je näher das Bestimmtheitsmaß bei 1 liegt, umso besser passt die Regressionsgerade zu den Daten bzw. umso kleiner ist die Varianz der Residuen. An den Residuen können die Modellannahmen nochmals überprüft werden. Grafische Darstellungen der Residuen zu den entsprechenden x-Werten oder Normal-Quantil-Plots geben Aufschlüsse darüber, ob die Homoskedastizitätsannahme oder die Normalverteilungsannahme verletzt ist.

### Beispiel 8.39: Body-Mass-Index und Alter

(Fortsetzung von Bsp. 8.14) Der Body-Mass-Index (BMI) soll durch das Alter in Form einer linearen Regression erklärt werden. Dabei gilt wiederum die Beschränkung auf männliche Personen innerhalb der Altersklasse von 25 bis 65 Jahren. Zusätzlich ist zu einem Signifikanzniveau von 1 % zu testen, ob das Alter einen Einfluss auf das Merkmal BMI hat.

$$H_0 : b = 0$$
$$H_1 : b \neq 0$$

Dazu verwenden wir wieder die Daten aus der Medienstudie, reduziert auf die Gruppe der Männer zwischen 25 und 65 Jahren ohne die Ausreißerwerte mit einem BMI größer als 45. Für die Regressionsgleichung der Personen von BMI bezüglich Alter gilt:

$$BMI_i = a + b \cdot Alter_i + \epsilon_i, \qquad i = 1, ..., 1.025$$

Für die beiden Merkmale liegen Mittelwert, Varianz und Standardabweichung vor:

|        | Mittel | Varianz | STD    |
|--------|--------|---------|--------|
| Alter  | 45,30  | 128,314 | 11,328 |
| BMI    | 26,72  | 14,881  | 3,858  |

Multipliziert man den Korrelationskoeffizienten 0,175 von Beispiel 8.14 mit den beiden Standardabweichungen, dann erhält man die empirische Kovarianz. Mit Hilfe der Kovarianz kann zunächst der Steigungsparameter $b$ und im Anschluss daran unter Verwendung der Mittelwerte der Parameter $a$ geschätzt werden.

$$s_{XY} = 0,175 \cdot 11,328 \cdot 3,858 = 7,647$$

$$\hat{b} = \frac{7,647}{128,314} = 0,06$$

$$\hat{a} = 26,72 - 0,06 \cdot 45,30 = 24,0$$

Damit gilt für die geschätzten Parameterwerte folgende Regressionsgleichung:

$$\widehat{BMI} = 24,0 + 0,06 \cdot Alter$$

Der Steigungsparameter 0,06 der Regressionsgerade ist sehr klein, d. h., die Regressionsgerade verläuft sehr flach, jedoch mit positiver Steigung. Das Bestimmtheitsmaß ist gerade das Quadrat des Korrelationskoeffizienten zwischen BMI und Alter, also 0,03. Das heißt, nur 3 % der Varianz des Merkmals BMI werden durch die Regressionsgerade erklärt.

$$\hat{\sigma} = \sqrt{\frac{1}{1.025 - 2} \cdot 1.4769,6} = 3,8$$

Eingesetzt in die Formel des Standardfehlers von $b$ (siehe (8.63)) folgt:

$$\hat{\sigma}_{\hat{b}} = \frac{3,8}{\sqrt{128,314 \cdot 1.024}} = 0,01048$$

Für die Testgröße ergibt sich:

$$t_b = \frac{\hat{b}}{\hat{\sigma}_{\hat{b}}} = \frac{0,06}{0,0105} = 5,7$$

Obwohl der Steigungsparameter so klein ist, wird die Nullhypothese bei dem großen Stichprobenumfang signifikant abgelehnt, da die Testgröße das $t$- bzw. das Normalverteilungsquantil 2,58 deutlich übersteigt. Tatsächlich werden in der Medizin beim Body-Mass-Index neben dem Geschlecht stets für bestimmte Altersgruppen Grenzen für Unter- und Übergewichtigkeit von Personen angegeben. Diese Grenzen steigen mit dem Alter langsam linear an.

Die Daten aus Beispiel 8.39 wurden bereits in 8.38 verwendet. Dort wurde der Test auf den Korrelationskoeffizienten durchgeführt. Beide Fragestellungen sind offensichtlich ähnlich und es zeigt sich, dass beide Tests identisch sind. Ist der Korrelationskoeffizient signifikant von 0 verschieden, dann unterscheidet sich auch der Steigungsparameter signifikant von 0 und umgekehrt. Dies wird auch durch die gleichen Testgrößenwerte 5,7 der beiden Beispiele bestätigt. Das Testproblem des Regressionstests (8.63) ist aber wesentlich allgemeiner als beim Test auf Korrelation (8.62), da $b_0$ auch ein von 0 verschiedener Wert sein kann.

## 8.10 Anwendung des Signifikanztests

Statistische Signifikanztests werden sowohl in natur- als auch in gesellschaftswissenschaftlichen Fächern zur empirischen Bestätigung oder Widerlegung von Forschungstheorien verwendet. Dabei konzentriert sich die Aufmerksamkeit meist ausschließlich auf das Testergebnis: Ist eine Hypothese signifikant bestätigt worden oder nicht? Wie das Resultat zustande kommt, wird oft nicht beachtet. Dabei ist die Durchführung von Signifikanztests keineswegs nur ein Abspulen eines rechentechnischen Formelwerks, sondern es wird dabei auch ein gewisses Maß an redlichem Vorgehen gefordert.

## 8.10.1 Hypothesenbildung

Der Signifikanztest entspricht einem Experiment, dessen Ausgang zufällig ist. Das Resultat liefert eine Beurteilung über die Realitätsbezogenheit der Nullhypothese. Ein kleiner P-Wert zeigt an, dass $H_0$ unter der gegebenen Stichprobe äußerst unrealistisch ist. Beim Signifikanztest sollten die Hypothesen vor der Analyse der Daten aufgestellt sein. Sinnlos ist es, etwa die Nullhypothese, dass der Erwartungswert größer oder gleich 9 ist, zu testen, falls aus einer Stichprobe bereits bekannt ist, dass das arithmetische Mittel den Wert 10 annimmt. Das Testergebnis wird sich keineswegs gegen die Nullhypothese aussprechen, da der P-Wert auf jeden Fall größer $\frac{1}{2}$ ist. Umgekehrt ist es kein Kunststück, bei einer realisiert vorliegenden Stichprobe mit bereits berechnetem $\bar{x}$ einen $\mu_0$-Wert für $H_0$ so zu wählen, dass er weit genug von diesem arithmetischen Mittel entfernt liegt, um die einfache Nullhypothese zu einem vorgegebenen Signifikanzniveau abzulehnen. Ist man an Parameterwerten interessiert, dann stellt das Konfidenzintervall die passende induktive Schlussweise dar. Die Konfidenzintervalle werden in der praktischen Anwendung von induktiver Statistik leider viel zu selten eingesetzt, obwohl sie wesentlich informativer als zweiseitige Signifikanztests sind.

Die aus Stichprobendaten mittels deskriptiver Statistik gewonnenen Informationen können zur Bildung interessanter Hypothesen benutzt werden. Eine Überprüfung der Hypothesen an dem *gleichen* Datensatz ist jedoch *unzulässig*. Ein Datensatz kann nicht zugleich hypothesenbildend und hypothesenüberprüfend verwendet werden, denn sonst bestätigt man lediglich die herausgefundenen Eigentümlichkeiten eines ganz speziellen Datensatzes. Der Charakter des Zufallsexperiments ist damit verloren gegangen, und gerade dieser ist es, der dem Signifikanztest die Fähigkeit zum statistischen Rückschluss der Hypothesen von der Stichprobe auf die Grundgesamtheit verleiht. Eine Lösung dieses Dilemmas besteht beispielsweise in der Ziehung einer erneuten Stichprobe nach Abschluss der deskriptiven Datenanalyse zur Hypothesenbildung. Eine andere Möglichkeit wäre die Aufteilung einer Stichprobe in zwei Unterstichproben für jeweils die beschreibende und schließende Statistik.

## 8.10.2 Signifikanzniveau und Signifikanz

Durch die Wahl des Signifikanzniveaus $\alpha$ wird festgelegt, wie stark die Stichprobe der Nullhypothese widersprechen sollte, damit diese abgelehnt werden kann. Bei der Festlegung von $\alpha$ spielt die Plausibilität von $H_0$ eine Rolle. Ist $H_0$ eine Behauptung, von der seit langem jedermann überzeugt ist, wird $\alpha$ sehr klein gewählt. Dadurch ist gesichert, dass die Nullhyputhese nur mit einer sehr geringen Wahrscheinlichkeit fälschlicherweise abgelehnt wird.

Weiter dürfen signifikante Unterschiede dürfen nicht mit der praktischen Relevanz von Unterschieden verwechselt werden. Sind beispielsweise die Anteilswerte von Radiohörern verschiedener Sender fast gleich, dann kann man durch einen genügend großen Stichprobenumfang diesen leichten Unterschied signifikant feststellen. Für die praktische Relevanz ist dieser Unterschied jedoch bedeutungslos.

In Fachzeitschriften werden von statistischen Analysen merkwürdigerweise fast ausschließlich signifikante Ergebnisse publiziert. Man findet selten Hinweise auf Nullhypothesen, die nicht abgelehnt werden konnten. Dabei können nichtsignifikante Ergebnisse durchaus wertvolle Informationen darstellen. In einem Aufsatz von IOANNIDIS (2005) wird dargelegt, dass dies dazu führt, dass ein relativ hoher Anteil der publizierten signifikanten Ergebnisse nicht korrekt ist. Die Forderung nach signifikanten Ergebnissen führt dazu, dass viele verschiedene Testkombinationen ausprobiert werden. Das Ergebnis solcher Analysen ist somit rein explorativ zu interpretieren.

Die P-Werte von Tests sind dabei beschreibende Maßzahlen. Rückschlüsse von der Stichprobe auf die Grundgesamtheit sind problematisch.

Bei der Untersuchung von Zusammenhängen ist unbedingt der sachliche Hintergrund zu berücksichtigen. Zeigen statistische Maßzahlen einen Zusammenhang an, sind Schlüsse auf kausale Zusammenhänge in der Regel nur bei Experimentaldaten zulässig.

# Literatur

### Verwendete Literatur

ATKIN, Charles K. (1972) Anticipated Communication and Mass Media Information-Seeking. Public Opinion Quarterly Vol. 36(2), S. 188–199.

BÜNING, Herbert und Götz TRENKLER (1978) Nichtparametrische statistische Methoden. Mit Aufgaben und Lösungen und einem Tabellenanhang. Berlin u. New York: Walter de Gruyter.

IOANNIDIS, John P. A. (2005) Why most Published Research Finding are false. PLoS Medicine (www.plosmedicine.org) 2, 696–701.

KAUERMANN, Göran und Helmut KÜCHENHOFF (2007) Stichprobenverfahren. Buchmanuskript. In Vorbereitung.

RÜGER, Bernhard (1996) Induktive Statistik. Einführung für Wirtschafts- und Sozialwissenschaftler. 3. überarb. Aufl., München u. Wien: R. Oldenbourg.

SCHNEEWEISS, Hans (1990) Ökonometrie. 4. überarb. Aufl., Würzburg u. Wien: Physica.

SIEGEL, Sidney und N. John CASTELLAN, Jr. (1988) Nonparametric Statistics for the Behavioural Sciences. 2. Aufl., New York u. a.: McGraw-Hill Book.

## Weitere Literatur

BACKHAUS, Klaus (2006) Multivariate Analysemethoden. Eine anwendungsorientierte Einführung. 11., überarb. Aufl., Berlin: Springer.

BAMBERG, Günter und Franz BAUR (1992) Statistik-Arbeitsbuch. Übungsaufgaben – Fallstudien – Lösungen. 3., überarb. Aufl., München u. Wien: R. Oldenbourg.

BOCK, Jürgen (1998) Bestimmung des Stichprobenumfangs. Lehr- und Handbücher der Statistik. Fachgebiet Biometrie. München, Wien: R. Oldenbourg.

FAHRMEIR, Ludwig, Thomas KNEIB und Stefan LANG (2007) Regression. Berlin, Heidelberg, New York: Springer.

MOORE, David S. (1993) Introduction to the Practice of Statistics. 2. Aufl., New York: W. H. Freeman and Co.

TOUTENBURG, Helge (2000) Induktive Statistik. Eine Einführung in SPSS für Windows. 2., neu bearbeitete und erweiterte Aufl., Berlin, Heidelberg, New York: Springer.

ZÖFEL, Peter (1985) Statistik in der Praxis. UTB für Wissenschaft: Uni Taschenbücher 1293. Stuttgart: Gustav Fischer.

# A Tabellen

## A.1 Quantile der Standardnormalverteilung

| Ausgewählte Quantile | |
| --- | --- |
| $\Phi(z)$ | $z$ |
| 0,9995 | 3,2905 |
| 0,999 | 3,0902 |
| 0,995 | 2,5758 |
| 0,99 | 2,3263 |
| 0,975 | 1,9600 |
| 0,95 | 1,6449 |
| 0,9 | 1,2816 |
| 0,8 | 0,8416 |
| 0,7 | 0,5244 |
| 0,6 | 0,2533 |
| 0,5 | 0,0000 |

$P(X < x_1)$
$=$

# A.2 Quantile der $t$-Verteilung

| | | | | Quantile der $t$-Verteilung | | | |
|---|---|---|---|---|---|---|---|
| $df$ | 0,9995 | 0,999 | 0,995 | 0,99 | 0,975 | 0,95 | 0,9 |
| 1 | 636,62 | 318,31 | 63,657 | 31,821 | 12,706 | 6,3138 | 3,0777 |
| 2 | 31,599 | 22,327 | 9,9248 | 6,9646 | 4,3027 | 2,9200 | 1,8856 |
| 3 | 12,924 | 10,215 | 5,8409 | 4,5407 | 3,1824 | 2,3534 | 1,6377 |
| 4 | 8,6103 | 7,1732 | 4,6041 | 3,7469 | 2,7764 | 2,1318 | 1,5332 |
| 5 | 6,8688 | 5,8934 | 4,0321 | 3,3649 | 2,5706 | 2,0150 | 1,4759 |
| 6 | 5,9588 | 5,2076 | 3,7074 | 3,1427 | 2,4469 | 1,9432 | 1,4398 |
| 7 | 5,4079 | 4,7853 | 3,4995 | 2,9980 | 2,3646 | 1,8946 | 1,4149 |
| 8 | 5,0413 | 4,5008 | 3,3554 | 2,8965 | 2,3060 | 1,8595 | 1,3968 |
| 9 | 4,7809 | 4,2968 | 3,2498 | 2,8214 | 2,2622 | 1,8331 | 1,3830 |
| 10 | 4,5869 | 4,1437 | 3,1693 | 2,7638 | 2,2281 | 1,8125 | 1,3722 |
| 11 | 4,4370 | 4,0247 | 3,1058 | 2,7181 | 2,2010 | 1,7959 | 1,3634 |
| 12 | 4,3178 | 3,9296 | 3,0545 | 2,6810 | 2,1788 | 1,7823 | 1,3562 |
| 13 | 4,2208 | 3,8520 | 3,0123 | 2,6503 | 2,1604 | 1,7709 | 1,3502 |
| 14 | 4,1405 | 3,7874 | 2,9768 | 2,6245 | 2,1448 | 1,7613 | 1,3450 |
| 15 | 4,0728 | 3,7328 | 2,9467 | 2,6025 | 2,1314 | 1,7531 | 1,3406 |
| 16 | 4,0150 | 3,6862 | 2,9208 | 2,5835 | 2,1199 | 1,7459 | 1,3368 |
| 17 | 3,9651 | 3,6458 | 2,8982 | 2,5669 | 2,1098 | 1,7396 | 1,3334 |
| 18 | 3,9216 | 3,6105 | 2,8784 | 2,5524 | 2,1009 | 1,7341 | 1,3304 |
| 19 | 3,8834 | 3,5794 | 2,8609 | 2,5395 | 2,0930 | 1,7291 | 1,3277 |
| 20 | 3,8495 | 3,5518 | 2,8453 | 2,5280 | 2,0860 | 1,7247 | 1,3253 |
| 21 | 3,8193 | 3,5272 | 2,8314 | 2,5176 | 2,0796 | 1,7207 | 1,3232 |
| 22 | 3,7921 | 3,5050 | 2,8188 | 2,5083 | 2,0739 | 1,7171 | 1,3212 |
| 23 | 3,7676 | 3,4850 | 2,8073 | 2,4999 | 2,0687 | 1,7139 | 1,3195 |
| 24 | 3,7454 | 3,4668 | 2,7969 | 2,4922 | 2,0639 | 1,7109 | 1,3178 |
| 25 | 3,7251 | 3,4502 | 2,7874 | 2,4851 | 2,0595 | 1,7081 | 1,3163 |
| 26 | 3,7066 | 3,4350 | 2,7787 | 2,4786 | 2,0555 | 1,7056 | 1,3150 |
| 27 | 3,6896 | 3,4210 | 2,7707 | 2,4727 | 2,0518 | 1,7033 | 1,3137 |
| 28 | 3,6739 | 3,4082 | 2,7633 | 2,4671 | 2,0484 | 1,7011 | 1,3125 |
| 29 | 3,6594 | 3,3962 | 2,7564 | 2,4620 | 2,0452 | 1,6991 | 1,3114 |
| 30 | 3,6460 | 3,3852 | 2,7500 | 2,4573 | 2,0423 | 1,6973 | 1,3104 |
| 40 | 3,5510 | 3,3069 | 2,7045 | 2,4233 | 2,0211 | 1,6839 | 1,3031 |
| 50 | 3,4960 | 3,2614 | 2,6778 | 2,4033 | 2,0086 | 1,6759 | 1,2987 |
| $\infty$ | 3,2905 | 3,0902 | 2,5758 | 2,3263 | 1,9600 | 1,6449 | 1,2816 |

# A.3 Quantile der $\chi^2$-Verteilung

Quantile der $\chi^2$-Verteilung

| $df$ | 0,005 | 0,01 | 0,025 | 0,05 | 0,95 | 0,975 | 0,99 | 0,995 |
|---|---|---|---|---|---|---|---|---|
| 1 | 0,0000 | 0,0002 | 0,0010 | 0,0039 | 3,8415 | 5,0239 | 6,6349 | 7,8794 |
| 2 | 0,0100 | 0,0201 | 0,0506 | 0,1026 | 5,9915 | 7,3778 | 9,2103 | 10,597 |
| 3 | 0,0717 | 0,1148 | 0,2158 | 0,3518 | 7,8147 | 9,3484 | 11,345 | 12,838 |
| 4 | 0,2070 | 0,2971 | 0,4844 | 0,7107 | 9,4877 | 11,143 | 13,277 | 14,860 |
| 5 | 0,4117 | 0,5543 | 0,8312 | 1,1455 | 11,071 | 12,833 | 15,086 | 16,750 |
| 6 | 0,6757 | 0,8721 | 1,2373 | 1,6354 | 12,592 | 14,449 | 16,812 | 18,548 |
| 7 | 0,9893 | 1,2390 | 1,6899 | 2,1673 | 14,067 | 16,013 | 18,475 | 20,278 |
| 8 | 1,3444 | 1,6465 | 2,1797 | 2,7326 | 15,507 | 17,535 | 20,090 | 21,955 |
| 9 | 1,7349 | 2,0879 | 2,7004 | 3,3251 | 16,919 | 19,023 | 21,666 | 23,589 |
| 10 | 2,1559 | 2,5582 | 3,2470 | 3,9403 | 18,307 | 20,483 | 23,209 | 25,188 |
| 11 | 2,6032 | 3,0535 | 3,8157 | 4,5748 | 19,675 | 21,920 | 24,725 | 26,757 |
| 12 | 3,0738 | 3,5706 | 4,4038 | 5,2260 | 21,026 | 23,337 | 26,217 | 28,300 |
| 13 | 3,5650 | 4,1069 | 5,0088 | 5,8919 | 22,362 | 24,736 | 27,688 | 29,820 |
| 14 | 4,0747 | 4,6604 | 5,6287 | 6,5706 | 23,685 | 26,119 | 29,141 | 31,319 |
| 15 | 4,6009 | 5,2293 | 6,2621 | 7,2609 | 24,996 | 27,488 | 30,578 | 32,801 |
| 16 | 5,1422 | 5,8122 | 6,9077 | 7,9616 | 26,296 | 28,845 | 32,000 | 34,267 |
| 17 | 5,6972 | 6,4078 | 7,5642 | 8,6718 | 27,587 | 30,191 | 33,409 | 35,719 |
| 18 | 6,2648 | 7,0149 | 8,2307 | 9,3905 | 28,869 | 31,526 | 34,805 | 37,157 |
| 19 | 6,8440 | 7,6327 | 8,9065 | 10,117 | 30,144 | 32,852 | 36,191 | 38,582 |
| 20 | 7,4338 | 8,2604 | 9,5908 | 10,851 | 31,410 | 34,170 | 37,566 | 39,997 |
| 21 | 8,0337 | 8,8972 | 10,283 | 11,591 | 32,671 | 35,479 | 38,932 | 41,401 |
| 22 | 8,6427 | 9,5425 | 10,982 | 12,338 | 33,924 | 36,781 | 40,289 | 42,796 |
| 23 | 9,2604 | 10,196 | 11,689 | 13,091 | 35,173 | 38,076 | 41,638 | 44,181 |
| 24 | 9,8862 | 10,856 | 12,401 | 13,848 | 36,415 | 39,364 | 42,980 | 45,559 |
| 25 | 10,520 | 11,524 | 13,120 | 14,611 | 37,652 | 40,646 | 44,314 | 46,928 |
| 26 | 11,160 | 12,198 | 13,844 | 15,379 | 38,885 | 41,923 | 45,642 | 48,290 |
| 27 | 11,808 | 12,879 | 14,573 | 16,151 | 40,113 | 43,195 | 46,963 | 49,645 |
| 28 | 12,461 | 13,565 | 15,308 | 16,928 | 41,337 | 44,461 | 48,278 | 50,993 |
| 29 | 13,121 | 14,256 | 16,047 | 17,708 | 42,557 | 45,722 | 49,588 | 52,336 |
| 30 | 13,787 | 14,953 | 16,791 | 18,493 | 43,773 | 46,979 | 50,892 | 53,672 |

# Index